公共文化科技服务能力建设
与绩效评估技术应用示范研究

主　编　胡税根
副主编　卢小雁　翁列恩　冯　锐

ZHEJIANG UNIVERSITY PRESS
浙江大学出版社
·杭州·

序　言

文化兴则国运兴,文化强则民族强。文化是民族凝聚力和创造力的源泉,是综合国力竞争的重要因素。文化建设关系到文明传承和民生福祉。当今世界正处在大发展、大变革和大调整时期,文化在综合国力竞争中的地位和作用更加凸显,增强国家文化软实力和国际影响力的要求更加紧迫。当前我国社会的主要矛盾已经转变为人民日益增长的美好生活需要和不平衡不充分的发展之间的矛盾,而公共文化服务建设正是满足人民日益增长的精神文化需求的重要途径。党中央对于推进公共文化服务的重视程度不断增强,公共文化服务体系建设的重要性日益凸显。党的十七大、十七届六中全会、十八大提出和不断推动"文化大发展、大繁荣"。十九大报告指出要"完善公共文化服务体系","没有高度的文化自信,没有文化的繁荣兴盛,就没有中华民族伟大复兴"。党的二十大报告指出,"到二〇三五年,要建成教育强国、科技强国、人才强国、体育强国、健康强国""国家文化软实力显著增强""人民精神文化生活更加丰富,中华民族凝聚力和中华文化影响力不断增强"。由此可见,我国对文化重要性的认识已提升到了前所未有的高度。

在信息科技和数字化网络快速发展的背景下,公共文化服务与科技融合进程不断加速,极大地丰富了公共文化服务供给,提升了公共文化服务的效率和水平。因此,推进公共文化科技服务已经成为当前我国推进公共文化服务工作的重要内容。党中央在战略层面形成统一认识,高度重视科技与文化融合发展工作,并将其作为文化事业发展的重要内容做出了一系列重要部署。党的十六大把文化科技创新作为文化改革发展的重要内容;党的十七大明确提出要以高新技术为手段,培育新的文化业态,强调科技对文化的推动作用;党的十八大要求促进文化与科技融合,发展新兴文化业态,完善公共文化服务体系,提高服务效能;党的十九大进一步指出要满足人民过上美好生活的新期待,完善公共文化服务体系,深入实施文化惠民工程,丰富群众性文化活动,对公共文化科技服务能力提出更高要求。为进一步推进文化科技融合、推动文化创新与文化产业升级,努力提升公共文化科技服务能力,2017 年 7月发布的《文化部"十三五"时期公共数字文化建设规划》明确"公共数字文化建设是加快构建现代公共文化服务体系的重要任务",必须"更好地满足广大人民群众快速增长的数字文化需求"。提出"到 2020 年,基本建成与现代公共文化服务体系相适应的开放兼容、内容丰富、传输快捷、运行高效的公共数字文化服务体系"的总目标。2021 年 4 月文化和旅游部印发《"十四五"文化和旅游发展规划》,提出"满足人民日益增长的美好生活需要,需要顺应数字化、网络化、智能化发展趋势,提供更多优秀文艺作品、优秀文化产品和优质旅游产品,强化价值引领,改善民生福祉",明确要"加快公共数字文化建设。推广'互联网＋公共文化',推动数字文化工程转型升级、资源整合","推动公共文化服务走上'云端'、进入'指尖'"。

维护公民权益,满足人民群众文化需求,是现代公共文化服务体系建设的根本目的。借助科技手段,能使人民群众更为便捷、公平地享受公共文化服务,能更好地丰富公共文化服务内容并优化服务体验。因此,全面提升公共文化科技服务能力,需要系统地构建相关理论基础,解决核心技术难点,并通过具体应用示范检验及修正相关理论结果,这正是国家科技支撑计划"公共文化科技服务能力建设与绩效评估技术研究与示范(2015BAK26B00)"及其课题三"公共文化科技服务能力建设与绩效评估技术综合应用示范(2015BAK26B03)"试图完成的主要研究工作。社区作为人民群众日常生活的聚居地,是公共文化的重要展示地点与传播场域,于是课题团队将公共文化科技服务综合应用示范的落脚点扎根于社区,将信息时代的文化与科技交融,通过科技手段挖掘、展示、传播公共文化,目的是提高文化产品的表现力与感染力,提升公共文化科技服务能力,满足社区居民公共文化需求,以保障人民群众文化权益,繁荣社区文化,构筑居民精神家园,从而增强社区凝聚力和居民归属感。

　　本课题研究成果既有思想高度和分析深度,又有对公共文化科技服务能力建设的对策建议和绩效评估的技术方案。期待并相信该项研究成果将对公共文化建设起到有益的启迪和促进作用。

姚先国

浙江大学公共管理学院

2024 年 6 月 16 日

目　录

第一章 绪 论

第一节 研究背景、目的与意义

一、研究背景

（一）公共文化服务发展的国际视角

伴随着全球化、信息化、市场化和知识经济时代的到来，20 世纪以来，在公共管理实践中出现了席卷全球的行政改革浪潮，提高公共服务的水准，建立覆盖全民的公共服务体系，逐渐成为世界上许多国家行政改革的重要取向。美国的政府再造运动、英国的公共服务宪章运动、韩国的亲切服务运动等，都通过改进或新建公共服务体系，为社会各阶层提供丰富的、高质量的公共服务。这不仅反映了当前世界各国政府向公共服务型政府转型的历史趋势，也为其他国家推进公共服务均等化积累了经验。比如德国以政府责任的名义提供各种公共服务，以法律明确界定各级政府在公共服务中的责任，做到明确分工，责任清晰；又如韩国借鉴美国、英国等国家的经验，在创建服务型政府、为公民提供便利服务和亲切服务方面取得了巨大的成功。

将"公共文化"结合进公共服务是这个延续不断思潮中的一个关键领域，其所衍生的公共文化服务是公共服务的重要内容，也是政府的重要职责。自 20 世纪 90 年代"文化政策时刻"[①]到来，过去 30 多年间，世界范围内的地方政府，在公共文化服务（文化政策支持）中的作用都呈现强化态势。例如加拿大的地方政府举办越来越密集的市民文化活动和创意活动，无论是家庭文化支出、文化产业、文化类机构组织数量还是与文化相关职业的吸纳就业率都有所提高[②]，澳大利亚政府在很大程度上将公共文化发展职能下放至州政府和地方政府，在地方层面上加强了对艺术的财政责任和政策的干预[③]，美国地方政府也致力于城市文化发展规划和基于地方的文化发展[④]。公共行政学者将这种类似的政府行为归纳为"新问题的政

---

① Stevenson D. Art and Organisation：Making Australian Cultural Policy[M]. Brisbane：University of Queensland Press，2000.

② Silver D，Clark T. Scenes：Culture and Place[M]. Chicago：University of Chicago Press，2013.

③ Craik J. Dilemmas in Policy Support for the Arts and Cultural Sector[J]. Australian Journal of Public Administration，2005，64(4)：6-19.

④ Gibson L，Stevenson D. Urban Space and the Uses of Culture[J]. International Journal of Cultural Policy，2004，10(1)：1-4.

治与政策工具",例如对公共基础设施建设的驱动、市民生活质量需求的支持、经济增长、社区发展、社会保障等其他政策目标①。公共文化产品供给能力是保证社会公平的重要前提②。

在中国政策领域,以 2002 年 11 月党的十六大提出"国家支持和保障文化公益事业"为标志,政府公共服务职能在文化领域逐步得到明确,国家公共文化服务职能得到加强,公益文化事业展现生机,发生了前所未有的变化,取得了较大的成就,也获得了较大的社会效益。党的十九大报告指出,要完善公共文化服务体系,深入实施文化惠民工程,丰富群众性文化活动。中央对于推进公共文化服务的重视程度不断增强,建立公共文化服务指标体系已经成为当前我国推进公共服务工作的重要内容和重要目标,这也必将带来对公共文化服务问题研究的新高潮。

(二)公共文化服务发展的中国政策议程

"公共文化服务"概念最早见于 2004 年深圳市《文化体制总体改革方案》文件中。深圳市公共文化服务体制创新思路引起了国家的重视。2010 年 10 月 18 日,《中共中央关于制定国民经济和社会发展第十二个五年规划的建议》指出要加快发展文化事业和文化产业。2011 年 3 月 14 日,《中华人民共和国国民经济和社会发展第十二个五年规划纲要》第十篇"传承创新,推动文化大发展大繁荣"中的第四十四章"繁荣发展文化事业和文化产业"提出一要"大力发展文化,增强公共文化产品和服务供给",二要"加快发展文化产业,推动文化产业成为国民经济支柱性产业,增强文化产业整体实力和竞争力,增强中华文化国际竞争力和影响力,提升国家软实力"。2011 年 10 月 18 日,中国共产党第十七届中央委员会第六次全体会议研究了深化文化体制改革、推动社会主义文化大发展大繁荣等若干重大问题。

随着服务型政府建设的推进,公共文化服务体系建设的重要性进一步显现。党的十八大报告中指出,文化软实力显著增强是十八大基于十六大、十七大确立的全面建设小康社会目标而提出的我国经济社会发展新要求之一,并要求扎实推进社会主义文化强国建设,加强重大公共文化工程和文化项目建设,完善公共文化服务体系,实现到 2020 年公共文化服务体系基本建成。《十八届三中全会公报》则提出,要以激发全民族文化创造活力为中心,通过完善文化管理体制、建立健全现代文化市场体系、构建现代公共文化服务体系、提高文化开放水平,从而进一步深化文化体制改革。2017 年 3 月 1 日施行的《中华人民共和国公共文化服务保障法》中规定,"公共文化服务,是指由政府主导、社会力量参与,以满足公民基本文化需求为主要目的而提供的公共文化设施、文化产品、文化活动以及其他相关服务",人民群众基本文化权益和基本文化需求实现从行政性"维护"到法律"保障"的跨越,公共文化服务将实现从可多可少、可急可缓的随机状态到标准化、均等化、专业化发展的跨越。

党的十九大报告提出,满足人民过上美好生活的新期待,必须提供丰富的精神食粮。公共文化服务体系建设是文化建设的重要组成部分,也是我国社会发展的一项重要任务。同样,公民基本文化权益的维护、人民群众基本文化需求的满足,都需要公共文化服务体系提供重要保障。只有依托公共文化服务体系建设,着力满足各族群众的基本文化需求,保障群

① Curson T, Evans G, Foord J, et al. Cultural Planning Toolkit: Report on Toolkits and Data[J]. London: Cities Institute, 2007.

② Brownlee J, Hurl C, Walby K. Corporatizing Canada: Making Business Out of Public Service[M]. Between the Lines, 2018.

众的基本文化权益,才能真正实现让百姓在安居乐业中享受文化之乐,才能更好地发挥文化引领风尚、引导社会、教育人民、推动发展的功能。

大力发展社会主义先进文化,是新时代新征程的使命任务。党的二十大报告提出,未来五年是全面建设社会主义现代化国家开局起步关键时期,持续深化文化体制改革,完善文化经济政策,实施国家文化数字化战略,健全现代公共文化服务体系,实施重大文化产业项目带动战略,发展面向现代化、面向世界、面向未来的,民族的科学的大众的社会主义文化,激发全民族文化创新创造活力,推动人民精神文化生活更加丰富。

关于如何提高基层公共文化供给质量,各地在创新实践中不断摸索,越来越多的优质供给和高质量的公共文化产品,正在不断满足人民群众对美好生活的新要求、新期盼。见表1-1。

表 1-1　近年关于公共文化服务的会议及文件汇总表

时间	会议/颁发部门	文件	内容
2005 年	中共十六届五中全会	《中共中央关于制定国民经济和社会发展第十一个五年规划的建议》	"加大政府对文化事业的投入,逐步形成覆盖全社会的比较完备的公共文化服务体系"
2006 年	国务院常务会议	《国家"十一五"时期文化发展规划纲要》	"更好地保障和满足人民群众的基本文化需求,促进城乡和区域之间文化的共同发展"
2006 年	中共十六届六中全会	《中共中央关于构建社会主义和谐社会若干重大问题的决定》	"加快建立覆盖全社会的公共文化服务体系""把发展公益性文化事业作为保障人民文化权益的主要途径"
2007 年	中共中央办公厅、国务院办公厅	《关于加强公共文化服务体系建设的若干意见》	"努力建设以公共文化产品生产供给、设施网络、资金人才技术保障、组织支撑和运行评估为基本框架的覆盖全社会的公共文化服务体系"
2007 年	中共第十七次全国代表大会	胡锦涛总书记的十七大报告	"深化文化体制改革,完善扶持公益性文化事业、发展文化产业、鼓励文化创新的政策""坚持把发展公益性文化事业作为保障人民基本文化权益的主要途径""大力发展文化产业,实施重大文化产业项目带动战略"
2009 年	国务院常务会议	《文化产业振兴规划》	"文化产业是市场经济条件下繁荣发展社会主义文化的重要载体,是满足人民群众多样化、多层次、多方面精神文化需求的重要途径,也是推动经济结构调整、转变经济发展方式的重要着力点"
2010 年	中共十七届五中全会	《中共中央关于制定国民经济和社会发展第十个五年规划的建议》	"深化文化体制改革,增强文化发展活力,繁荣发展文化事业和文化产业,满足人民群众不断增长的精神文化需求,基本建成公共文化服务体系"
2011 年	十一届全国人大第四次会议	《中华人民共和国国民经济和社会发展第十二个五年规划纲要》	"大力发展文化,增强公文化产品和服务供给""加快发展文化产业,推动文化产业成为国民经济支柱性产业,增强文化产业整体实力和竞争力,增强中华文化国际竞争力和影响力,提升国家软实力"

续表

时间	会议/颁发部门	文件	内容
2011 年	中共十七届六中会议	《中共中央关于深化文化体制改革、推动社会主义文化大发展大繁荣若干重大问题的决定》	到 2020 年,文化改革发展奋斗目标包括"文化事业全面繁荣,覆盖全社会的公共文化服务体系基本建立,努力实现基本公共文化服务均等化"
2013 年	文化部	《文化部"十二五"时期公共文化服务体系建设实施纲要》的通知	坚持政府主导,依循"保基本、强基层、建机制、重实效"的基本思路,着力丰富人民群众精神文化生活,着力提高公共文化服务效能,着力创新体制机制,完善覆盖城乡、结构合理、功能健全、实用高效的公共文化服务体系,努力实现"广覆盖、高效能",全面提升公共文化服务均等化水平,保障广大人民群众基本文化权益
2014 年	文化部	关于贯彻落实《2014 年文化系统体制改革工作要点》及其《分工实施方案》的通知	坚持中国特色社会主义文化发展道路,坚持以人民为中心的工作导向,坚持把社会效益放在首位、社会效益和经济效益相统一,推进文化体制机制创新,进一步解放和发展文化生产力,促进文化事业全面繁荣、文化产业快速发展、传统文化传承弘扬,增强国家文化软实力
2015 年	中共中央办公厅、国务院办公厅	《关于加快构建现代公共文化服务体系的意见》	统筹推进公共文化服务均衡发展、增强公共文化服务发展动力、加强公共文化产品和服务供给、推进公共文化服务与科技融合发展、创新公共文化管理体制和运行机制、加大公共文化服务保障力度
2015 年	中共中央办公厅、国务院办公厅	《国家基本公共文化服务指导标准(2015 — 2020 年)》	对各级政府应向人民群众提供的基本公共文化服务项目和硬件设施条件、人员配备等作出了明确规定
2016 年	全国人大常委会	《中华人民共和国公共文化服务保障法》	共分总则、公共文化设施建设与管理、公共文化服务提供、保障措施、法律责任、附则 6 章,共 65 条。一是对公共文化服务的概念和范围作出明确界定。二是提出公共文化服务应当遵循的主要原则。三是明确公共文化服务体系建设的若干重要制度。四是规定了政府在公共文化服务体系建设中的重要责任。五是规定了公共文化设施建设与管理的有关法律程序和提供公共文化服务的主要内容、形式和管理责任等
2017 年	文化部	《"十三五"时期文化发展改革规划》	针对公共图书馆的流通人次、文化站的服务人次、文物保护工程的合格率等多项指标提出了要求,力图实现公共文化服务标准化
2018 年	文化和旅游部	《国家级文化生态保护区管理办法》	国家级文化生态保护区建设坚持保护优先、整体保护、见人见物见生活的理念,既保护非物质文化遗产,也保护孕育发展非物质文化遗产的人文环境和自然环境,实现"遗产丰富、氛围浓厚、特色鲜明、民众受益"的目标。涵盖总则、申报与设立、建设与管理、附则四个部分

时间	会议/颁发部门	文件	内容
2019 年	国务院办公厅	《国务院办公厅关于进一步激发文化和旅游消费潜力的意见》	努力使我国文化和旅游消费设施更加完善,消费结构更加合理,消费环境更加优化,文化和旅游产品、服务供给更加丰富。推动全国居民文化和旅游消费规模保持快速增长态势,对经济增长的带动作用持续增强
2020 年	文化和旅游部	《文化和旅游部关于推动数字文化产业高质量发展的意见》	文化产业和数字经济融合发展迈向新阶段,数字化、网络化、智能化发展水平明显提高,形成新动能主导产业发展的新格局,数字文化产业发展处于国际领先地位
2021 年	文化和旅游部	《"十四五"公共文化服务体系建设规划》	"十四五"末,公共文化服务体系将力争达到以下目标:公共文化服务布局更加均衡、公共文化服务水平著显提高、公共文化服务供给方式更加多元、公共文化数字化网络化智能化发展取得新突破
2022 年	中国共产党第二十次全国代表大会	《高举中国特色社会主义伟大旗帜　为全面建设社会主义现代化国家而团结奋斗》	实施国家文化数字化战略,健全现代公共文化服务体系,创新实施文化惠民工程。健全现代文化产业体系和市场体系,实施重大文化产业项目带动战略

(三)公共文化科技服务在公共文化服务中的价值日渐凸显

21 世纪是科技大展拳脚的时代,各种新科技、新技术得到了各种广泛的应用。同时伴随着公民对文化服务的需求越来越大,将科技运用于公共文化服务以提升服务能力被越来越多地提及并引起国家、政府和社会等各方面的重视。《中共中央关于深化文化体制改革推动社会主义文化大发展大繁荣若干重大问题的决定》提出:"科技创新是文化发展的重要引擎。要发挥文化和科技相互促进的作用,深入实施科技带动战略,增强自主创新能力……健全以企业为主体、市场为导向、产学研相结合的文化技术创新体系,培育一批特色鲜明、创新能力强的文化科技企业,支持产学研战略联盟和公共服务平台建设。"2012 年 2 月,中共中央办公厅、国务院办公厅印发了《国家"十二五"时期文化改革发展规划纲要》,提出"面对现代信息科技和传播手段快速发展的新形势,加快建立文化创新体系、推进文化创新的任务更加紧迫……发挥文化和科技相互促进的作用,深入实施科技带动战略,增强自主创新能力"。2012 年 5 月 10 日,文化部发布《文化部"十二五"时期文化改革发展规划》,其发展目标指出:"科技进步成为文化发展的重要动力和引擎,文化与科技融合要在深度与广度上得到实质性推进。"同时提出:"积极应用高新技术,拓宽文化传播渠道,丰富文化表现形式。以科技创新为动力,完善公共文化服务的提供方式和内容,满足人民群众的基本文化需求。"2012 年 9 月 12 日文化部办公厅印发的《文化部"十二五"文化科技发展规划》,就是为深入实施《文化部"十二五"时期文化改革发展规划》、发挥与增强文化和科技的相互促进作用、实施科技带动战略、增强自主创新能力所制定的专门针对公共文化与科技融合的发展规划。中共中央在《国家"十三五"时期文化发展改革规划纲要》中表明,要推动基层公共文化设施资源共建共享,要创新公共文化服务运行机制,推进数字图书馆、文化馆、博物馆建设,完善公共文化考核评价,探索建立第三方评价机制。党的十九大报告指出,我国公共文化服务水平在不断提高,互联网建设管理运用不断完善,要注意完善公共文化服务体系。这体现了在目前社会发展情况下我国对公共文化服务的要求,公共文化科技服务则是在互联网时代下,对公共文化服务体系的完善补充。《国家文化科技创新工程纲要》指出,要突破一批共性关键技术,提高重点文化领域的技术装备水平,加强文化领域技术集成创新与模式创新,推进文化和科技相互融合,加强文化事业服务能力,加强科技对文化市场管理的支撑作用。

上述一系列政策文件的制定和颁布历程表明,促进文化与科技融合、发展公共文化科技服务是一项从部门规划、持续推动,逐步上升到行业战略、社会参与,最后为国家决策部署的公共服务创新。

随着我国公共文化服务体系建设的日趋完善,在确保人民享有更加均等、便利和基础性的公共文化服务过程中,也应当注意发挥科技在公共文化服务中的作用,鼓励和支持通过新技术、新应用,尤其是具有文化娱乐、教育、社交功能的互联网技术的广泛应用,使其在公共文化服务中发挥更大的作用,以科技力量推动公共文化服务高质量发展。[1] 对此,2017 年正式施行的《中华人民共和国公共文化服务保障法》就明确规定,国家鼓励和支持发挥科技在公共文化服务中的作用,推动运用现代信息技术和传播技术,提高公众的科技素养和公共文化服务水平。积极把握我国新时代文化发展的良好契机,加强文化和科技的融合,全面提高文化科技创新能力,对我国文化发展和科技进步具有十分重大的现实意义和长远的战略意义。

党的十八大以来,我国公共文化服务体系建设取得明显成效,法律和制度框架体系初步形成,国家公共文化服务体系示范区(示范项目)创建有序推进,公共文化设施持续完善,公共文化服务均衡协调发展成效显著,数字化建设水平不断提高,财政保障能力显著提升,社会力量参与积极性日益增强。进入新时代以来,面对新兴技术在公共文化服务领域应用的广度和深度不断拓展,群众多元化、多层次、个性化的公共文化需求日益增强。社区作为公民日常生活的聚居地,是公民享受公共文化的重要基地。社区公共文化服务是构建现代公共文化服务体系的重要组成部分[2],因此研究小组将公共文化综合示范的落脚点扎根于社区,将信息时代中的文化与科技相互交融,以科技手段挖掘、展示、传播公共文化,提高文化产品的表现力与感染力,满足社区居民公共文化需求,保障公民文化权益,最终实现建设惠及社区居民精神家园的目标。

党的十九大提出,要完善公共文化服务体系,深入实施文化惠民工程,丰富群众性文化活动。党的二十大进一步强调了公共文化服务的科技支撑作用,明确实施国家文化数字化战略,健全现代公共文化服务体系、现代文化产业体系和市场体系,突出了公共文化服务体系的数字化赋能和现代化内涵。当前,公共文化科技服务项目示范落地、迭代完善、复制推广的技术准备、历史逻辑、时代需求都更加清晰明朗,通过制度创新、技术驱动,推动内容升级、服务优化,不断满足人民日益增长的精神文化需求,确保到 2035 年基本实现社会主义现

① 杨乘虎,李强."十四五"时期公共文化服务高质量发展的新观念与新路径[J].图书馆论坛,2021,41(02):1-9.

② 熊婉彤,周永康.社区公共文化服务的居民参与:公共服务质量与动机的双重驱动[J].图书馆建设,2021(03):34-45.

代化,国家文化软实力显著增强;到 21 世纪中叶,物质文明、政治文明、精神文明、社会文明、生态文明全面提升,实现国家治理体系和治理能力现代化。

二、研究意义

（一）研究有助于《国家中长期科学和技术发展规划纲要（2006—2020 年）》重点领域及其优先主题任务部署的落实

研究对接了《国家中长期科学和技术发展规划纲要（2006—2020 年）》明确的"信息产业及现代服务业"和"城镇化与城市发展"重点领域,符合规划纲要中确定的"现代服务业信息支撑技术及大型应用软件""下一代网络关键技术与服务""数字媒体内容平台"和"城市信息平台"优先主题,与规划纲要中部署的"重点研究开发传媒和电子商务等现代服务业领域发展所需的高可信网络软件平台及大型应用支撑软件、中间件、嵌入式软件、网格计算平台与基础设施,软件系统集成等关键技术,提供整体解决方案""重点开发面向文化娱乐消费市场和广播电视事业,以视、音频信息服务为主体的数字媒体内容处理关键技术,开发易于交互和交换、具有版权保护功能和便于管理的现代传媒信息综合内容平台""重点研究开发城市网络化基础信息共享技术,城市基础数据获取与更新技术,城市多元数据整合与挖掘技术,城市多维建模与模拟技术,城市动态监测与应用关键技术,城市网络信息共享标准规范"的总体任务进行紧密衔接。

研究具体对接了《现代服务业科技发展"十二五"专项规划》明确的"数字文化"重点领域和"推动科技与文化融合,培育文化新业态"的要求,是专项规划中确定的重点任务。

研究具体对接了《国家文化科技创新工程纲要》明确的在"加强文化领域共性关键技术研究"中提出的"加强文化领域共性技术研究与关键系统装备研制",在"加强文化领域标准规范体系建设"和"提升文化事业服务能力"中提出的"公共文化服务"要求。

研究具体对接了《杭州市上城区国家可持续发展实验区建设规划（2012—2016 年）》明确的"探索文化和科技融合,推进文化和社会可持续发展"重点领域和"构建产学研相结合的文化科技创新体系"的重点工作。

（二）研究有助于转变发展方式、改善民生、增强核心竞争力

推动转变认识,发展文化民生。在科技与经济结合的创新型国家发展机制下,研究成果实施将实现由科技与经济结合向科技、经济、文化三者结合的转变,强调公共文化、公共文化科技服务能力等软实力的建设与评价;满足随经济水平提升带来的日益增长的公共文化需求,保障公民基本文化权益,进而全面提升我国公民素质,弘扬社会主义核心价值观,维护国家意识形态安全,传承民族优秀文化,提高公民价值判断能力,强化民族认同感和自豪感,推动国家软实力全面提升,从而增强核心竞争力,提高政府治理水平,使国家更好地应对当前全球化时代下的国际竞争。

加快突破瓶颈,驱动文创产业。研究成果将突破公共文化科技服务能力要素、框架以及量化评价指标系统性研究的瓶颈,突破公共文化科技服务能力理论探索与应用示范有机协同的瓶颈;通过网络与大数据平台资源整合,推动公共文化科技服务能力建设与绩效评估在国家重点地区的应用示范与产业辐射,实现需求识别与分析技术、智能决策技术、资源挖掘与集成技术等对公共文化科技服务能力建设与绩效评估的技术创新相互支撑;通过面向社

区公共文化科技服务创新的平台搭建与绩效评估系统的示范应用,推动公共文化科技服务能力建设与绩效评估应用示范在民生服务领域的服务模式创新,推动公共文化科技服务能力对国家能力建设的支撑作用;将为国家文化体制改革助力,推进相关产业转型升级,提升文化从业单位的资源配置能力,推动公共文化相关企业经营步伐的加快,丰富公共文化科技服务手段,推动公共文化科技服务向着规模化、集约化和专业化方向发展,实现经济效益和社会效益的双丰收。

加快整合资源,激发应用示范。研究成果构建了"基本理论—共性技术—创新平台—评估示范"体系化公共文化科技服务能力建设与绩效评估技术研究与示范综合解决方案,实现了政产学研资源协同与示范应用的社会辐射,并以杭州市上城区为重点应用示范地区,根据"以经济的转型升级实现科学发展、以文化和科技融合带动创新发展、以生态文化的理念促进绿色发展、以民生为先的思路推动和谐发展"的基本原则,基于"文化与科技相互促进和融合创新,构建省级可持续发展实验区"发展目标,依托杭州市上城区"古城厚重历史文化坚持科学传承""科技创新带动文化创意产业发展""先进科学文化引领公共文化惠民""以绿色生态文化打造低碳上城""体制机制创新推动文化科技创新"重点发展领域,结合上城区已有重大公共文化科技服务项目——"南宋皇城大遗址综合历史文化科学保护工程""非物质文化遗产与科技创新融合示范项目""科技工业基地:科技创新文化示范建设""公共服务标准化推进社会管理和公共文化创新示范建设"——形成本研究成果与上城区发展规划纲要相匹配,与政府、产业、民众需求相匹配的示范应用,进一步推动其经济、科技、文化价值的社会辐射与产业示范效应。

(三)研究有助于带动行业技术进步、促进经济社会发展

推进公共文化科技服务能力和绩效评估技术研究,能够有效带动行业技术进步。研究注重文化与科技的融合,面向文化产业和行业发展科技的需求,开展公共文化内容创作、生产、管理、传播与消费等文化产业发展的共性关键技术研究。旨在在公共文化服务及绩效评估领域,依托公共文化民生网络平台,以大数据挖掘与分析、智慧产业应用等新兴技术为支撑,实现数据挖掘、信息集成、智能决策等相关技术创新与产品开发,建设公共文化科技服务和绩效评估技术平台,实现公共文化科技服务能力带动技术创新、平台创新、服务模式创新,增强文化领域共性技术支撑能力,提高文化产品的创造力、表现力和传播力,提升文化重点领域关键装备和系统软件国产化水平,以国家可持续发展实验区等为载体强化技术成果的示范和推广,全面提升科技服务民生的能力。

基于需求导向的公共文化科技服务能力和绩效评估技术研究,能够促进经济、社会和文化建设全方面可持续发展。研究旨在通过技术集成手段促使公共文化科技服务能力和绩效评估技术与居民的需求相适应。重点针对公众的精神文化生活实际需求,实现对公共文化产品的普惠和精准投放,推动全社会文化共享,提高国民文化消费力;通过公共文化传播集成系统、公共文化科技服务绩效评估系统等从技术上缩短公众之间文化科技的鸿沟,保障公民的基本文化权利,推动和谐社会建设,也为政府制定公共文化服务政策提供技术支持。通过公共文化资源开发、公共文化需求识别,实现公共文化服务的针对性和多样化供给,改善公共文化发展的制度环境,推动社会资本投入公共文化事业,为文化市场发展提供良好的政策环境。同时,公共文化科技服务技术产品通过"产学研用"一体化模式的研发,有助于在技术集成平台的基础上推动文化产业发展。现阶段国家经济发展模式正处于重要的转型期,

如何突破资源和能源瓶颈,转变传统资源消耗型经济模式,充分利用信息技术的跨越式发展带动文化产业从而创造新的可持续发展的经济增长点,带动新型社会发展模式。任务艰巨,时间紧迫,因而本研究成果对于促进经济社会全方面可持续发展具有十分重要的意义。

第二节 研究思路与研究框架

在公共文化科技服务能力建设与绩效评估体系及共性技术研究、公共文化科技服务创新平台研发构建成果的基础上,最大限度依托已有资源和已建成的公共服务平台,在上城区进行公共文化科技服务能力建设与绩效评估的综合应用示范。

一、公共文化科技服务能力概念的提出

在综合运用公共管理学、公共政策学、政治学和社会学等学科相关理论的基础上,首先界定了公共文化科技服务能力建设的相关概念,随后构建了公共文化科技服务能力的主体框架,同时针对体制创新和制度创新建设提出增强我国公共文化科技服务能力的政策建议。

联合国《21 世纪议程》指出:"能力建设指的是一个国家在人力、科学、技术、组织、机构和资源方面的能力的培养与增强。"

科技能力可以理解为在现有的科技发展环境及条件下,通过科技资源投入以及科技活动而显现出的发现、发明与创造,并通过转化,成为对社会经济与科技进步产生潜在的或是现实的影响与贡献的综合能力。中国科学院可持续发展研究组在《中国可持续发展战略报告》(2002 年)中指出,科技能力包括"四力",即科技潜在能力、科技发展能力、科技产出能力和科技贡献能力。该观点目前已达成广泛共识。

公共文化服务能力。主要是指公共文化服务主体能否意识到公共文化服务客体的需求并及时提供公共文化服务以及提供公共文化服务的水平。确切地说,公共文化服务能力是指公共文化服务主体为生产和提供优质的公共文化服务产品以满足公共文化服务客体的公共文化服务需求而具备的技能、技术和技巧。公共文化服务能力的强弱决定了公共文化服务主体在整个公共生活过程当中是否能够真正承担并办理好所有的公共文化服务事项。

公共文化科技服务。主要是指公共文化服务主体(国家机构、社会组织以及个人等)在提供公共文化服务过程中,利用各种先进科技手段,充分开发公共文化或改进原有服务手段,生产和提供优质的公共文化产品或服务,以更好地为大众提供方便、高效、快捷的公共文化服务目的的一种公共文化服务方式。

公共文化科技服务能力。主要是指公共文化服务主体意识到公共文化客体的需求,利用先进科技手段,及时提供满足公共文化客体公共文化需求的服务以及提供公共文化服务的水平。确切地说,就是指公共文化服务主体利用先进科技手段,生产和提供优质的公共文化产品或服务以满足公共服务客体的公共服务需求而具备的技能、技术和技巧。

二、研究思路

研究思路与各研究内容的相互关系如图 1-1 与图 1-2 所示。

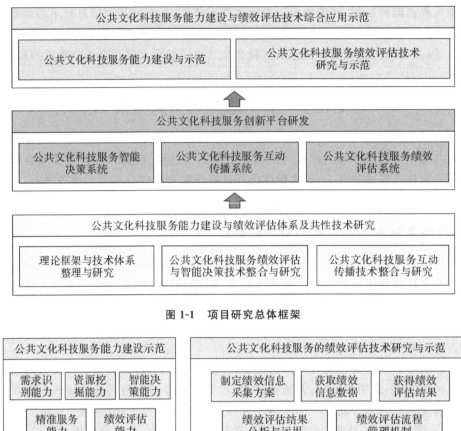

图 1-1　项目研究总体框架

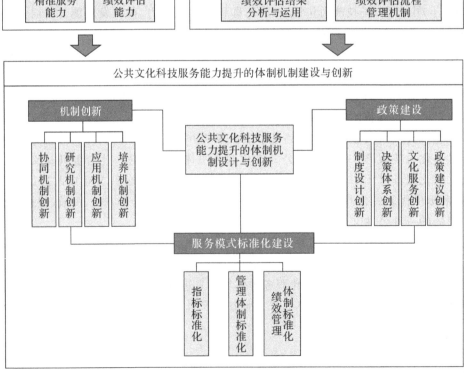

图 1-2　研究思路

以杭州市上城区为应用示范基地,拟在三个公共文化需求较为紧迫的社区(老年人口居多的社区、青少年儿童人口居多的社区和外来人口相对集中的社区)建立公共文化科技服务应用示范点,依据开发建设的公共文化科技服务创新平台,通过移动智能设备、信息推送等手段实现线上线下互动,并在应用示范的基础上进一步研究政府公共文化科技服务能力,进行相应绩效评估工作,在结果基础上进行机制创新与政策设计,以提高政府公共文化科技服务能力,形成可沿用、反馈和改进的公共文化科技服务体系,进而提升社区治理能力、保障社区居民的基本文化权利。

三、研究内容与技术路线图

公共文化科技服务能力建设与绩效评估技术综合应用示范研究的技术路线见图 1-3。

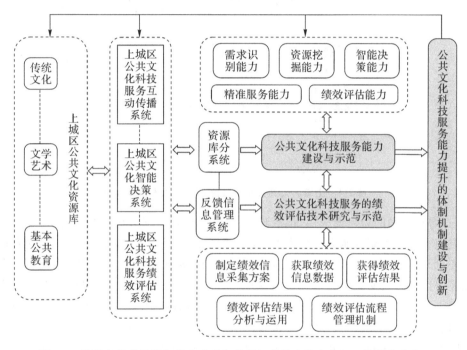

图 1-3　公共文化科技服务能力建设与绩效评估技术综合应用示范技术路线图

以公共文化科技服务创新平台为数据处理与共享交换服务平台,整合上城区相关社区已有的公共文化服务与信息化基础,为社区搭建推送文化信息,展示文化地图、地方文化,提供便民服务、数字资源阅览下载的平台,同时通过移动智能设备、信息推送等手段实现线上线下互动,并在应用示范的基础上进一步研究政府公共文化科技服务能力,并进行相应绩效评估工作,在结果基础上进行公共文化科技服务能力提升体系建设、反馈和改进的机制创新与政策设计,以提高政府公共文化科技服务能力,进而提升社区治理能力,保障社区居民的基本文化权利。

(一)公共文化的科技服务能力建设与示范

在界定能力、科技能力及其构成、公共文化服务能力和公共文化科技服务能力相关概念与构成并提出公共文化科技服务能力建设框架模型的基础上,将在杭州市上城区三个居民公共文化需求较为紧迫的社区进行公共文化科技服务能力建设的应用示范。根据公共文化科技服务的五大能力框架即需求识别能力、资源挖掘能力、智能决策能力、精准服务能力、绩效评估能力,我们将进行全方位的应用实践(见图 1-4)。

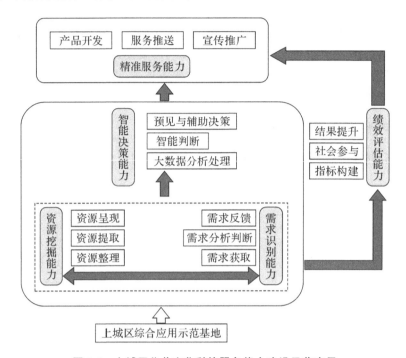

图 1-4　上城区公共文化科技服务能力建设示范应用

第一,需求识别能力建设应用,包括对需求获取能力、需求分析判断能力、需求反馈能力的建设应用。在需求获取能力建设方面,我们将在上城区三个社区的范围内建立双向需求获取路径,形成需求获取网络,一方面主动获取,采用便携式居民行为观测系统等设备和技术对社区居民的公共文化服务需求进行获取,另一方面为居民提供可以推送个人需求的渠道。在需求分析(判断)能力建设方面,我们基于已获取的社区居民需求,通过体验中心法、深度访问法、价值曲线法、引入时间概念的识别方法、客户系统经济学、基于数据挖掘的顾客需求识别方法等方法和技术开展对居民公共文化科技服务需求的详细分析,在通用型公共文化科技服务需求清单的基础上,梳理上城区的公共文化科技服务需求清单。在需求反馈能力建设方面,我们进行全面动态的反馈渠道建设。示范应用中所得的信息将通过多种媒介形式反馈到需求系统、服务平台和文化资源库,对前置的一系列系统、平台和数据库进行改进和丰富,进而实现整个公共文化科技服务体系的能力提升。

第二,资源挖掘能力建设应用,包括对文化资源整理能力、资源提取能力、资源呈现能力的建设应用。具体应用的主要内容是上城区文化资源收集存储自助服务系统的建设与动态更新,该系统在三个社区的应用主要实现图片、音频、视频等资源的录入与存储功能,方便社区居民自己录入、上传文化资源,进行文化资源共享。具体来看,在文化资源整理能力建设应用方面,引入现象学研究方法,并结合传统的数据挖掘与文本挖掘方法,对上城区的文化资源进行集合与整理。在文化资源提取能力建设应用方面,按照传统文化、文学艺术、基本公共教育等类别对上城区文化资源进行分类,提取出有效的文化资源数据。在资源呈现能力建设应用方面,将提取出的文化资源进行多种形式的再现,包括线上与线下两种模式的再现,线上如网站展示、手机 APP 展示等,线下如各种形式的文化教育、宣传活动等,主要通过数字阅览与展示系统和多媒体信息展示系统等设备平台在社区进行集中呈现。通过这一系列资源挖掘过程建立一个结构清晰、内容丰富的上城区文化资源库,根据需求反馈与其他反馈信息进行动态调整与不断充实。

第三,智能决策能力建设应用,包括对大数据分析处理能力、智能判断能力、预见与辅助决策能力的建设应用。将社区居民文化需求和社区文化资源获取和挖掘后,可将两方面进行整合,利用大数据所具备的数据可视化功能、空间分析能力、空间数据和属性数据集成能力,建立决策的系统模型,该模型将产生不同的方案,进而实现智慧决策。在大数据分析处理能力建设应用方面,利用平台与各种技术对上城区文化资源库的数据以及更多平台与数据库的数据进行分析与处理。在智能判断能力建设方面,利用云计算技术、流程化与数据分析业务导向化技术,将大数据分析处理后的信息进行系统权衡、智能判断。在预见与辅助决策能力方面,加强实时追踪监测、即时反馈、服务提升以及协同决策模式开发等方面的功能,提高文化资源配置效率和需求满意度。

第四,精准服务能力建设应用,包括对产品开发能力、服务推送能力、宣传推广能力的建设应用。在产品开发能力建设应用方面,我们将针对上城区社区居民的需求和现有的资源,利用 AR(增强现实)技术、OCR 识别技术、微型投影技术等技术,试制文化资源收集存储自助服务系统,并开发一件可穿戴式交互体验产品,利用科技手段丰富上城区公共文化服务产品的内容与形式。在服务推送能力方面,我们将采取个性化推送的方式,形成 O2O 概念下的多种公共文化服务资源推送模式。一方面利用全媒体发布系统进行服务推送和服务信息推送,包括公共文化相关的网站、视频、BBS、E-mail、微博、短信平台、社交网络等多种线上途径;另一方面也在实体空间中进行服务推送,包括社区文化展览、社区广场舞、社区读书会等线下公共文化活动开展。在宣传推广能力建设应用方面,我们将利用网络、短信、电子屏幕、APP、微博、邮件等多途径进行宣传推广,并针对各种科技服务编写应用指南。

第五,绩效评估能力建设应用,包括对指标构建能力、社会参与能力、结果提升能力的建设应用。利用公共文化科技服务互动传播系统平台、公共文化科技服务绩效评估系统平台与公共文化智能决策系统,将绩效评估系统应用到上城区的公共文化科技服务绩效评估。在指标构建能力建设应用方面,通过评估系统应用进行信息反馈,进而起到改进指标的作用。在社会参与能力建设应用方面,加强多元主体在上城区绩效评估活动中的参与,包括政府、企业组织、科研组织、社会团体及个人等,一方面提高绩效评估结果的有效性,另一方面为更好地回应居民需求提供保障。在结果提升能力建设应用方面,根据上城区公共文化科技服务绩效评估的结果进行问题分析,进而制定绩效改进方案,并对上城区的绩效评估活动与经验进行制度化、规范化的管理。

(二)公共文化科技服务绩效评估技术研究与示范

绩效评估既是一种承载了价值取向的运行机制,又是一个包含若干实用管理技术的改革工具箱。这表现为:绩效评估首先是一个完整的管理过程,包括绩效评估、绩效反馈、绩效沟通以及绩效改进等若干个纵向依次相连的管理环节;同时它还是一个管理工具箱,包括绩效目标与指标、绩效信息、绩效合同、绩效预算等横向并列的管理要素;在这两者之间,同时又蕴含着关注运行机制高绩效与持续改进的价值理念。依托这样的价值理念,在上城区公共文化科技服务绩效评估指标体系和绩效评价系统之上,对上城区的需求识别能力、资源挖掘能力、智能决策能力、精准服务能力、绩效评估能力建设等综合过程和传统文化、文学艺术、基本公共教育等公共文化服务过程进行绩效评估,同时形成可供沿用、反馈和改进的绩效评估流程与系统(见图1-5)。

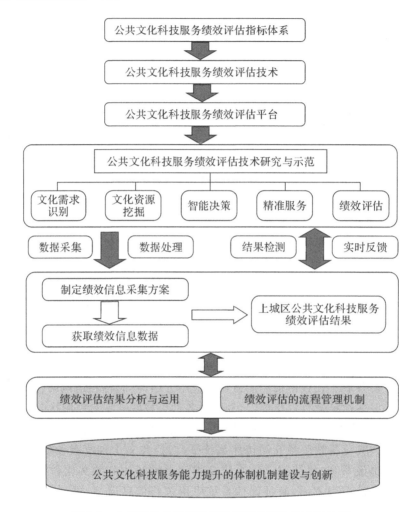

图 1-5　上城区公共文化科技服务绩效评估的应用示范

上城区公共文化科技服务绩效评估示范应用的主要过程如下:

第一,制定绩效信息采集方案。数据采集过程可以分为三个阶段:前期准备、采集操作、数据录入。这是为科学管理、科学评估提供准确的数据支撑,在一定程度上能够保证绩效信息的公开化、实效化和电子化。在前期方案制定中,要从三方面信息的完善来保证后期绩效信息录入的全真性:(1)数据来源方面的信息;(2)提高绩效信息完整性和可靠性的措施,包括信息核实的程序;(3)信息和数据局限性说明。这种局限性说明能很好地弥补量化指标的缺陷,为修正指标和定性测量提供更加客观的依据。基于公共文化科技服务绩效评估指标体系和评估系统,明确上城区的评估数据采集点与数据来源方式,在方案中确保采集标准与绩效评估指标一致,其采集精度是控制数据采集成本的重要基础。大数据时代主张的是全数据概念,因此,在设计符合绩效评估体系采集精度的同时,要充分考虑数据采集的边际成本和边际收益,在数据量级没有超过应用示范的人力物力承载能力的情况下,尽可能地提高标准精度为全数据管理积累资源,从而保证:(1)数据的原始性。数据在采集时是由下而上生成的,保证信息由"源头"生成。(2)采集的即时性。数据采集的时间要求是即时的,也就是说,某项数据一产生,应当立即输入平台。

第二,获取相应的绩效信息数据。数据采集是高频次操作型工作,因此友好的工具可以提高采集效率,降低采集成本,达到事半功倍的效果。(1)尽可能提高使用工具的自动化程度以保持数据的客观性和降低采集成本,是业界普遍的观点,也是工具友好的重要表现。因此,专业数据采集设备在研究中用于数据采集过程,并与流程高度融合,成为必经节点。同时,工具自动化程度越高的采集过程,面临设备故障带来的采集中断风险也就越大,而数据采集有很强的时效性,流程中断将会给工作带来很大影响,有些甚至是不可恢复的缺失。因此,在提高自动化程度的同时,要充分考虑备份方案设计。设备无法完整备份时,要留有人工操作的通路,以免流程彻底停滞,对数据采集产生不可挽回的损失。(2)工具友好的另一个表现是人性化设计,即数据采集工具在实现基本功能和性能的基础上,要更细致地体现人的生理结构、行为习惯、心理情况和思维方式等特点,给采集人员提供更便捷、更人性化的采集工具,改善信息工作的生态环境,让采集人员在工作中保持良好的体验,更有助于将良好的工作体验转换为有效的工作输出,从而提高数据采集效率,降低问题数据风险,有效控制采集成本。

第三,进行数据分析,获得评估结果。清洗的作用是查找异常数据并进行反馈,依据反馈结果,采集流程需要逆向寻找出现异常数据的原因,并确认数据采集是否出现错误。当数据录入到系统中后,清洗模块根据数据的定义、格式、极值、同比、环比、联动数据关系等特性对该数据的合理性进行评价,如果系统中指代相同的数据有多个采集点,那么更应对各采集点得到的数据进行比对,确保数据在进入系统时是保持一致的。经过清洗模块判断,评价不达标的数据可以迅速反馈给采集人员,以便剔除问题数据。

第四,分析与运用评估结果,发布评估报告。绩效评估结果的运用是评估的一个重要目的,因此,要建立和健全公共文化科技服务绩效评估结果的运用机制,推动公共文化科技服务的良性发展。公共文化科技服务绩效评估结果运用机制的合理应用主要表现为三个方面:其一是检验是否达到了预期公共文化的传播目标,如果达到了目标则总结成功的经验,没有达到目标则查出原因和问题所在,并寻求解决问题的对策和办法从而改进绩效;其二是将评估的结果运用到政府公共文化科技服务的预算中,将基本支出预算与部门的绩效结合起来,为精简机构和人员、优化财政支出提供依据;其三是对公共文化科技服务绩效评估的技术和系统平台进行深入总结,形成可反馈、改进和推广沿用的示范样本。

对公共文化科技服务绩效评估的流程管理重点可概括为:(1)评估的规划和预算。首先要确定系统绩效评估的时机,选择最佳的评估时间,组织专家和成员代表达成进行评估工作的共识,制订单位时间(一年)的评估规划。其次是要制订评估预算,在实际的公共文化科技服务绩效评估中,有些评估项目是常规的和固定的,而有些评估项目是依据不同的评估目的而设立的。因此,在实施评估之前就要根据系统当前实施的常规数据采集实际制订评估的规划和预算,依据不同的评估目标设立合理的、经济的评估方案,计划系统预投入的资源,估计预期达到的绩效评估效果。这样,不仅可以避免评估规划和实践脱节,而且能防止评估结果和预期效果相背离。(2)建立规范的评估操作规程。明确公共文化科技服务绩效评估实施中的任务和职责有助于推动绩效评估的标准化、制度化。建立规范的评估操作规程:一是要规范系统对绩效评估流程的支持,即安排和配置评估活动所需的资源、人员、培训计划和设备等,保证每次评估活动的顺利实施。二是要明确实施细则和操作流程。由于每次绩效评估的主体不同,所以应避免绩效评估细则不明而出现的遗漏和误解,使评估参与者都能知晓如何处理各自的评估环节,以提高绩效评估的实施效率。三是责权明晰,即赋予专人或专门机构(评估负责单位)责任和权力,以责成和督促绩效评估工作的顺利实施。(3)形成有效的反馈渠道。绩效评估本身就是对系统运行的各个方面进行监控,发现不足,从而实施有针对性的调整。科学的公共文化科技服务绩效评估管理要建立健全有效的反馈渠道,在评估的过程中能发现问题并及时汇报予以解决,这就可以做到对评估实施系统运行的流程控制。如果评估反馈的问题不能得以及时解决,则须对反馈方面予以说明,并将问题列入绩效评估代办事项中,这样既可减少绩效改善的中间环节、节约时间成本,又可提高评估主体评估工作的积极性。(4)规范评估档案管理。系统每一次绩效评估的数据、资料和文件都要由专人或专门的部门进行及时的归档和保存,便于在今后的绩效管理和评估工作中进行参考。这些评估材料是了解信息资源共享系统不同时期战略实施状况的客观依据,不仅可以服务于系统战略决策,而且能够将报表/报告、数据手册和评估结果向组织外部利益群体、机构团体、用户和其他对象通报,这既能推动数据使用效率最大化,又能使信息资源共享系统的发展在政府和公众中获得更多的肯定和支持。

(三)公共文化科技服务能力提升的体制机制建设

针对公共文化科技服务能力框架构建和绩效评估过程中遇到的问题提出有针对性的机制与政策设计。

第一,机制建设。主要包括:(1)推进公共数字文化"三大惠民工程"即文化共享工程、数字图书馆推广工程及公共电子阅览室建设计划的协调机制探索。(2)完善公共文化服务领域文化与科技融合的协同推进机制,联合政府相关文化、科技等部门,按照"梯度结构、分级管理"模式,加强各方资源的集成与互动的组织机制创新,并创新公共文化科技服务的投入机制。(3)建立新型文化科技研究机构,鼓励公共文化服务领域和科技领域相互渗透的社会机制创新。(4)促进基础研究与应用研究紧密结合,推动不同部门、学科之间的交叉、碰撞、沟通和融合,在市文化、科技相关主管部门的推动和支持下,构建文化创意和思维创新服务平台的操作机制创新。(5)从实际需求出发,提高学生综合素养,激发学生的创新意识,培育一批既有实践经验又有理论知识的、能满足公共文化科技服务需求的复合型创意人才;同时,改善创新环境,推动激发公共文化服务机构从业人员和社区居民能动性的人才培养机制创新。

第二,政策与制度设计。把握科技发展趋势,加强顶层制度设计,推动公共文化科技服务体系再造,确立公共文化科技服务建设的决策机构、协调机构、管理机构、执行机构和审计监察机构,以及由外部专家组成的咨询机构,形成"四层两翼"的结构和功能。通过公共文化服务制度创新设计以及政策建议创新推动公共文化服务决策机构的决策体系创新以及面向社区居民需求的公共文化服务创新。

第三,建立服务模式标准。基于所设计的公共文化科技服务绩效评估指标,根据上城区示范应用的反馈结果,进一步制订公共文化科技服务模式的标准,主要包括以下三方面内容:一是公共文化科技服务指标的标准化,即所提供的对居民公共文化科技服务要有一个明确的、可衡量的具体标准,这个标准是衡量公民基本文化权利保障和公民文化需求满足及均等化实现程度的基本参照;二是公共文化科技服务管理体制的标准化,即在满足公民文化需求的过程中,运用标准化原理对公共文化科技服务的管理体制进行梳理和科学总结,制订出相应的工作标准,形成规范;三是公共文化科技服务绩效管理体制的标准化,即在公共文化科技服务绩效管理的实践中引入标准化操作,通过公共文化科技服务标准的建立来衡量和考核公共文化科技服务的实际绩效。

第三节　研究重点、难点与创新点

一、研究重点

（一）建立公共文化需求数据库、公共文化资源数据库和公共文化科技服务数据库,开发公共文化科技服务与绩效评估的智能决策系统

基于数据挖掘和大数据决策技术,大量收集不同年龄段、性别、职业、地区的群众公共文化需求数据,实现对公共文化服务需求的识别和筛选,并运用现象学研究方法挖掘公共文化资源,完善云储存平台基础架构,进而整合成为分类完善、快速存储以及可即时提取的公共文化服务数据库。利用大数据所具备的数据可视化功能、空间分析能力、空间数据和属性数据集成能力,通过云计算技术开发,建立决策系统模型,在原有决策系统模型提供的方案基础上,利用云计算技术、流程化与数据分析业务导向化技术,在多种方案中进行系统权衡,进行智能决策,得出最优方案,提高文化资源配置效率和服务满意度。

（二）公共文化传播服务的传媒技术综合应用示范

创建全媒体发布平台,实现公共文化产品实时传播,以在线互动方式与技术为社区居民提供可远程高清浏览和展示的公共文化资源;开发融合各终端之间的信息智能终端系统,并将这些智能终端与公共文化全媒体发布系统进行对接,使社区居民可以通过这些智能终端获取全媒体发布系统发布的各种公共文化科技服务信息,使杭州市上城区社区居民可以通过移动设备等终端获取公共文化科技服务。

（三）公共文化服务技术集成及产品的应用示范

研究小组面向杭州市上城区公共文化服务,采用设计符号学方法,将上城区文化元素的语意、语用、语构和语境特征进行重组和应用,设计实现公共文化设计服务的创新工业产品知识库系统架构,运用"工业设计＋嵌入式系统＋机电一体化"模式进行创意设计产品从产品规划、产品研发、产品测试、投资融资、生产制造到服务推广的创意设计成果转化工作,并在社会企业和普通市民参与的过程中,依据市场和群众的反馈,不断完善和提升创意产品的研发质量,提升创意设计企业面向制造和市场的结合水平,最终促进公共文化科技服务能力建设。

（四）公共文化科技服务能力绩效评估指标体系应用示范

基于理论研究与专家调研,在公共文化科技服务能力框架构建的基础之上,明确界定公共文化科技服务能力绩效评估的评估原则、指标选取,根据文献研究与专家调研,借鉴内容

分析、因子分析、相关分析、聚类分析等研究手段确定指标分类,应用 AHP 层次分析法与专家打分法等手段确立指标权重划分,设计公共文化科技服务能力绩效评估框架,作为实施绩效评估的研究与实践基础。结合国家重点地区公共文化科技服务能力建设实践现状,采集应用示范区域杭州市上城区的政府平台数据、产业与科技统计年鉴数据、公共文化科技服务相关数据,科学展开公共文化科技服务能力绩效评估的应用,明确优势与劣势,实施标杆比较,为重点地区公共文化科技服务能力绩效评估推广示范提出优化建议。

二、研究难点

(一)基于大数据的社区公共文化科技服务需求识别与分析技术

社区公共文化科技服务需求识别与分析技术以社区居民需求为导向,利用大数据及其智能处理技术,综合运用体验中心法、深度访问法、价值曲线法、引入时间概念的识别方法、客户系统经济学等需求识别方法,识别和甄选杭州市上城区社区居民公共文化科技服务需求,定义公共文化需求的评价模型,运用信息化、智能化的评价技术建立公共文化需求评价系统。在研究过程中,需要收集大量不同年龄段、性别、职业、地区的群众公共文化需求的数据,且要做到数据具有广泛性、代表性,真实、可靠地反映社区居民公共文化需求的客观现实,需要应用大量市场调查和数据搜集的办法,并且需要耗费大量的人力物力。无论是在方法应用层面还是实际操作层面,都具有较大难度。此外,如何结合公共文化科技服务建设的标准、原则和基本要求,基于公共利益、公平性等考量制定科学、合理的公共文化科技服务需求筛选的原则、标准和目标,是一个值得考虑的问题。

(二)基于大数据的社区公共文化资源挖掘与集成技术

在公共文化资源挖掘中引入现象学研究方法,并结合传统的数据挖掘与文本挖掘方法,探索出具有创新性、系统性、普遍适用性的文化资源挖掘新技术。在技术开发与应用过程中,必须充分利用大数据技术联合调动政府、民众和第三方机构的主动性;同时,必须构建完善的云储存平台基础架构;此外,面对海量不规则公共文化资源数据,如何通过整理筛选和分析数据,把碎片化的公共文化资源信息进行数字化整合,并实现可视化,是一个系统而庞杂的工程。

(三)公共文化科技服务与绩效评估的智能决策技术

利用大数据所具备的数据可视化功能、空间分析能力、空间数据和属性数据集成能力,通过云计算技术的开发,建立决策的系统模型。该模型将产生不同的方案,从而为智能决策奠定基础。在原有决策系统模型所提供的方案基础上,通过明确特定时期的目的、额外标准,利用云计算技术、流程化与数据分析业务导向化技术,在多种方案中进行系统权衡,进行智能决策,得出最优方案,提高文化资源配置效率和需求满意度,开发公共文化科技服务与绩效评估的智能决策系统。以往决策模式以政府为主导核心,利用新技术进行多元主体联动已成趋势,而在公共文化科技服务领域仍有待深入实践探索。

(四)公共文化传播全媒体发布技术

以传播学理论为研究基础,结合社会学、心理学、经济学、政治学、文化创意、计算机科学等多学科的理论知识,以新媒体环境下的公共文化资源整合发布为重点,综合运用公共文化传播全媒体发布技术,进行面向社区的公共文化传播技术集成与发布平台的研发与构建。

如何有效利用全媒体发布技术，搭建公共文化科技服务数字全媒体技术支撑架构，打造面向社区的公共文化资源数字全媒体服务模式，实现全媒体环境下公共文化核心价值传播与扩散的示范效应，是需要把握的关键和难点。

三、研究创新点

(一)公共文化科技服务模式创新

利用整合创新，将公共文化服务模式从政府供给为导向的单向推动型服务模式转变为以需求为导向的互动型服务模式。一方面，通过构建公共文化科技服务创新平台，进行公共文化科技服务能力建设与示范，将公共文化科技服务带入社区居民生活中，做到优秀公共文化资源开发成果全民共享；另一方面，通过信息流和产品流的反馈循环，实现在对社区居民公共文化科技服务的需求变化进行实时监测的同时，根据不同阶段各类人群需求的变化进行调整，从而为公共文化服务供给方提供决策支持与信息反馈，创新性地实现以人为本、服务社会的理念。

(二)基于社区公共文化科技服务平台的应用示范创新

以公共文化科技服务能力框架为依据，通过规模化服务推动公共文化科技服务"产学研"三位一体新形势的发展和推广应用，并结合科技服务评价的方法，构建起公共文化科技服务绩效评估指标体系，运用信息化手段实现绩效评价的实时性、互动性以及结果与过程的公开性，从而建立起公共文化科技服务的动态监测反馈机制，实现能力建设与绩效评估相互促进的良性循环。

(三)公共文化资源开发与科技服务的体制与机制创新

通过公共文化科技服务能力建设与绩效评估的应用示范，为公共文化科技服务能力建设与绩效评估提供政策建议，形成在公共文化科技服务能力建设、绩效评估等相关方面的技术标准和服务规范，完善公共文化科技服务需求识别和决策环节，构建覆盖范围更广、通用性更强的公共文化科技服务创新平台，并运用"工业设计＋嵌入式系统＋网络多媒体技术"模式完善公共文化传播服务的全流程技术集成运转机制，探索更具创新性、系统性、普遍适用性的公共文化科技服务新模式。

第二章 公共文化科技服务的国内外实践研究

第一节 公共文化科技服务的国外实践与经验启示

一、国外公共文化科技服务的发展

公共文化科技服务,是将公共文化服务同科技联系在一起。根据《关于加快构建现代公共文化服务体系的意见》,公共文化科技服务是指随互联网技术的高速发展衍生出来的公共文化服务与科技融合的服务。在中共中央办公厅、国务院办公厅于 2015 年印发的《关于加快构建现代公共文化服务体系的意见》中,就如何推进公共文化服务与科技融合发展进行了大篇幅的系统阐述,并明确指出要加大文化科技创新力度、加快推进公共文化服务数字化建设、提升公共文化服务现代传播能力①,充分说明将先进科技应用于公共文化服务领域,从而创新运行方式、提高服务效能的重要性和必要性。同时强调要推进公共文化服务与科技融合发展,加大文化科技创新力度,加快推进公共文化服务数字化建设,提升现代传播能力,适应现代信息技术快速发展的形势要求,为加强公共数字文化建设指明了方向。

公共文化科技服务可以从三个层次上来理解:一是以科技手段为支撑,对公共文化服务供给的渠道进行创新丰富,即公共文化服务的"科技+",这一方面主要体现在,公共文化服务落地过程中,是文化设施的具体打造和服务的具体呈现,通过科技打通服务基于文化设施传递与服务对象之间的"最后一公里";二是将科技作为公共文化服务的形式之一,在以纸质载体或广播电视为主的传统的公共文化服务展示形式之外,增加新兴媒体的使用,通过大数据、云计算、移动互联网技术等与时俱进的科技应用,使公共文化服务新媒体化,即移动化、社交化、视频化,将网络视频、音频、VR、AR 等形式运用到公共文化服务中;三是将科技与公共文化服务产品的设计和生产结合,将科技作为具体的公共文化服务内容,制造科技含量较高的公共文化产品,如可穿戴式健康设备,社区公共文化服务电子屏等。三个层面都将先进科技应用于公共文化服务领域,成为其中的支撑、载体、具体产品等,公共文化科技服务也通过这些方面予以体现。同时公共文化科技服务也可以通过"公共文化+科技服务""公共科技服务体系+文化"等方式呈现,科技作为技术手段,支撑公共文化服务,让公共文化服务的具体形成更多样化、现代化、潮流化,让公共文化服务的提供更便捷化、先进化、丰富化,让公共文化服务的受益者体会到与时俱进的获得感、满足感、幸福感。

---

① 中共中央办公厅,国务院办公厅. 关于加快构建现代公共文化服务体系的意见[Z]. 2015-01-14.

"科技,让公共文化服务零距离",在文化建设领域,对于科技的运用已随着社会科技发展进步的脚步进行了一定的应用,具体体现在四个方面:一是依靠科技进步改造传统文化产业,发展文化创意、数字出版、动漫游戏等新兴文化产业;二是依靠科技进步提高各类文化内容和艺术样式的表现力,推动文化艺术领域装备制造技术和服务技术的发展;三是依靠科技进步,特别是依靠数字技术、网络技术发展的最新成果,加快构建覆盖广泛、技术先进的文化传播和创新体系;四是依靠科技进步全面推进文化生产力的解放和发展,使之与文化体制机制改革不断深化融合①。公共文化服务也依靠科技在各方面进行了发展和提高,国内外对于公共服务与科技相结合进行了多种实践,形成了目前多样的公共文化科技服务。

公共文化与政府公共服务的理论发源与具体实践肇始于西方"市民社会"与现代政府改革,著名的有英国市政公共文化服务体系与美国市场化公共文化服务体系,二者都呈现出高度成熟发达的理论研究水平与实践运行水平。在经济全球化的背景下,人们对于公共文化的发展提出了更高的要求,这种要求已经不仅是对基本公共文化服务内容的简单获取,而是对高质量公共文化服务的迫切需求。越来越多的科技手段成了面向大众的、承载着基本公共文化服务职能的形式。从互联网的普及化和传统广播电视的数字化到移动新媒体的蓬勃发展,相关科技手段已经开始成为人们获取基本公共文化服务的有效平台,数字化、智能化、新媒体等的公共文化服务职能日益显著;同时公共文化服务也正在实现"科技化",尤其是传统公共文化服务向新型的文化服务不断转变,使得各类先进科技手段在公共文化服务供给过程中发挥着日益重要的作用。

随着现代化和科技智能化的发展,公共文化服务中科技运用不断增加,国外公共文化科技服务也展现出了新的一面,以图书馆、美术馆、博物馆等为代表的公共文化服务机构,是传统社会向现代社会转变时产生的新生事物,对国家现代化、人的现代化发挥了基础性作用。在公共文化服务的发展进程中,西方发达国家率先迈出了步伐。其中以公共文化服务体系开始的美国英国等国家高度成熟发展的公共文化服务体系对科技的运用,形成紧跟时代的公共文化科技服务,也有形成各形式发展的各具特点的如新加坡、日本、印度等国家的公共文化科技服务体系。

二、国外公共文化科技服务的主要实践

(一)美国纽约:数字信息传递公共文化服务

美国的公共文化服务模式可以概括为"自保公助"模式,又称"最低保障与兼顾效率型"公共服务模式②,美国公共文化服务体系中讲求效率的同时又注重公平的维护,运用部分财政满足最基本文化服务需求,重点发挥配置市场资源的作用,市场分散、民间主导,政府主要是通过政策法规对各类文化团体、组织或机构进行管理,并给予优惠,以使其在市场中生存和发展。对于公共文化服务,由政府提供最基础的公共服务,其他方面由大量的非政府组织(NGO)或非营利机构(NPO)即所谓的第三部门承担。因此,公共文化服务涵盖范围全面多样,注重社会互动与市场参与,市场竞争机制介入公共文化服务,公众便会选择更优的公共文化服务提供者,有利于促进公共文化服务提供者的良性竞争,并推动政府提供项目服务与

①　于平. 公共文化服务的科技支撑与文化供给[N]. 中国文化报,2016-12-15(009).

②　肖婷. 美国公共文化服务体系建设研究[D]. 武汉:湖北大学,2014.

资助质量的提升。建立评估监督体系,也是美国政府保障公共服务提供的有效手段,根据法律法规,运用相关公共权力,定标定质,有效监管服务质量和效率。

在已建立的公共文化服务体系下,随着网络化科技化时代的发展,美国作为数字化网络化科技发展的先锋,公共文化服务也通过各种方式予以传递。进入 21 世纪以来,以互联网为主导、新媒体为呈现方式的信息产业迅速成为美国增幅产业之一,美国国家统计局数据显示美国信息产业总收益从 2004 年到 2008 年增长 106%。2010 年,美国 FCC 网络立法案通过,商用 LTE 在美国启动,美国各大报纸相继推出 iPAD 版。这表明新媒体在视频、手机和社交媒体等方面优势较为突出①。目前美国在计算机产业、软件产业和通信产业等领域具有较强的竞争力,这些竞争优势,尤其是新媒体服务在公共文化服务供给方面的作用开始凸显,美国通过新媒体来传递公共文化服务呈现出新态势,尤其随着移动客户端的飞速发展,使得“视频服务无处不在、随时观看”的愿景在美国成为现实,公共文化服务也随着屏幕不断传递出去,越来越多的民众开始通过手机、平板、电脑等方式接收观看视频、文字、音像等,拓宽了公共文化服务提供渠道,增加了服务方式。

美国公共文化服务的供给主要由市场主导。新媒体等先进科技手段的运用,给市场规范带来了一定压力,但这并不意味着美国政府完全缺位于新媒体公共文化服务的供给过程。美国政府对版权的重视保护为新媒体等新兴公共文化服务供给方式的长期性提供了重要保障。美国在 1995 年 9 月发布了《知识产权和国家信息基础设施》白皮书。该白皮书在保证使用者得到广泛且多样化信息的同时,更加注重在网络信息平台保护权利人的合法权益②。同时对于避免重复建设造成资源浪费、信息重复化输出等,美国政府进行联合开发,统一协定标准,整合研究资源达到输出的最大化以及资源最佳利用。

对于实体传统的公共文化服务,美国把保障、维护公民文化权益作为公共文化服务建设的出发点。以纽约为例,纽约是美国文化设施最多和最集中的城市,这里大量开展文化活动,这都为公民积极参与文化活动创造了良好的物质条件。纽约主要的公共文化服务体现在其数量庞大、种类繁多的公共文化设施上,包括以三大公共图书馆、两大博物馆为体系的科教文化,以百老汇等剧院为体系的艺术文化,中央公园等城市标志类文化。纽约对于公共文化服务的提供方式,是基于美国“最低保障与兼顾效率型”的公共服务模式上,建立以政府扶持、市场导向、社会群体积极参与的公共文化服务机制,通过基本财政资金对公共文化的基础建设运行保障,通过政策制定与税收优惠等调动社会资源,强化与提供更为优质的公共文化服务。公共文化服务机构也是纽约政府提供公共文化服务的重要渠道和手段,第三部门在政府公共文化建设中扮演重要角色。第三部门文化服务机构服务提供方式多样,筹集资金的渠道也灵活,能从各角度对文化产品、服务进行开发和资源利用。以图书馆为例,纽约三大公共图书馆每年图书资料流通量超过 4000 万件,普通的公共图书馆平均每平方公里内有 2.5 个,每个社区 3.3 个,偏远社区也达到 2 个左右。随着科学技术的发展,图书馆这类公共服务的提供也增加了数字、电子线上图书的服务。美国对其进行了具体规范并建立《电子图书馆法案》,规定新一代图书馆应利用现代科技提供信息以实现公共普及,基本拥有

---

① 吴小坤,吴信训.美国新媒体产业[M].北京:中国国际广播出版社,2012:28-32.
② 蒋茂凝.网络时代美国版权保护制度之调整[J].中南工业大学学报(社会科学版),2001(7):188-192.

交互式的多媒体程序,提供改善服务水平的信息并覆盖全体民众。公共文化借助科技的多样化提供也是公共文化科技服务发展的趋势,美国通过更新公共服务提供方式,并以政策立法予以保障,在不断融合新内容的同时进行规范,值得参考借鉴。

(二)英国伦敦:用科技改造公共文化服务

在英国的公共文化建设过程中,公共文化体制逐渐形成,政府实现了从对文化领域的直接管理到监督扶持的转变,企业组织、民间组织参与文化事务的能力不断提高。英国公共文化服务建设基本包括三个层面:一以社区为主要基础,依靠社区建立相关的文化设施如社区公共图书馆、体育馆、社区文化中心等;二是传统类型的公共文化服务,包括公共图书馆、博物馆、剧院等;三是新型公共文化服务,通过闲置资源的创意化利用,以及充分利用各方优势,如活化历史建筑、旧工厂、非正规文化场地等广泛开展地区特色节庆活动。

在公共文化服务设施方面,目前英国伦敦市有400多个大小剧院、音乐厅及现场音乐表演场地,每10万人拥有1.4个剧场,每10平方公里拥有1.3个剧场,每年大型剧场的入场人次达1240万;近600个图书馆,公共图书馆有395家,平均每10万人口拥有5家公共图书馆,人均藏书量5本;22座国家级博物馆,200余座非国家级别的博物馆,每10平方公里有1.1座博物馆,即每个社区附近都会有博物馆①。伦敦市公共文化的资助金额也已超过中央政府,主要表现为伦敦市政府资助剧院、音乐厅、艺术中心;向艺术家和艺术单位拨款;资助图书馆、博物馆和美术馆。同时,伦敦市政府资助了一系列具有重要意义和创造性的文化活动,例如青少年音乐教育、阿拉纳月球时钟计划等,号召市民踊跃地参加居住地社区举办的文化活动,市政府及其各部门对社区举办的重点文化活动予以联合支持。伦敦市政府非常重视各文化机构之间的协调合作,以及文化机构与非文化机构之间的协调合作。《伦敦市长文化发展策略草案》明确指出,市长工作的一个重要目标就是确保文化行业的各机构能够相互协调,共同发展伦敦文化。市长还将负责文化相关机构与其他相关机构(如伦敦管理局的职能部门、伦敦发展署、城市政策局等)的合作②。

与美国不同,英国公共文化服务不是"新建"而是"改造"。在17、18世纪,博物馆、图书馆都起源于皇室的私人收藏。18世纪以后,民族国家视收藏各地珍宝、文化器物,展示民族文化特色和成就,为彰显国家富强、进步的手段。随着社会的发展和公共意识的增强,博物馆也从"私人""皇室"等转向"国家"和"公共性"的概念,同时也有不少文化设施和服务也从国家体制转向公共体制。21世纪以来,英国政府开始鼓励市场参与,提高民间组织对文化事务的参与程度,以"官商民合作"方式推动文化事业发展。同时,私人、商业资本开始参与文化服务市场,文化服务走向了平民化。在公共文化观念方面,人们重新发现了市场的力量,文化领域既提供公共品,同时又具有经济效益。新的文化需求、形式不断涌现,而政府力量有限,不如腾出空间,让民间参与文化事务。随着公共文化服务内容的不断扩展,民间和商业机构参与到更多公众文化服务领域中来,如社区中心、图书馆等基本公共文化设施的经营管理、推广教育;数字媒体艺术、社区艺术等新兴文化活动及服务、文化创意活动的资金提供、建造维护、经营管理、推广等;历史建筑及古迹的维护、经营管理和推广,以及灵活使用城市建筑等。随着现代化科技化的发展,公共文化科技服务也主要体现在了新型的公共文化

① 王天铮.解析伦敦市政府公共文化管理模式[N].中国文化报,2011-08-25(007).
② 王天铮.解析伦敦市政府公共文化管理模式[N].中国文化报,2011-08-25(007).

服务中,以新型科技跟随潮流,通过创意化的建设,利用各方优势,形成具有文化特色和不同于传统公共文化服务的灵活创意性公共文化,将更多的新兴事物与新鲜活力投入公共文化科技服务中,不断更新内在含义和内容,在传统之上不断创新,打造有伦敦特色的创意文化,将科技玩转在公共文化中。同时在创造公共文化科技服务的同时,对于传统的公共文化服务,运用科技的手段进行整体性的综合统计,如在文化服务和文化服务场所中,各场所将有关文化服务活动的数据传输到相关的数据库中,通过数字分类分析,将博物馆、图书馆、社区文化中心等各个公共文化服务提供点的公共文化服务信息整合分类收集并发布,市民就可以在网络上通过具体的网站,对相关关键词进行搜索,以互联网的快捷来打造公共文化服务信息的交流传递,也是英国伦敦将传统公共文化服务插上科技翅膀,以实现有效的品质提升。

(三)新加坡:多元公共文化发展

新加坡政府非常重视公共文化基础设施建设及公共文化服务水平的提升,公共文化服务在改善国民的文化素养和生活质量方面发挥着越来越重要的作用。近年来,公共文化体系建设受到很多国家的重视,政府不断加强硬件设施建设与软件设施的配套,发展公共文化同科技相结合,为民众提供更好的服务。新加坡在公共文化服务体系的建设以及科技的应用方面有许多值得借鉴的地方。

新加坡在公共文化服务体系的建设过程中,重视硬件设施基础的建设,同时也根据新加坡独有的多民族多种类文化交融的特点进行了多元公共文化服务的发掘、供给与完善。在建设过程中,新加坡以政府作为主导,推动公共文化服务发展,但政府主导并非全盘做主,而是通过各种途径手段积极地引入社会力量参与到公共文化服务提供中去。政府建立了一系列公共文化管理机构和公共文化设施,投入巨资并通过制定发展规划推动公共文化建设快速发展。民众联络所(俱乐部)作为新加坡对于公共文化服务实践的特色站点,在建设民众联络所(俱乐部)时,政府拨款90%、自筹10%;新加坡艺术节政府拨款60%、组委会自筹25%、票房收入15%;国家美术馆政府拨款60%~80%,自筹20%~40%[①]。政府财政拨款和自行筹措社会捐赠等已经成为新加坡公共文化机构运作的常态化形式。这种方式既确保公共文化机构的公益性,又可鼓励其面向市场保持活力和一定的竞争力,更好地为社会公众服务。

在公共文化服务的硬件设施建设中,国家、区域和社区三级图书馆体系成为新加坡基层文化设施全覆盖的重要组成部分。国家美术馆展示新加坡及东南亚的历史及该区域19世纪以来的当代美术作品,为基础文化设施的提供增加新内容,同时各国家公共文化服务场所免费开放给公民和永久居民,体现了公共文化服务提供的普及性。民众联络所(俱乐部)作为提供新加坡公共文化的基层组织,开展各种社区活动。新加坡全国建立了百余个民众联络所(俱乐部),将公共文化服务在基层的提供连点成线、连线成网,形成集文化、体育、培训和娱乐为一体的公共文化服务的提供体系。新加坡每年各类社区基层组织开展的社区活动达6.5万余场,参与人数达到800多万人次,反映出新加坡社区基层组织异常活跃的特点[②]。此外,还有新加坡华乐团、新加坡交响乐团等文化团体,定期举办公共文化活动。为数众多

① 新文. 新加坡构建高效能公共文化体系[N]. 中国文化报,2015-06-29(003).
② 新文. 新加坡构建高效能公共文化体系[N]. 中国文化报,2015-06-29(003).

的公共文化设施为新加坡公共文化活动的开展和民众参与公共文化活动提供了良好的条件。新加坡政府部门和民间团体借此组织了形式多样的公共文化活动,主要有族群文化节庆活动和社区文化活动等。新加坡举办"新加坡艺术节""新加坡艺术双年展""新加坡夜同艺术节""新加坡文化遗产节"和"百盛社区艺术节"等多项活动。丰富多彩的族群和全民文化节庆活动吸引了大量新加坡民众参与。

在对于公共文化服务的提供过程中,多种多样的现代化科技手段也融入了新加坡政府对文化提供及产业发展的不断探索中。自 2012 年以来,新加坡政府通过将媒体与文化相结合,联合新加坡新闻、通信及艺术部推出"亲近艺术、热爱文化"活动,将国家艺术理事会、国家文物局、国家图书馆和人民协会纳入到公共文化信息推广的范围中,通过各种媒体及通信手段,普及文化艺术活动,推动社区、邻里和民众一起参与文化活动。国家文物局逐步在不同选区成立多家社区博物馆,通过多级联动、网络体系布局,让社区居民更容易接触到文化艺术活动。除了从基层建立公共文化体系服务的布局、将文化服务通过媒体等方式渗透到各个社区民众外,新加坡还建成了高度整合的全天候电子公共服务平台,将政府主导的公共文化服务的管理模式进行了优化和升级,也增强了服务效能的即时性与便捷性。目前,每个新加坡公民或永久居民通过其唯一网上身份认证"新加坡通行证"(SingPass),可以享受超过 1600 项政府公共服务。

新加坡在探索公共文化同科技服务的发展方面注重保持自己的特色,以政府为主导,对多元公共文化进行发展和提供,展现作为东方与西方、传统与现代文化交汇点的地域特色,通过整合多元文化资源,创建电子公共服务平台,将服务依托网络,借助已建立的基层公共文化服务网络体系,为民众提供紧跟时代、不断创新的文化体验和科技服务。

(四)日本:高度信息通信助力公共文化服务

自明治维新以来,日本一直高度重视本国国民素质的提升和社会教育的普及,并深刻认识到公共文化服务在其中所具有的重要而独特的作用。为此,日本各级政府始终致力于各项公共文化设施的建设和发展。日本政府依托雄厚的经济实力,全面规划、加强立法、综合施策,调动全社会力量积极参与,历经数十年的精心设计和努力打造,建成了一套完善和发达的公共文化服务体系。该体系是涵盖文化艺术、社会教育、广播影视、体育健身等众多领域的综合性社会服务和供给体系,在向全体国民提供方便快捷的公益性与营业性文化产品和服务方面扮演着重要角色。日本的公共文化服务的发展不同于新加坡,更多依靠的是发展健全的社会团体、民营机构。如在全部的社会教育设施当中私立设施占比约为 41.02%。除了必须由政府财政负担的基础公共文化设施的建设和服务之外,日本政府还通过财政补助、减免税收、表彰奖励、加大宣传引导等多种方式,充分发挥个人和社会团体的积极性和主动性,在日本的各个社区和街道,经常可以看到大型公司或私人建造和运营的各种风格的美术馆、博物馆和图书馆等文化设施,鼓励和支持社会各方力量共同参与公共文化设施的建设和管理,以及举办面向民众的各类文化节庆活动。

根据日本文部科学省 2013 年公布的全国社会教育行政调查结果,日本社会教育相关设施的总数为 91221 家,公民馆(公共文化服务提供的各类场所)15399 家;图书馆 3274家;博物馆及类似设施 5747 家,其中美术馆为 1078 家;青少年教育设施 1048 家;女性教育设施 375 家;社会体育设施 47571 家;民间体育设施 15532 家;文化会馆 1866 家;终身学习中心 409 家等①。

同时在 21 世纪以来,随着无线电视、网络的迅速发展与普及,日本的广播电视普及率非常高,基本覆盖全国所有城乡。根据日本总务省发布的数据,截至 2012 年年底,日本共有461 家无线民用广播电视机构(其中 268 家机构开展社区广播电视业务),92 家卫星民用广播电视机构,545 家有线电视机构②。这为日本借助高度信息通讯社会传递公共文化服务打下基础。

随着社会的发展和时代的进步,日本政府深刻认识到民众对公共文化服务的需求日益多元,需要不断创新政府管理方式和理念,以便为全体国民提供更加精细化和均等化的公共文化服务。日本公共文化服务的发展伴随着日本信息社会建设的发展,增添了新媒体、新科技的运用。日本于 1984 年就开始构想并实施了信息社会建设战略,实施至今主要分为三个阶段,从 1984 年到 2020 年三个阶段,包括新媒体兴起、高度信息通信社会建设阶段,多媒体融合、互联网的应用和普及网络社会建设阶段,网络与数字技术普遍应用、新信息通信技术广泛应用阶段。通过这三个阶段的建设和发展,日本公共文化服务的供给方式增加了新媒体信息化技术的内容,其供给对象实现了由少到多的提升,其供给模式也实现了由相对单一到更加多元的转变。

随着互联网的发展和以手机为首的移动终端的应用和普及,从 1998 年开始,日本政府提出了民间主导、政府完善环境以及发挥国际共识基础上的主导权三个原则,同时把增强信息学习、普及电子商务、实现电子政府和加强通信基础设施建设四个方面作为建设高度信息通信社会过程中的主要工作目标③。

2001 年 1 月 22 日,日本开始实行"e-Japan"战略,旨在通过这一战略将日本建设成一个知识创新型的社会,使全体国民都拥有信息学习能力,进而激发出多样化的创造性。2001年 3 月 29 日,日本政府将"e-Japan"战略重新表述为"e-Japan"重点计划,即建设高度信息通信网络社会④。

日本主要是把以互联网为主要代表的新媒体作为主要传播媒介,"e-Japan"重点计划在信息通信领域由民间进行主导,政府主要是通过促进公平竞争、订正管制规则等举措进一步完善市场功能,创造使民间活力得到充分发挥的社会环境。同时也通过政府手段来推动消除数字鸿沟、基础技术研发以及实现电子政府等基础性的建设。在日本公共文化服务以新媒体等信息化手段供给过程中,也以法律作为保障,2004 年开始实施的《关于电子通信事业法和日本电信电话株式会社等法律的部分修正案》,同年颁布的《文化产品创造、保护即活用的促进基本法》,对"内容制作—传播—终端"全部价值链条进行促进和规划,并且形成涵盖资金筹措、技术研发、产权保护、海外推广等方面的基础建设。

日本的文化、社会习俗等方面与中国有不少相似之处,其在公共文化服务体系建设过程的成功做法和先进经验值得我国参考和借鉴。

---

① 欧阳安. 日本构建"公共文化服务体系"的成功秘诀[N]. 中国文化报,2016-07-11(003).
② 欧阳安. 日本构建"公共文化服务体系"的成功秘诀[N]. 中国文化报,2016-07-11(003).
③ 龙锦. 日本新媒体产业[M]. 北京:中国国际广播出版社,2012:17-30.
④ 龙锦. 日本新媒体产业[M]. 北京:中国国际广播出版社,2012:17-30.

（五）印度：新媒体公共文化服务供给模式

印度移动网络的蓬勃发展依托于电信业迅猛发展的势头，同时印度的移动用户人数也开始飞速增长，从2001年的400万增长到2012年的9.04亿，其增长率甚至一度超过了中国[①]。庞大的移动用户基数，使得以手机为客户端的数字化新兴媒体成为印度公共文化服务供给的主要载体。印度政府的政策引导和支持使得印度新媒体产业得以飞速发展，甚至成为供给公共文化服务的主力军。印度政府主要通过《政府电报法》《无线电法》以及《电信管制修改法令》三部法律对电信业实施必要的监管，进一步刺激私人企业的投资热情，充分发挥其在新媒体公共文化服务供给中的作用。

印度政府在新媒体公共文化服务的供给过程中，始终坚持以信息服务的普及化为基本准则，高度主导调控市场发展，减少因贫富差距而造成的新兴媒体公共文化服务提供的数字差距。以实现信息服务的普及化衡量公共文化服务的发展水平，印度政府采取了包括UOSF计划（即普遍服务义务基金计划）、GSS计划（即为了保证边远地区和农村地区生活的大多数人可以接入电话业务，规定所有向农村提供电信服务的人，可以得到电信设备和一定的额外收入）[②]、Internet Dhabas计划（即帮助农村地区实现拨号连接，免费为其接入互联网服务）[③]等措施。这些举措，从设备终端角度，为实现新媒体公共文化服务在农村的普及创造了可能。政府的重点把控、方向主导帮助印度在公共文化科技服务方面打开了新路径，依靠本国有力的电信业发展，依托移动终端网络，带来更新的公共文化服务。

三、国外公共文化科技服务的经验与启示

虽然国外公共文化科技服务也未建立完整的体系，但其先进经验与成功做法对我国在公共文化科技服务领域的实践具有借鉴参考意义。我国的公共文化科技服务实践虽然在多方面进行了探索，但仍未形成成熟有效的模式。因此对美、英、新、日、印等国家公共文化服务与科技的融合、模式的探索对找到适合我国的公共文化科技服务体系具有借鉴意义。

国外公共文化科技服务的具体内容大致包括：在原有公共文化服务的基础上以科技力量助力公共文化服务的提供；依托网络时代各行业发展特色传递公共文化服务；运用不同手段建立打造新型公共文化服务等。由于国情差异等原因，国外公共文化科技服务的具体做法和经验难以完全复制到我国公共文化科技服务中。但他山之石，可以攻玉，可以在这五个国家的各类典型实践基础上，对不同国家公共文化科技服务的发展经验取其精华、去其糟粕，将其中有益的部分充分借鉴过来，取长补短，综合运用。

从公共文化科技服务的主要提供者来看，英国、新加坡与印度通过政府主导建立尽可能完善的公共文化服务基础设施，在完善的公共文化服务基础设施之上，引入市场、社会等力量来扩大公共文化服务的普及性，用科技来助力发展。而美国、日本都借助社会力量和市场力量在服务提供中发挥着重要作用，也利用了其发展较为完善的社会团体、民营机构等优势，借助随着时代不断发展的科技文化，更新公共文化服务提供的内容。印度采取以政府为

① ［美］丹·斯坦博克.移动革命[M].岳蕾，周兆鑫，译.北京：电子工业出版社，2006：35-52.
② 张讴.印度文化产业[M].北京：外语教学与研究出版社，2007：256.
③ 许剑波.谁掌握了未来21世纪的社会主义与资本主义：印度这大象[M].深圳：海天出版社，2010：214.

主导,以网络科技为手段的公共文化科技服务,日本运用民间主导、政府支援的方式,美国则惯用市场主导的数字信息化提供公共文化服务。由于与日本和印度在初步提供公共文化科技服务时相似,同时美国社会经济发展水平与经济文化体制同我国差异较大,鉴于发展阶段的需要,我国可借鉴印度和日本的模式,可采取先由政府主导再转换为政府支援下的民间主导。

　　以上各国在公共文化科技服务领域的先进做法,对我国有以下启示。第一,注重顶层设计,从国家层面建立完善的公共文化服务体系,健全公共文化服务保障的相关法律法规体系,并及时出台配套政策和措施,要充分认识构建公共文化服务体系紧跟时代的重要性。在公共文化服务基础建设的同时注重利用现代化的科技手段,注重通过国家调控来缩减不同地区因现代化科技发展的差距而带来的信息鸿沟,努力体现公共文化服务的普及性和均等化。第二,激发市场活力,除了必须由政府来提供的普惠性、均等性的基础公共文化服务和文化产品外,应该鼓励促进市场发展,通过市场即时性等特点,激发公共文化科技服务的创新和与时俱进。以多样化的市场手段,在基础公共文化服务上,多元多层次多方面地利用科技、智能、信息化、数字化等方式提供。同时政府也应注重培养社会团体、社会机构、社会组织等,培育公共文化科技服务人才,撬动巨大的社会力量来生产和供给丰富多样的公共文化服务和产品,满足人民群众日益增长的多样文化需求。第三,增加方式方法,通过政府采购、财政补贴、税收减免、指定管理、加强引导、表彰先进等多种行之有效和具有针对性的手段和方法,鼓励和支持各类企业、社会团体和组织以及个人积极投身和参与到现代公共文化服务体系的建设发展工作中来①。第四,突出文化特色,近年来我国一直助力发展"智慧城市""智能城市"等,意图让科技文化覆盖城市,联通各城市的基础公共文化服务。我国可以借鉴英国、日本等,融合传统文化,以公共文化服务为平台,科技文化服务为新兴手段,鼓励和支持各地开展有地域特色的活动,打造有地域特色的文化名片,为公共文化科技服务的创新发展注入中国特色。

第二节　公共文化科技服务的国内实践与特征分析

一、国内公共文化科技服务的发展

　　中央政府出台《国家基本公共文化服务指导标准》,其作用首先在于明确政府"保障底线",在全国范围内保障基本、统一规范。其次,地方政府根据国家指导标准,制定与当地经济社会发展水平相适应、具有地域特色的地方实施标准,从而形成既有基本共性又有特色个性,上下衔接的标准指标体系。再次,以县为基本单位推进落实,明确了落实标准的责任主体。最后,建立标准的动态调整机制,明确了基本公共文化服务水平随经济社会发展逐步提高的原则。建立国家基本公共文化服务标准体系这一政策措施,借鉴了义务教育、基本医疗保障的经验和做法,标志着公共文化服务纳入基本公共服务已经由理论阐述发展到了制度建设,创造了促进公共文化服务均衡发展的中国道路和中国模式,在我国公共文化服务体系

---

① 欧阳安. 日本构建"公共文化服务体系"的成功秘诀[N]. 中国文化报,2016-07-11(003).

建设进程中具有划时代的意义。

2015 年 1 月,中共中央办公厅、国务院办公厅印发了《关于加快构建现代公共文化服务体系的意见》,将我国现代公共文化服务体系的构建工作提高到了前所未有的高度和地位,有助于我国早日建成富有公益性、基本性、均等性和便利性的现代公共文化服务体系。作为《意见》附件公布的《国家基本公共文化服务指导标准(2015—2020 年)》,从基本服务项目、硬件设施和人员配备三个方面提出了我国目前阶段基本公共文化服务的"底线标准",以公共图书馆为例,公共图书馆未来拓展和深化总分馆制的一项重要任务,是在县域总分馆制的架构内,加强对农家书屋的统筹管理,实现城乡公共图书馆服务资源整合和互联互通。目前,江苏省试点的将农家书屋纳入县域图书馆总分馆体系①,浙江省嘉兴市实行的建立农家书屋资源和服务管理系统,并与公共图书馆总分馆系统互联互通、共享共用②。

李国新在关于《关于加快构建现代公共文化服务体系的意见》的解析中认为中共中央办公厅、国务院办公厅确立了中国特色现代公共文化服务体系的基本遵循,形成了"建立基本公共文化服务标准体系"的政策措施,提出了提升服务效能的重点任务,部署了以社会化增强公共文化发展动力的新任务与新方式,明确了公共文化服务与科技融合发展需重点解决的问题,完善了经费、人才和法律保障机制。在具体实施中,他提出:(1)明确基本遵循和发展方向;(2)促进均衡发展;(3)提升服务效能(加大跨部门、跨行业资源整合力度,推进公共文化服务机构互联互通,深入开展全民阅读活动,着力促进全民广泛参与,以群众需求为出发点和落脚点,以创新的思维和方式推动服务效能跨越式提升);(4)以社会化增强发展动力;(5)推动与科技融合发展;(6)要创新思路,加大力度,完善保障。加大文化科技创新力度,推动公共文化服务与现代科技深度融合发展,是现代公共文化服务体系的突出特点之一。该《意见》明确提出,要围绕公共文化服务体系建设的重大科技需求,将公共文化科技创新纳入科技发展专项规划,深入实施文化科技创新工程。③

二、国内公共文化科技服务的实践类型

(一)公共文化领域数字化发展

目前公共文化科技服务的重点发展领域在数字文化,公共数字化图书馆在各地的建立就是公共文化科技服务在数字文化领域的重点体现。公共数字文化建设是加快构建现代公共文化服务体系的重要任务,也是公共文化科技服务的重要体现。为加快推进公共数字文化建设,财政部、文化部通过对全国文化信息资源共享工程、数字图书馆推广工程、公共电子

---

① 姚雪清.江苏试点农家书屋纳入县级图书馆[N].人民日报,2015-04-02(12).(Yao Xueqing. Jiangsu pi-lot to embedding farmers'reading room into county public libraries[N]. People's Daily,2015-04-02 (12).)

② 农家书屋与公共图书馆资源的融合共建[C]//嘉兴市城乡一体化公共文化服务创新案例集成.嘉兴市文化广电新闻出版局,2015.(The resources integration and cooperative development of the farmers'reading roomsand public libraries[C]//The collection of urban and rural public cultural service innovation cases of Jiaxing City. Bureau of Culture,Broadcasting,Television,Press and Publication of Jiaxing City,2015.)

③ 李国新.对我国现代公共服务体系建设的思考[EB/OL]. http://www. npc. gov. cn/npc/xinwen/ 2016-04/06/content_1986532. htm,2016-04-06.

阅览室建设计划及边疆万里数字文化长廊建设等工程的建立,收集重要的要素和资源;《文化部"十三五"时期公共数字文化建设规划》对目前公共数字文化建设情况进行总结,通过统筹实施全国文化信息资源共享工程、数字图书馆推广工程、公共电子阅览室建设计划等数字文化服务,初步建立了公共数字文化工作框架,基本建成覆盖全国的服务网、资源库群,不断创新服务模式,完善政策标准,提高保障水平,对构建现代公共文化服务体系发挥了重要的支撑作用。建设规划中也提出了固定设施服务与流动服务有机结合的数字文化服务网络尚不完善,公共数字文化服务与群众文化需求缺乏有效对接,服务效能不高,不同公共数字文化工程缺乏有效统筹,没有完全实现互联互通和相互支撑,社会力量参与机制不健全,公共数字文化建设活力不足等问题。

同时各地也基于图书馆和电子阅览室,构建公共数字文化服务网络。应用互联网 VPN信道加密技术,建设覆盖基层县区图书馆、文化站、公共电子阅览室等数字图书馆专用网络,在保障网络知识产权的基础上,加快构建传输快捷、覆盖广泛的公共数字文化传播服务体系,推进公共数字文化服务个性化定制。利用互联网采集,对接不同行业用户的个性化需求,建设基于用户个性化需求的分布式数字资源库群。利用公共数字文化服务网络,大力拓展法律法规宣传普及,政府信息公开、政务公开服务渠道和领域,创新服务方式模式,提升服务效能水平。

(二)"互联网十"服务云平台

"互联网十"作为近年来的新兴名词,也在公共文化领域受到了关注。依靠大数据网络作为支撑,利用云计算技术、互联网 VPN技术及移动通信技术,建设以"省域云平台·专网共享"为依托的公共文化服务体系,建设完善文化共享"云服务"平台。国家也以公共文化云平台的建设整合了三大数字文化工程,使其在新时代得以升级换代、统筹发展,是对过去长期实施的数字文化惠民工程的深化,是落实党的十九大精神和《中华人民共和国公共文化服务保障法》的具体举措①。

为解决当前公共数字文化平台重复建设、资源不能充分整合、服务不能共享、功能不够完善等突出问题,经过5个月的精心筹备与试运行,由文化部公共文化司指导、发展中心具体建设的国家公共文化云在2017年中国文化馆年会期间开通。国家公共文化云是以文化共享工程现有六级服务网络和国家公共文化数字支撑平台为基础,统筹整合全国文化信息资源共享工程、数字图书馆推广工程、公共电子阅览室建设计划三大惠民工程升级推出的公共数字文化服务总平台、主阵地。平台包括国家公共文化云网站、微信号和移动客户端,突出了手机端服务的功能定制,具有共享直播、资源点播、活动预约、场馆导航、服务点单、特色应用、大数据分析七项核心功能②,可以通过电脑、手机 APP、微信、公共文化一体机等终端获取一站式数字公共文化服务。将"国家公共文化数字支撑平台·云计算区域数据中心"建设升级为全省文化共享"云服务"平台,有助于统一全省文化共享云服务设备的软硬件标准,实现全省公共数字文化资源的云存储、云服务,拓展公共数字文化服务全覆盖的深度和广度。

① 王学思.国家公共文化云平台:开启数字服务新时代.http://www.huaxia.com/zhwh/whxx/2017/12/5562739.html,2017-12-06.

② 邹振宇,王鹏涛.价值共创视角下公益性数字图书馆运作模式与路径创新研究[J].图书馆学研究,2021(02):48-57.

三、国内公共文化科技服务的具体实践

（一）北京朝阳："文化居委会"文化科技融合

为加快构建现代公共文化服务体系，北京市专门出台"1＋3"公共文化政策文件，即《北京市人民政府关于进一步加强基层公共文化建设的意见》和《首都公共文化服务示范区创建方案》《北京市基层公共文化设施建设标准》《北京市基层公共文化设施服务规范》。这些政策文件对基层公共文化服务的硬件设施、软性服务等提出了标准和要求，北京市已启动了公共文化服务体系建设联席会议机制，并启动了首都公共文化服务示范区创建工作，对加快构建北京市现代公共文化服务体系，推动基本公共文化服务实现标准化、均等化、社会化和数字化，保障人民群众基本文化权益作出了全面部署。

目前，朝阳区已建有区图书馆 2 个、区文化馆 1 个、民俗博物馆 1 个、3 个地区级文化中心、43 个街乡文化中心、400 余个文体活动中心，全区街乡文化中心、社区文化活动室的设置率达到 100％，形成了 15 分钟文化服务圈①。作为在朝阳区四级公共文化服务网络下建成的首个地区级文化中心，垡头地区级文化中心不仅有图书馆、电影院等设施，还有青年创意、车库创造社等现代文化场所。尤为独特的是，这个文化中心还建立了由地区居民组成的公共文化自我管理组织"文化居委会"。"探索自下而上反映群众文化权益和文化愿望的途径，逐步引导形成贴近群众需求的文化服务项目，让居民在文化服务上当家做主。"②

（二）上海：文化科技融合计划

近些年来，上海市作为时代革新的先行者，积极响应党的号召，采取一系列措施，增强推动文化与科技融合的自觉性和主动性，加快构建有利于科技与文化融合的体制机制，上海公共文化服务领域的文化科技融合发展取得了较大的成效。《上海推进文化和科技融合发展行动计划（2012—2015）》中提出公共文化服务领域的发展目标是建成数字化网络化的公共文化服务体系，完成全市 580 万户下一代广播电视网建设，完成市区两级图书馆和全市主要博物馆的数字化和网络化建设，完成全市 250 家社区文化活动中心的数字化改造。同时也包括了文化共享工程、数字图书馆推广工程和公共电子阅览室建设等计划。

上海认识到了加快文化与科技融合的重要性，把文化科技创新作为社会主义现代化国际大都市建设、实现文化大发展大繁荣的着力点。在公共文化服务体系建设方面，有以下具体的实践。第一，上海图书馆是国内较早将新技术用于创新服务方式、提升公共文化服务能力的一家公共图书馆。从"一卡通""e 卡通"到以手机图书馆为建设基础的城市公共文化移动服务平台，上海图书馆努力打造无所不在的"我的图书馆"。通过一个覆盖全市、连通全市、服务全市市民的数字化时代虚拟图书馆服务体系，电子资源远程服务，以突破围墙、跨越时空、惠及读者为目标，实现服务理念的创新。第二，数字化提升文化传播力，打造数字文化家园。"数字文化家园"——上海东方社区信息苑，是直接建在社区、面向普通市民群众、基于互联网信息技术的新型公共文化设施和服务平台。它提供公共上网、进行互联网培训咨

---

① 文化科技融合政策实践并举——北京市全方位加快构建现代公共文化服务体系[EB/OL]. http://www.xinhuanet.com/local/2015-07-25/c_1116039372.htm,2015-07-25.

② 文化科技融合政策实践并举——北京市全方位加快构建现代公共文化服务体系[EB/OL]. http://www.xinhuanet.com/local/2015-07-25/c_1116039372.htm,2015-07-25.

询服务、实现数字影院个性化放送服务。最终实现"步行十分钟"到达的生态圈文化服务半径,"一键直达"文化信息网络的公共文化服务体系建设目标。

(三)深圳福田:"福田文体通"让公共文化服务在线上活起来

中共中央办公厅、国务院办公厅《关于加快构建现代公共文化服务体系的意见》中提出,"推进公共文化服务与科技融合发展",位于深圳经济特区中部的福田区,2013 年获得国家公共文化服务体系示范区创建资格,不断改革创新,打造"十大文化功能区",充分发挥"互联网+"思维,大力推进文化与科技融合,致力于构建具有福田特色的公共文化服务体系 2.0 升级版。2015 年福田区将"文化+科技"战略列入"十三五"规划,出台《加快推进文化科技融合发展的实施方案》,实现融合过程中的文化科技信息资源共享,形成助推文化和科技融合的行政合力;鼓励社会力量参与,深度利用门户网站、微信、微博等媒体平台实现与群众的实时联系,形成文化和科技融合的社会合力①。

在实践方面,福田区创新打造"十大文化功能区"之数字文化功能区,在探索建设数字化公共文化服务网络的进程中,运用现代传播方式不断提升惠民成效,主要的实践特色就是"福田文体通"微信公众号的应运而生。"福田文体通"是深圳市福田区文体局推出的公共数字文化即时通信惠民平台,是在文化服务效能相对滞后的内在压力与现代化技术手段发展机遇的外在动力双重推动下,为适应市民不断变化的公共文化服务需求而出现的。"福田文体通"作为与时下最热门的即时通信平台结合而生的新型公共文化服务手段,是以移动无线通信网络为支撑、以适应移动终端一站式信息搜索应用为核心、以云共享服务为保障,通过资金撬动、政策支持等方式鼓励社会力量参与公共文化建设,"福田文体通"选择微信作为服务载体,搭建公共数字文化即时通信惠民平台,通过与公众号运营商合作,搭建"福田文体通"的基本架构。通过科技创新服务手段,将文化活动的主办方、承办方、受众方真正联结起来,实现了文化服务的可持续发展,体现出极强的生命力。通过创新文化互动方式,积极运用参与活动赢福利、文化民意在线征集等方式开展文化互动,在小平台精彩地展现了福田公共文化服务全貌。

福田同时也在不断探索多元性的公共文化数字化服务模式。完善数字图书馆平台,提升 Interlib 图书馆集群管理系统,开发移动自助服务 APP,启动总分馆电子阅览云终端管理项目,打造信息服务新亮点;引入公共文化服务的"云"方案,提升福田文体网综合服务能力,实现网上文、图、博数字资源的整合更新;为每个社区文化中心配备数字文化一体机,实现文化数字资源共建共享。

(四)湖南株洲:"PPP"模式助"文化+"功能扩大

湖南株洲在公共文化服务的基础设施体系建设中,注重四级联建,完善了"设施网",市级重点抓好标志性设施建设,投资新建神农大剧院、神农文化艺术中心,并将市博物馆和市美术馆整体搬迁。县市区着重加快文体中心建设,图书馆、文化馆、博物馆等骨干性设施提质改造。乡镇(街道)努力推动文化站提档升级,村(社区)着力完成基层综合文化服务中心建设。国家公共文化示范项目"乡村大舞台",全市共新建 167 个,改、扩建 1400 多个,基本形成了市级有标志性设施、县市区有馆、乡镇有站、村(社区)有文化中心的公共文化服

---

① 简定雄. 现代科技为文化插上腾飞的翅膀[N]. 中国文化报,2015-06-09(007).

务网络①。湖南株洲主要的具体措施如下。第一,采取"PPP 模式",建设数字平台。采取 PPP 模式,湖南株洲市重点建设了两个数字平台。包括一个以市为基础的文体场所服务"韵动株洲"平台,平台架构上采用的是"1＋X"的模式,"1"即株洲公共数字文体服务平台,"X"即四馆一中心(图书馆、博物馆、美术馆、文化馆、戏剧传承中心)等所有文体场馆,并将各县市区的文体行政部门网站形成网站集群,统一发布、统一检索、统一入口。2016 年 8 月试运行,通过平台预定场地 15 万人次,通过平台参与活动 10 万人次,微信公众号的关注人数达到 12 万,累积阅读总量超 500 万人次,使用频次超 1000 万人次②。另一个是公共信息服务平台,主要结合电视无线信号发射系统、联播技术,通过电子阅报屏,对外发布城市应急信息、宣传通告、城市文体服务信息等,为群众提供更加高效、便捷的公共文体信息服务。第二,推动"文化＋",助力精准扶贫。由于地区发展差异,在公共文化服务方面也存在着"贫困"地区,为解决公共文化服务城乡发展不均等问题,出台了《文化扶贫三年攻坚计划》,探索了"文化＋电商""文化＋旅游"两种文化精准扶贫模式。通过运用电商等贸易方式,吸纳村办企业,共建村级电子商务站和村级信息平台,对村综合文化服务中心等重点区域进行WiFi 全覆盖,并设置特色农产品展销区。结合该地区已有的基础文化设施,利用农家书屋、电子阅览室等场所开展电商培训,通过农村电商的推动,解决了农产品滞销的问题。同时因地制宜,结合传统特色的当地文化,通过对湖南株洲地区特色的村寨文化的深入了解,将公共文化服务融入当地的具体情况中,把村综合文化服务中心与旅游接待站结合起来建设,把特色文化元素注入小城镇建设。定期在村文化广场表演极具地域风情的特色节目,既丰富了村民的文化生活,又满足了游客的文化需求。第三,启动"馆际联盟",打造书香株洲。组建株洲图书馆联盟,联合以市为基础、各级关联的图书馆,包括市图书馆、高校图书馆、县市区图书馆、机关企事业图书馆、民营图书馆等各类型共 35 家图书馆,下设五个分支,即总分馆联盟分支、公益讲座联盟分支、数字资源共建共享联盟分支、阅读推广联盟分支、展览联盟分支,馆际之间共建共享数字资源,联合征集地方文献,互联互通图书服务,逐步实现了全市图书借阅"身份证通"的服务体系,有效推动了全民阅读。株洲建设了 12 处拥有自主知识产权的 24 小时智能书屋,进一步将图书馆服务延伸到社区、公园等公共场所,形成布点合理、方便快捷的智能图书馆群③。

(五)福建厦门:提升文化科技融合"新优势"

福建厦门凭借已有的文创产业优势为公共文化服务增添亮点,厦门市通过积极采用多种高新技术手段提升管理能力和质效,全力打造文化与科技融合的公共文化服务项目平台,加之文创产业在厦门的蓬勃发展,为市民提供了更加优质便捷的公共文化服务新体验。

厦门的具体实践包括:第一,厦门市图书馆成为全国副省级馆和福建省图书馆中第一家专网部署的公共图书馆,实现与国家图书馆的专网直连,扩大图书馆的资源范围,用网络将

① 叶建武,龙磊,张竖煜.株洲市:聚焦文化科技融合提升公共文化服务效能[EB/OL].http://www.hnswht.gov.cn/new/whgj/whyw/content_104433.html,2017-01-14.

② 叶建武,龙磊,张竖煜.株洲市:聚焦文化科技融合提升公共文化服务效能[EB/OL].http://www.hnswht.gov.cn/new/whgj/whyw/content_104433.html,2017-01-14.

③ 叶建武,龙磊,张竖煜.株洲市:聚焦文化科技融合提升公共文化服务效能[EB/OL].http://www.hnswht.gov.cn/new/whgj/whyw/content_104433.html,2017-01-14.

书籍联通,方便市民足不出市可阅全国图书;厦门市少儿图书馆在国内外首创"图书自助上架归还"功能,实现图书"零"中转,通过科技智能化手段减少图书馆的流转手续。第二,厦门市文化馆打造链接区镇文化馆(站)的群众文化活动远程指导网络,将公共文化服务内容移植到互联网,极大地方便市民享受公共文化服务。厦门市文化信息共享工程服务网络覆盖全市,设置市区两级图书馆、文化馆和基层文化站的公共电子阅览室和服务点。图书、文化、文博等公共文化服务平台实现与"i厦门"一站式惠民服务平台有效对接,市民可通过平台免费查询全市公共文化服务信息,开展在线体验、培训和学习活动。第三,厦门文广会展公司围绕"互联网+文创",以海峡两岸文博会丰富的文创资源为依托,聚合文创产业的项目、人才和资本,搭建"文创云平台",形成线上线下紧密结合、相互补充的文创产业大数据库。

(六)湖北武汉:推进文化科技创新

武汉市在已有的公共文化服务基础建设之上,推进文化科技创新与融合。在2012年武汉市发布的第9号文件《中共武汉市委武汉市人民政府关于推进文化科技创新、加快文化与科技融合发展的意见》中明确指出要突破关键共性技术,提高文化科技支撑能力;实施文化和科技融合重大示范工程,建设"文化五城"等重点规划与要求①。

在具体实践中,第一,武汉市基于并面向文化产业与文化事业发展需求,创新开展产学研创结合,利用武汉市丰富的高校资源平台,在光电子与新一代信息技术、虚拟现实与数字媒体、先进装备制造、新材料、信息安全、高新技术服务业等领域开展文化科技战略性技术研究与集成应用。开展数字艺术、广播影视、出版印刷及图形超算(GPU)等行业关键设备与集成系统研制,提升文化重点领域关键装备和系统软件国产化水平。重点研究文化资源数字化、文化内容集成制作、新媒体内容资源管理与搜索、基于融合网络的文化传播与终端展示等文化发展共性支撑技术。研究文化资源共享、知识产权保护、文化安全监管、文化诚信评价等文化市场管理共性支撑技术。第二,建设"读书之城",在我国提出的三大数字工程的基础上实施公共文化共享服务示范工程,建设数字图书馆、街头自助图书馆、区域图书资源共享体系、国家数字出版基地,创新阅读形式和内容,建设学习型社会;实施数字出版产业发展示范工程,以华中国家数字出版基地、楚天传媒产业园、长江传媒产业园、华中科技印务工业园为载体,以数字化转型为主攻方向,形成技术成熟的数字化出版系统。第三,围绕建设"艺术之城",实施民族文化科技保护示范工程,完成对荆楚文化、首义文化、东湖文化、知音文化、木兰文化及国家级非物质文化遗产的数字化建设,建设一批具有中国特色的民族文化资源库,实施文化演艺产业发展示范工程,以武汉中央文化区汉秀剧场、武汉欢乐谷文化主题剧场、琴台大剧院等为载体开展应用服务示范,广泛运用自动化的舞台搭建技术、声光电综合集成技术、虚拟现实的舞台布景技术,打造一批体现武汉特色传统文化的舞台艺术精品,进一步提升武汉舞台重镇的地位。

(七)广东东莞:"东莞模式"创建公共文化服务示范区

广东东莞制定出台了构建现代公共文化服务体系的《东莞市构建现代公共文化服务体系实施意见》等"1+4"系列政策文件,着手把制度设计的研究成果转化为具体的政策措施。

---

① 中共武汉市委武汉市人民政府关于推进文化科技创新、加快文化与科技融合发展的意见[EB/OL].http://eco.wh.gov.cn/zwgk/zcfg/10083.htm,2015-07-22.

建设基本公共文化服务保障标准,委托专家团队,在市内进行实地调研,研究并制订《东莞市基本公共文化服务保障标准》;根据东莞特殊的行政架构、人口、经济状况,按照"人口数量和服务半径"指标,对以往行政化布局的基层公共文化设施网络进一步完善提升优化。除了文件政策的保障之外,东莞还通过顶层设计,着力提升现代公共文化服务的治理能力。其中,市一级重点完善市民艺术中心建设,推进东莞市博物馆新馆等大型文化设施的规划建设,各镇(街)要加强对所辖地区的村、社区、住宅小区、企业文化设施的统筹规划,重点关注新建城区、大型新建住宅区、工业园区和外来务工人员集中居住地区文化设施的均衡配置,采取以奖代补的形式,对文化建设取得一定成效、具有示范效应的村(社区)、企业给予资金扶持。

东莞成功入选全国公共文化服务体系示范区,为东莞创建国家公共文化服务体系打下了良好基础,在设施网络体系、文艺精品创作、活动品牌体系、服务队伍体系及服务技术体系等各个方面均取得了显著的成绩。其具体实践包括以下两个方面。第一,阅览室标准建设。东莞市公共电子阅览室标示系统标准等5项标准、规范,建成了覆盖全市的市镇村三级公共电子阅览室服务体系,构建了覆盖城乡的数字文化服务网络,在技术、形态、管理等方面形成了"东莞模式",产生了积极的示范效应。目前已建成公共图书馆(室)641个、公共电子阅览室589个、自助图书馆及图书馆ATM40个、博物馆42座、文化广场769个、"农家书屋"589家、市民艺术中心1个,实现了各镇(街)文广中心达省"特级文化站"标准和全市村(社区)文化设施达"五个有"标准,实现了公益电影数字放映和"广播电视渔船通"①。第二,东莞形成了先进创新的公共文化服务技术体系。开发了图书馆集群网络管理平台,率先在全国实现市域范围的通借通还。率先在全国推出图书馆ATM自助服务。研发设计新型公共电子阅览室"技术+规范"的建设路线和管理方式,打造线上流通图书馆,实现足不出户博览群书。

四、国内公共文化科技服务的实践特征

探究我国公共文化服务体系的实践有利于优化升级公共文化服务机制②,有利于提高公共文化产品和服务的供给效率和质量。当前,我国的公共文化服务机制主要有内生型的公共文化服务机制、外包型的公共文化服务机制、合作型的公共文化服务机制③。文化科技对以上三种公共文化服务机制的完善都具有促进作用,如广州、湖南株洲通过开展"流动图书馆""流动博物馆""流动演出网"三大流动服务体系,建立数字图书馆联盟等举措,大大推进了公共服务的一体化进程。

"触发并推进技术发展的动力绝不是几个技术数据,因为优秀的技术总是根植于优秀的文化之中的。"④从某种意义上来说,科技创新更是公共文化服务大繁荣的重要组成部分:"科技文化以科学技术为载体,它是一个哲学文化学意义上的活动论概念,它是以自然现象和自然过程为对象的认识在社会生活中所衍生开来的广泛的文化样态。"⑤科技创新作为一

---

① 东莞公共文化服务体系日益完善[EB/OL]. http://news.sun0769.com/dg/video/201706/t20170617_7433119.shtml,2017-06-17.

② 曹晗旭.文化科技对文化事业的促进作用探究[D].沈阳:东北大学,2014.

③ 牛华."内生外包合作"——我国公共文化服务机制创新的类型及其经验分析[J].内蒙古财经学院学报(综合版),2010(01):108-112.

④ [美]约翰·H.立恩哈德.智慧的动力[M].刘晶,等译.长沙:湖南科技出版社,2004:9.

⑤ 杨怀中.科技文化与当代中国和谐社会建构[M].北京:中国社会科学出版社,2008:12.

种广泛的文化样态,固然具有其阶段特殊性,在一定条件下又对公共文化服务形成反作用,制约改造公共文化服务的性质、特点和面貌,不断丰富公共文化服务的内容、变更公共文化服务的形态。同时,人类总是借助科学技术创新来改变自己的劳动生产生活,进而形成了特定的、阶段性的公共文化服务内容和业态。我国的公共文化科技服务也体现出了公共文化服务与科技文化相互促进、相互融合、相互发展的前进态势。纵观之前的国内公共文化科技服务的具体实践,我国的公共文化科技服务的实践呈现出以下特点。

(一)文化信息资源多体系、多系统并存

公共文化服务领域的科技与文化融合,必须重视公共文化服务领域文化信息资源多体系、多系统并存的特征与发展趋势。

1.文化共享工程。全国文化信息资源共享工程作为公共文化服务体系的基础工程和重要平台被相继列入国家"十一五"规划和"十二五"规划当中。"十二五"时期,文化共享工程将进一步加大整合力度,建设"公共文化数字资源基础库群",资源总量达到530TB;在城市社区、文化馆新建基层服务点,加强已建基层点的管理,发展完善覆盖城乡的服务网络,到"十二五"末达到基层服务点覆盖100万个,入户覆盖全国50%以上的家庭;利用"云计算"和"三网融合"技术,提升整个网络的服务能力与管理能力;大力推进进村入户,广泛开展惠民服务,实施以"农村实用技术人才培养计划"为重点的网络培训;与公共电子阅览室建设计划相结合,加快建设以公共图书馆、学校电子阅览室、社区文化活动中心为载体的未成年人公益性上网场所,更好地满足人民群众特别是广大青少年的精神文化需求。

2.数字图书馆推广工程。数字图书馆推广工程于2011年5月正式启动。数字图书馆推广工程的核心内容是建设覆盖全国的数字图书馆虚拟网、互联互通的数字图书馆系统平台和海量分布式数字资源库群,形成完整的数字图书馆标准规范体系,借助全媒体提供数字文化服务,推进公共文化服务新业态的形成。

3.公共电子阅览室建设计划。实施公共电子阅览室建设计划,为广大人民群众特别是未成年人提供公益性上网场所,吸引广大人民群众参与积极、健康的网络文化活动进一步完善全国各级公共图书馆、文化馆(站、室)的软硬件设施,增强各级公共图书馆、文化馆(站、室)的数字文化服务能力,把更多适应人民群众需求的数字资源传送到社区、城镇和农村,活跃基层群众的文化生活,推进全社会的信息化。

利用现代高科技的力量,促进文化馆、图书馆、博物馆、科技馆等公共文化服务平台的建设和完善,推动全社会公共文化优质服务的共建共享①。一方面,可弘扬中国传统文化,提高国民的文化消费能力和欣赏水准;另一方面,也可以借此架设国际文化交流的桥梁,增强中国文化的国际影响力。

(二)公共文化服务同文化科技在组织层面联动

1.公共文化服务领域文化科技融合的协同推进机制。如上海建立了市级的文化科技融合联席会议制度,在文化科技融合联席会议制度下,建立由政府相关文化、科技部门中核心领导组成的领导小组,按照"梯度结构、分级管理"的模式,逐步构建委、办、局层面的联动工

① 郭美荣,李瑾,马晨.数字乡村背景下农村基本公共服务发展现状与提升策略[J].中国软科学,2021(7):13-20.

作机制,加强各方资源的集成与互动①。建立由政府有关部门发起,任何具有一定资质的民间团体、个人都可申请参与的联席会议制度,按照"民主自治"的原则,通过定期召开联席会议等形式,加强彼此联系与沟通,共同探讨文化、科技治理的新模式。积极采取各种措施,创新财政对重大文化科技融合项目的投入机制,如通过财政政策和金融市场工具的倾斜杠杆作用,实现文化金融和科技金融的高度融合,积极实施项目资助和资源配置等。

2.鼓励社会力量参与公共文化科技服务建设。通过产学研创等有效手段,将政府、高校、科技创新企业、文化站点等联结起来,打造了新型文化科技研究机构。各省市在实践中也加大软科学研究投入,并依托有基础的单位成立公共文化服务领域文化科技融合研究中心,促进以问题为导向的跨学科研究以解决实际问题。同时各省市在实践中也鼓励公共文化服务领域和科技领域相互渗透,鼓励文化事业单位提高对科技价值和意义的认识,建立科技创新、应用相关部门,提升公共文化服务领域的科技服务能力。

3.科技创新迅猛发展是助推当代文化发展的重要动力。纵观科技文化发展之历程,每一次科学技术的重大突破和创新,都会刺激文化生产力的极大解放和发展,同时与之相适应的公共文化生产、产品形态也应运而生,甚至成为推动国民经济快速发展的支柱产业。从最初的局域广播、胶片电影、黑白电视,到如今的基于多媒体融合下的网络文化平台的兴起,正是科技不断创新的外延表现。在科技创新所引领和支撑的现实社会中,科技创新与公共文化服务相互作用,相互融合。换句话讲,现代人的公共文化生活已经呈现出了一种技术化、信息化、数字化的发展形态。时下,科技创新与公共文化服务建设的融合是开辟文化发展新途径、提升公共文化事业服务能力的重要途径和举措。积极推进高新技术在公共文化服务领域的应用,将极大提高公共文化服务设施的使用效率,有效提升公共文化服务能力和水平。

"科学技术是第一生产力",同样对于文化来说,科技创新已成为文化发展的重要动力,文化发展已逐步成为助推世界各国进一步深化发展的重要生产力。通过对国外公共文化科技服务实践的方法和先进经验的研究,可以看出世界各国陆续出台了一系列促进科技创新与文化发展相融合的措施,特别值得强调的是在科技创新与公共文化服务建设方面也实现了较为深入的融合,使科技创新对公共文化服务建设的支撑作用大幅提升,各国也意识到了对于科技融入公共文化服务的重要性和潮流性。以纽约为代表的新兴城市公共文化形态和公共文化业态也得到长足发展,实现了公共文化服务同科技创新的相得益彰、共同成长,发挥出了"1+1>2"的效应。我国在公共文化科技服务的实践已经有了具体的探索和有效的成果,通过借鉴国外公共文化科技服务的具体做法和先进经验,结合我国的具体国情与已有的成功实践,在已有成果的基础上不断进行多样化的探索也是推进我国公共文化科技服务的更完善、更繁荣的途径之一。积极利用各类信息服务手段和最新传播方式,广泛整合各级各类文化资源生产和服务,在扎实推进数字化服务平台、网络化服务环境的同时,积极发展以贴近群众、贴近民生为目标的文化创新事业,让更多公众在更充分的时间和空间里享受丰富的文化产品和文化服务。展望未来,公共文化服务要实现文化与科技的融合发展,就是要从根本上转变新的观念,制定新的战略,尝试新的模式,构建新的机制,寻求新的途径,推动新的文化变革和技术革新。

---

① 祝碧衡,蒋慧,沙青青.上海加快文化科技创新融合的对策研究[J].经济研究导刊,2014(04):228-232.

第三章　面向社区的公共文化科技服务互动传播系统研发

第一节　互动传播系统总体设计

公共文化科技服务创新平台是"互联网＋"与公共文化服务相结合的产物。该平台的主要功能是及时发布当地的文化信息和文化活动动态。公众通过该平台可以及时了解当地的文化活动信息和活动安排，实现活动、场地的预约，获取图书馆、博物馆、文化馆、美术馆等公共文化部门的资源。此外，通过该平台，相关部门可以了解当地公众的文化需求和公共服务效果，并采集相关数据，为改进文化活动质量和公共文化服务水平提供参考依据。因此，公共文化服务数字化平台的建设一举多得[①]。

在平台建设时，应考虑集合多种功能，尽可能方便公众的文化生活，同时又有助于提升公共文化服务水平。虽然公共文化服务数字化平台可以实现对当地图书馆、博物馆、文化馆、美术馆等主要资讯信息和资源的获取，但是现有平台还停留在信息整合的阶段，缺少对不同公共文化部门之间、不同层次之间资源的深度整合。而上述所调研的公共文化服务数字化平台，均未真正实现一站式检索，看似一个整合的平台，整合深度却不够。今后，公共数字文化资源平台在建设的过程中，应实现图书馆、博物馆、文化馆、美术馆等不同部门之间、各种不同类型资源的整合，实现一站式检索，为公众提供一个统一的平台，提高资源获取的便捷性和资源使用效率。

公共文化资源库存储包括文本、图片、视频等多媒体海量资源，同时满足手机、电脑、电视等不同终端的访问需求，因此需要为公共文化资源库构建一个稳定、高效、实用的数据库框架[②]。需要对电视、广播、互联网、户外媒体等多类媒体的人员流动量与属性进行监测，其涉及面广、应用技术多样，工作复杂度与难度较大。如何针对公共文化服务在各类数据中进行有效数据的挖掘，还需要进行更多的算法研究，属于跨学科的共同研究开发工作。

综合来说，系统主要内容包括两个方面：一是搭建面向社区的公共文化科技服务互动传播系统，为公共文化展示服务提供系统支撑；二是搭建支持互动传播系统服务应用的数据采集平台。公众通过系统获取信息，实现公共文化服务供给的功能；管理者可动态地统计数据，并进一步展开评估工作。

---

① 李邹玲.社区文化活动中心管理信息系统的设计与实现[D].成都:电子科技大学,2014.

② 罗云川,李彤.公共文化资源共享治理策略探析[J].图书馆工作与研究,2016(04):28-32.

一、系统业务目标

本系统的主要目标是通过互联网让公众有更多表达自己声音的意愿和渠道。公共文化服务是为广大公众提供的服务项目，更应该听取公众的声音。公共文化服务数字化平台应建立公众发表意见和建议的渠道，提供咨询的窗口，实现公共文化服务机构和公众之间的双向互动。当公众有意向参与某项文化活动却遇到问题时，能够及时咨询相关部门和人员，并得到准确及时的回复。提升平台的互动性，才能更好地倾听公众的声音，了解公众的需求。

二、设计原则

为了提供一个具有先进性、开放性、标准性、可扩展性、可管理性和安全性的高性能系统，系统在设计过程中应遵循以下基本原则：

一是数据统一性原则。保证数据不被非法入侵者破坏和盗用，并保证数据的一致性。系统使用用户分布于多个部门，数据完整保存多个版本，保持最新版本和历史版本对各用户数据统一展示。

二是可扩展性原则。系统的应用范围定位为上城区社区居民使用，但在设计上应考虑系统的可扩展性，特别是在出现变动的情况下，系统能够进行配置使用。

三是安全性原则。本系统由信息内网使用，但系统架构比较复杂，在设计上必须充分考虑影响系统安全的各种因素，在系统监控、数据通信、物理部署等多个层面上落实系统的安全性原则。

四是灵活性原则。采用参数驱动的设计方法，而应用系统的变更可通过调整参数实现。

五是易操作、易管理原则。良好的用户操作界面以及完备的帮助信息。

三、系统总体业务架构

系统设计大体分为：(1)公共文化—互动传播(网页版和手机版)系统(支持文字、图形、图像、视频等各种途径展现)，主要展现社区文化活动信息等，该系统可以满足手机、电脑、电视等不同终端的访问需求；(2)公共文化科技服务创新平台—后台管理系统可以上传视频、图片、文本、数据配置，提供信息和活动文章发布平台，考虑到海量资源信息文章或视频、图片、文本的存储情况，系统采用 HADOOP 大数据分布式文件存储数据库；(3)数据采集平台包含三个子系统：广播媒体接触分析子系统(即采集收听率)、电视媒体接触分析子系统(即电视收视率)和公共文化场所人流量统计系统(即 WiFi 人流量监控和人脸识别系统)。

系统总体业务架构如图 3-1 所示，其主要包括两部分：互动传播系统和数据采集平台。互动传播系统如图 3-2 所示，数据采集平台如图 3-3 所示。平台从架构层面上可以分为数据层、服务层、应用层三层结构。

基于基础数据对外提供统一的业务服务接口，并基于统一、标准的 Http 数据协议，可以在上层应用层搭建任何展现模式的应用系统。

公共文化科技服务创新平台
平台入口端
互动传播系统
PC端门户
大屏端门户
移动APP
广播分析视图
电视分析视图
人流量统计门户
平台数据端
数据采集应用平台
互动传播应用管理后台
广播、电视等媒体接触分析子系统
声音识别子系统
人流量统计子系统
脑电波、眼动仪探测子系统
公共文化资源信息
广播接触数据
电视接触数据
声音识别数据
图像识别数据
人流量数据
Wifi探针数据
用户数据

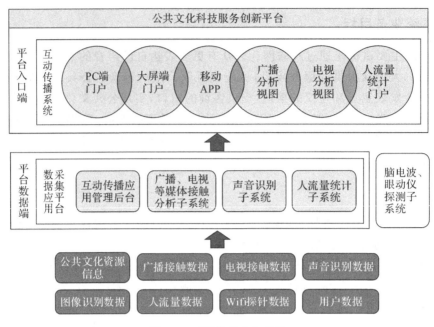

图 3-1　系统总体业务架构

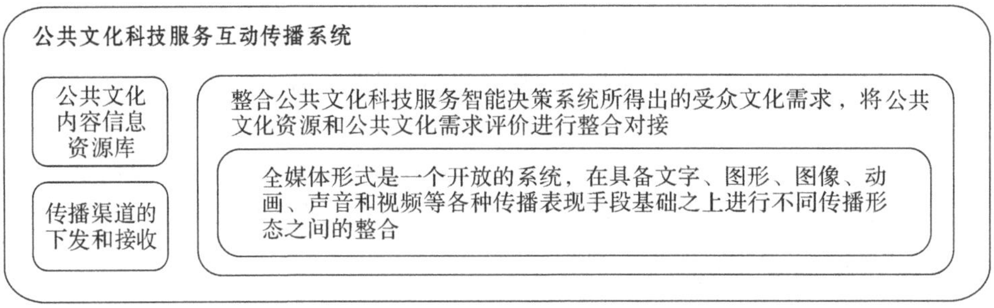

公共文化科技服务互动传播系统
公共文化内容信息资源库
传播渠道的下发和接收
整合公共文化科技服务智能决策系统所得出的受众文化需求，将公共文化资源和公共文化需求评价进行整合对接
全媒体形式是一个开放的系统，在具备文字、图形、图像、动画、声音和视频等各种传播表现手段基础之上进行不同传播形态之间的整合

图 3-2　公共文化科技服务互动传播系统

公共文化科技服务数据采集平台
媒体文化资源服务应用数据采集模块
公共文化场所人流量统计子系统
脑电波/眼动仪探测子系统
平台系统维护模块
包含三个子系统：广播媒体接触分析子系统、电视媒体接触分析子系统和声音识别子系统
平台系统维护模块部门主要包括用户管理、数据上报时间设置、用户填报完整性检查、日志管理、数据备份等功能

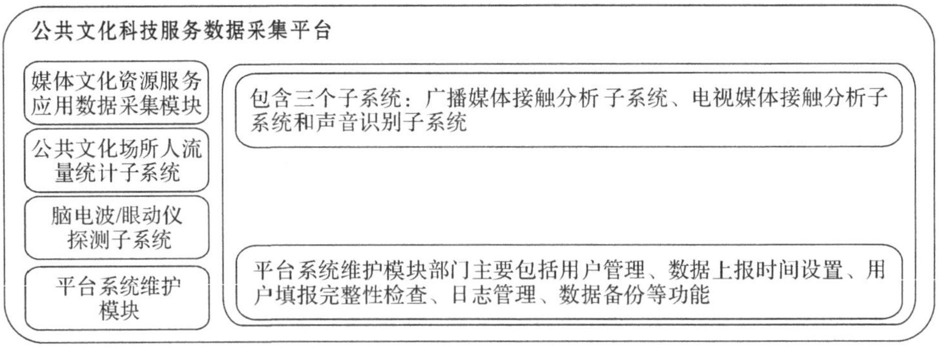

图 3-3　公共文化科技服务数据采集平台

四、系统技术架构

全系统的技术应用主要包括数据库、数据访问层、平台层以及展现层。其中，数据库直接与数据访问层相连，支撑起整个系统的工作。具体系统技术架构如图 3-4 所示。

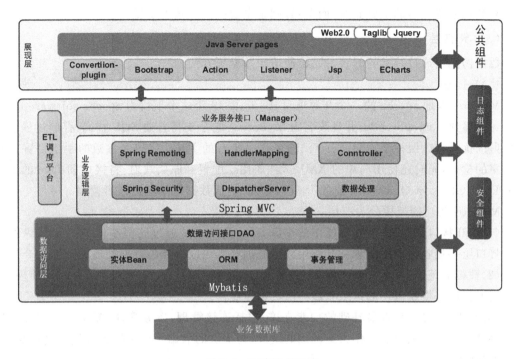

图 3-4　系统技术架构

（一）展现层

可视操作界面，系统操作入口。

1. Bootstrap

Bootstrap 来自 Twitter，是目前很受欢迎的前端框架。它由 Twitter 的设计师 Mark Otto 和 Jacob Thornton 合作开发，是一个 CSS/HTML 框架。简洁灵活的它，使得 Web 开发变得更加快捷。Bootstrap 由动态 CSS 语言 Less 写成，提供了优雅的 HTML 和 CSS 规范。

Bootstrap 是基于 jQuery 框架开发的，它在 jQuery 框架的基础上进行了更为个性化和人性化的完善，形成一套自己独有的网站风格，并兼容大部分 jQuery 插件。

Bootstrap 中包含了丰富的 Web 组件，根据这些组件，可以快速地搭建一个漂亮、功能完备的网站。其中包括以下组件：下拉菜单、按钮组、按钮下拉菜单、导航、导航条、路径导航、分页、排版、缩略图、警告对话框、进度条、媒体对象等。

（二）平台层

1. ETL 中间件

ETL 负责将分布的、异构数据源中的数据如关系数据、平面数据文件等抽取到临时中间层后进行清洗、转换、集成，最后加载到数据仓库或数据集市中，成为联机分析处理、数据挖掘的基础。

ETL 是数据抽取（Extract）、清洗（Cleaning）、转换（Transform）、装载（Load）的过程，是构建数据仓库的重要一环。用户从数据源抽取出所需的数据，经过数据清洗，最终按照预先定义好的数据仓库模型，将数据加载到数据仓库中去。信息是现代企业的重要资源，是企业运用科学管理、决策分析的基础。如何通过各种技术手段把数据转换为信息、知识，已经成了提高其核心竞争力的主要瓶颈,而 ETL 则是主要的一个技术手段。

（三）数据层

数据访问层通过技术的封装、抽象,使访问数据更方便。

1. MyBatis

MyBatis 本是 apache 的一个开源项目 iBatis,2010 年这个项目由 apache software foundation 迁移到了 google code,并且改名为 MyBatis。它是支持普通 SQL 查询,存储过程和高级映射的优秀持久层框架。MyBatis 消除了几乎所有的 JDBC 代码和参数的手工设置以及结果集的检索,同时还使用简单的 XML 或注解用于配置和原始映射,将接口和 Java 的 POJOs(Plain Old Java Objects,普通的 Java 对象)映射成数据库中的记录。

MyBatis 的功能架构分为三层:

（1）API 接口层:提供给外部使用的接口 API,开发人员通过这些本地 API 来操纵数据库。接口层一接收到调用请求就会调用数据处理层来完成具体的数据处理。

（2）数据处理层:负责具体的 SQL 查找、SQL 解析、SQL 执行和执行结果映射处理等。它主要的目的是根据调用的请求完成一次数据库操作。

（3）基础支撑层:负责最基础的功能支撑,包括连接管理、事务管理、配置加载和缓存处理。将共用的东西抽取出来作为最基础的组件,为上层的数据处理层提供最基础的支撑。

2. JDBC

JDBC 是最常用的访问数据源的方式,主要依赖各数据库厂商提供的 JDBC 包。

3. HADOOP

采用 HADOOP 大数据分布式文件存储数据库,存储视频、声音等文件,并通过统一接口返回给各个终端进行获取;建设 mysql 关系式数据库,存储文字等强关联性信息。

（四）算法简介

对数据进行分析挖掘常常要利用相关对应算法,本系统将采用相关分类和聚类算法。

分类是指存在一些我们不知道它所属离散类别的实例,每个实例是一个特征向量,并且类别空间已知,分类即将这些未标注类别的实例映射到所属的类别上。分类模型是监督式学习模型,即分类需要使用一些已知类别的样本集去学习一个模式,用学习得到的模型来标注那些未知类别的实例。在构建分类模型的时候,需要用到训练集与测试集,训练集用来对模型的参数进行训练,而测试集则用来验证训练出来的模型的效果好坏,即用来评价模型的好坏程度。常用的评价指标有准确率与召回率。针对不同的分类任务、不同的数据以及不同的适应场景,分类中有着不同的分类算法。本系统主要采用:决策树、关联规则。

1. 决策树

决策树是进行分类与预测的常见方法之一。决策树算法是一种逼近离散函数值的方法,其本质上是通过一系列规则对数据进行分类[1]。决策树学习方法是从训练集中每个样本的属性进行构建一棵属性树,它按照一定的规则选择不同的属性作为树中的节点来构建属性和类别之间的关系,常用的属性选择方法有信息增益、信息增益率以及基尼系数等。它

① 彭建盛,李涛涛,侯雅茹,许恒铭. 基于机器学习的裂纹识别研究现状及发展趋势[J]. 广西科学,2021(03):215-228.

采用自顶而下递归构建这颗属性类别关系树,树的叶子节点便是每个类别,非叶子节点便是属性,节点之间的连线便是节点属性的不同取值范围①。决策树构建后,便从决策树根节点开始从上到下对需要进行类别标注的实例进行属性值的比较,最后到达某个叶子节点。该叶子节点所对应的类别便是该实例的类别。

2.基于关联规则的分类器

基于关联规则的分类方法是基于关联规则挖掘的,它类似于关联规则挖掘,使用最小支持度与置信度来构建关联规则集:Xs→C,只是不同于关联规则挖掘,Xs是属性值对集合,而C则是类别。它首先从训练集中构建所有满足最小支持度与最小置信度的关联规则;然后使用这些关联规则来进行分类②。

聚类分析是数据挖掘的重要研究内容与热点问题。聚类分析不是一种特定的算法,而是一种解决问题的思想③。聚类便是按照某种相似性度量方法对一个集合进行划分成多个类簇,使得同一个类簇之间的相似性高,不同类簇之间不相似或者相似性低④。同一类簇中的任意两个对象的相似性要大于不同类簇的任意两个对象。从学习的角度来看,聚类事先并不需要知道每个对象所属的类别,即每个对象没有类标进行指导学习,也不知道每个簇的大小,而是根据对象之间的相似性来划分的,因此聚类分析属于一种无监督学习方法,又被称为"无先验知识学习方法"⑤。其目的是在数据中寻找相似的分组结构和区分差异的对象结构。目前,聚类算法已经被广泛应用于科学与工程领域的方方面面,如在电子商务上进行消费群体划分与商品主题团活动等;在生物信息学上进行种群聚类,便于识别未知种群以及刻画种群结构等;在计算机视觉上应用聚类算法进行图像分割、模式识别与目标识别等;在社交网络上进行社区发现等;在自然语言处理中进行文本挖掘等。

关联规则挖掘是指给定一个数据集 T,每条记录有多个特征,并从这些记录中找出所有支持度大于等于最小支持度 support>=min_support,置信度大于等于最小置信度 confidence>=min_confidence 的规则 Xs→Ys。其形式化的定义:两个不相交的非空集合 Xs、Ys,如果 Xs→Ys,就说 Xs→Ys 是一条规则。例如,啤酒与尿布的故事,它已成为关联规则挖掘的经典案例,{啤酒}→{尿布}就是一条关联规则。支持度 support 的定义为:support {Xs→Ys}为集合 Xs 与集合 Ys 中的项在同一条记录中出现的次数除以总记录的个数。置信度 confidence 的定义为:confidence{Xs→Ys}为集合 Xs 与集合 Ys 中的项在同一条记录中出现的次数除以集合 Xs 中的项共同出现的次数。支持度和置信度越高,则说明规则越强。关联规则挖掘就是挖掘出具有一定强度的规则集合,即该规则集合中的每条规则的支持度要大于或等于最小支持度,置信度要大于或等于最小置信度。

(五)服务端技术介绍

1. Spring

Spring 是一个开源的轻量级 J2EE 框架,提供控制翻转(IoC)和面向方面编程(AOP),

---

① 付伟宇.模糊决策树的应用研究与系统设计实现[D].广州:华南理工大学,2014.

② 伊卫国.基于关联规则与决策树的预测方法研究及其应用[D].大连:大连海事大学,2012.

③ 劳启明.基于密度的快速图像分割方法研究[D].广州:华南理工大学,2016.

④ 白雪.聚类分析中的相似性度量及其应用研究[D].北京:北京交通大学,2012.

⑤ 任亚洲.高维数据上的聚类方法研究[D].广州:华南理工大学,2014.

它的目的是简化企业级开发。

Spring 包含：

（1）轻量级的 IoC 容器

（2）AOP 框架

（3）事务管理

（4）数据访问对象 DAO 支持

（5）持久层支持（JDBC，Hibernate，Ibatis）

（6）Web 层 MVC 框架

（7）对 EJB 的支持

（8）远程访问支持（RMI，HTTPInvoker，JAX-RPC，Hessian and Burlap）

Spring MVC 框架是由一个 MVC 框架，通过实现 Model-View-Controller 模式来很好地将数据、业务与展现进行分离。从这样一个角度来说，Spring MVC 和 Struts、Struts2 非常类似。Spring MVC 的设计是围绕 DispatcherServlet 展开的，DispatcherServlet 负责将请求派发到特定的 handler，通过可配置的 handler mappings、view resolution、locale 以及 theme resolution 来处理请求并且转到对应的视图。Spring MVC 请求处理的整体流程如图 3-5 所示：

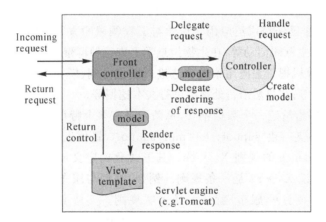

图 3-5　Spring MVC 请求处理流程图

2. MySQL

MySQL 是当前最流行的关系型数据库管理系统，由瑞典 MySQL AB 公司开发，该公司目前是 Oracle 旗下公司。在 WEB 应用方面，MySQL 是最好的 RDBMS（Relational Database Management System，关系数据库管理系统）应用软件之一。

MySQL 是一种关联数据库管理系统，关联数据库将数据保存在不同的表中，而不是将所有数据放在一个大仓库内，这样就增加了速度并提高了灵活性。

MySQL 所使用的 SQL 语言是用于访问数据库的最常用标准化语言。MySQL 软件采用了双授权政策，它分为社区版和商业版。由于其体积小、速度快、总体拥有成本低，尤其是开放源码这一特点，一般中小型网站的开发都选择 MySQL 作为网站数据库。

（1）使用 C 和 C＋＋编写，并使用了多种编译器进行测试，保证源代码的可移植性。

（2）支持 AIX、FreeBSD、HP-UX、Linux、Mac OS、Novell Netware、OpenBSD、OS/2 Wrap、Solaris、Windows 等多种操作系统。

（3）为多种编程语言提供了 API。这些编程语言包括 C、C＋＋、Python、Java、Perl、PHP、Eiffel、Ruby 和 Tcl 等。

（4）支持多线程，充分利用 CPU 资源。

（5）优化的 SQL 查询算法，有效地提高查询速度。

（6）既能够作为一个单独的应用程序应用在客户端服务器网络环境中，也能够作为一个库而嵌入其他的软件中提供多语言支持，常见的编码如中文的 GB 2312、BIG5，日文的 Shift_JIS 等都可以用作数据表名和数据列名。

（7）提供 TCP/IP、ODBC 和 JDBC 等多种数据库连接途径。

（8）提供用于管理、检查、优化数据库操作的管理工具。

（9）可以处理拥有上千万条记录的大型数据库。

3. HADOOP

用 HADOOP 大数据分布式文件存储数据库，存储视频、声音等文件，通过统一接口返回给各个终端进行获取；建设 MYSQL 关系式数据库，存储文字等强关联性信息。

通过实现内容发布平台，支持各种资源录入、多种终端的交互，包括 PC 浏览器、移动设备 APP（手机、iPad）、大屏。

第二节　互动传播系统设计方案

一、互动传播系统与数据采集平台总体架构设计

在系统的实际运作中，数据采集平台在数据采集与管理的基础上，还需要对采集到的数据进行分析与发布，而互动传播系统则需要通过一系列的接口与数据采集平台相连，最终通过 PC 端、移动端 APP 以及大屏端展现出来。该架构包括互动传播系统与数据采集平台，如图 3-6

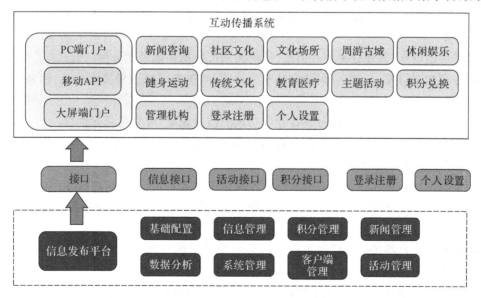

图 3-6　总体架构设计

所示。对于系统工作的技术需求,总共体现在三个层面:存储层、计算层与展现层。其中,存储层与计算层实现数据采集、分析与管理,而展现层最终实现数据信息的发布与传播,具有的技术需求如图 3-7 所示。

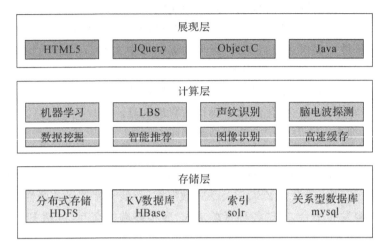

图 3-7　总体技术需求

二、互动传播系统构成

(一)功能描述

支持信息、活动的三级分类:互动传播系统的信息活动频道可以实现三级分类,并以树状组织作为表现形式(类似于 windows 资源管理器的导航树状文件夹)。类别的名称可以修改。

支持 HTML 编辑器:HTML 代码编辑器能轻松实现更美观的信息页面。

支持信息、活动评论功能:可以选择在相应的信息后发布对该信息的见解,让更多的人参与信息的讨论,实现信息的互动与交流,在相互沟通中获取更多的参考意见。

模块特点:

➤ 详尽的信息、活动分类——信息、活动类别可根据需求最多分为三级。

➤ 分词搜索引擎——以分词搜索技术为基础,高速有效地全局搜索信息、活动,节省时间投入。

➤ 浓缩的信息纵览——通过具备导航功效的信息纵览,可直达目标栏目。

➤ 互动的信息评论——每条信息都可以添加信息评论,增强系统互动交流,评论需要经过后台的审核才可以在前台展示。

➤ 实时的状态显示——实时的系统信息状态图标显示,让最新信息状态一目了然。

➤ 个性的信息标题——通过信息详细页面中对显示的字体和大小进行设定,能实现更符合需要的显示效果。

➤ 轻松的后台维护——随时可以通过后台维护系统页面,进行更改、删除类别等信息管理,让操作轻松直观。

➤ 灵活的代码编辑——通过 HTML 代码编辑器,可以更加灵活、高效录入信息,让信息页面更丰富、更引人入胜。

➤ 安全的信息展现——后台发布信息后,需要有相关权限的管理员审核后才可以在前台展示,避免了一些敏感话题的展示。

➤ 数据分析——根据用户的访问记录进行统计分析,可以知道公众感兴趣的频道模块,为提高公众服务的质量提供有效的基础。

（二）数据管理平台

数据管理平台作为系统的统一后台管理平台,提供对每个信息对象的数据管理,包括查询、增删改等。

1.基础配置

基础配置作为第一个菜单,分为标签管理、Banner 图管理、地图管理。

2.信息活动管理

信息活动管理作为整个后台数据配置的核心,具体划分为信息基本管理、信息评论管理、活动基本管理、活动评论管理。

3.积分管理

积分管理主要是给互动传播系统的商品积分订单做的数据发布配置,具体划分为商品管理、用户积分、用户订单三个子菜单。

4.客户端管理

客户端管理主要是记录互动传播系统注册用户的信息维护。

5.数据分析

数据分析主要是以报表的形式展现,形象地展现互动传播系统信息与活动,具体分为信息实时分析、活动实时分析、信息 24 小时分析、活动 24 小时分析、信息时间段分析、活动时间段分析、用户基本属性、用户行为分析。

（三）系统管理

系统管理作为本系统的基本配置,划分的子菜单有机构管理、角色管理、系统用户管理、业务字典、系统日志管理。

三、数据采集平台

（一）需求描述

媒体文化资源服务应用数据采集模块包括广播媒体接触分析子系统、电视媒体接触分析子系统、声音识别子系统、公共文化场所人流量统计子系统;

平台系统维护模块包括用户管理、数据上报、用户填报完整性检查、日志管理、数据备份。

（二）设计构思

广播媒体接触分析子系统:检测广播收听行为,及时分析数据并进行展示。

电视媒体接触分析子系统:对受众使用数字电视机顶盒的操作行为进行采集,并实现信息封闭式快速回传分析处理和展示。

声音识别子系统:用于后台处理分析。

人流量统计子系统:通过 WiFi 探针、摄像头监控人脸识别两种模式进行实现。

平台系统维护模块:实现采集调度平台,对数据采集、日志调度、数据备份等功能进行响应;用户管理和用户填报完整性通过互动传播管理平台进行实现。

通过调度平台系统功能采集对应的数据集,如图 3-8 所示。

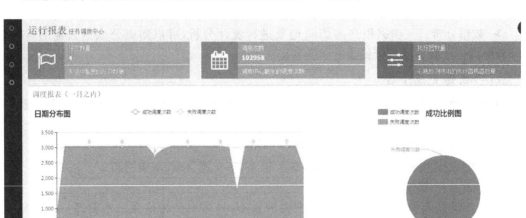

图 3-8　数据采集功能实现

四、数据分析

该功能主要负责接收数据采集模块上传的行为数据,并对该信息进行解密、解压等操作,然后将操作之后的数据根据内容存入到原始数据库中的不同表中。

数据分析处理模块:分析数据仓库中的数据;对汇总的数据做统计、挖掘和分析。包括简单的实时分析、24 小时分析、用户行为、用户基本属性等。

数据采集主要通过 ETL 中间件,基于 kettle 开源框架的调度系统,对互动传播系统进行抽取。

本功能设计要素:

➤ 稳定、可靠性。由于信息采集相对于系统服务是独立的,信息采集出了问题,会使客户端也受到影响,对用户造成不良后果,因此需要特别保证采集模块的开发质量。

➤ 隐蔽性。由于数据采集过程对用户不可见,因此需要在配置信息保存、数据采集、采集数据临时保存、采集信息上传等各个阶段,进行加密等相关操作,从而实现对用户的不可见。

➤ 小流量上传。由于该模块仅采集用户的行为数据,并在用户上网过程中上传该信息,出于隐蔽性,以及尽量减少资源消耗的考虑,需要在上传数据前对数据进行简单的汇总以及压缩处理,从而缩小上传的信息量。

➤ 可扩展性。随着模型的不断完善,采集部分后续可能会不断添加新的功能,为了尽量简化采集插件的升级过程,同时降低开发的复杂度和工作量,需要在系统设计、开发过程中考虑可扩展性。

该模块可以划分为任务管理、任务日志查询、脚本编辑、脚本上传等部分。

➤ 采集用户来源,用户自然属性。获得用户包括地区等自然属性。

➤ 网站整体访问行为采集。获得用户在网站上停留时间、跳出等信息。

➤ 采集用户访问系统 URL 信息。获得用户进行 WEB 访问的有用 URL,过滤掉图片等无用信息。

> 采集用户访问网站流程。记录用户访问网站的流程，包括点击事件、上一步等信息。

> 采集用户访问时间段。获取用户访问网站的时间段。

> 分类模型建立。根据访问特征划分不同的类别。根据业务需求，可配置多种维度，如从用户出发，分年龄、性别等不同维度；从功能出发，可分为实时分析、24 小时分析、时间段分析等不同维度。

> 分类相关特征库管理。根据分类模型形成 URL，搜索关键字、进程等各类的特征库，为进行自动分类提供依据。

> 数据清洗转换。根据已过滤库、网页标题等信息将原始行为数据过滤，编写过滤规则供 ETL 工具调用，并以特定的格式保存入库。

五、应用服务器

应用服务器详情如表 3-1 所示。

表 3-1　应用服务器

要素信息	要素说明
CPU	双核以上
内存	8G 以上
硬盘	200G 以上
操作系统	Windows Server 2008 R2
应用服务器	WebLogic 10.0

六、数据库服务器

数据库服务器详情如表 3-2 所示。

表 3-2　数据库服务器

要素信息	要素说明
CPU	双核以上
内存	8G 以上
硬盘	500G 以上
操作系统	Linux
数据库服务器	Oracle 10g

第三节　互动传播系统实现

一、互动传播 Web 端设计

(一)首页

互动传播 Web 端首页设计如图 3-9 所示。

图 3-9　互动传播 Web 端首页设计

　　在首页设计页面中包含新闻资讯、主题活动、积分商城、传统文化、社区文化、教育医疗等频道以及周游古城、文化场所、休闲娱乐、健身运动、社区家园等模块,点击对应的频道跳转对应频道页面、点击频道下的信息列表则跳转到详情页面。

　　(二)社区家园

　　社区家园的页面设计如图 3-10 所示。

图 3-10　社区家园页面设计

　　该页面展示了社区的相关文化活动信息,点击对应社区详情跳转到所属的社区详细信息页面。

（三）新闻资讯

新闻资讯的页面设计如图 3-11 所示。

图 3-11　新闻资讯页面设计

在新闻资讯页面中展示了政策法规、文化新闻、科技新闻、社区建设、教育资讯、医药信息六个二级频道模块，点击对应新闻资讯下的频道将跳转到所属的分类信息页面。

（四）传统文化

传统文化的功能页面设计如图 3-12 所示。

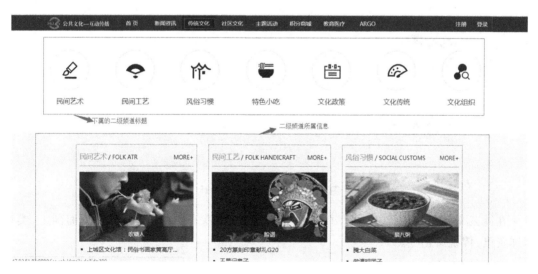

图 3-12　传统文化页面设计

传统文化的功能页面包含民间艺术、民间工艺、风俗习惯、特色小吃、文化政策、文化传统、文化组织七个二级频道，点击对应的二级频道将跳转到对应的分类页面，对应的分类信息页面介绍了相应二级频道的详细信息，如图 3-13 所示。

图 3-13　传统文化二级频道页面设计

此处信息列表过多,采用瀑布流的技术进行页面设计,下拉页面自动加载信息。

（五）社区文化

社区文化的页面功能设计如图 3-14 所示。

图 3-14　社区文化页面设计

在社区文化功能页面中,展示了关于公共文化的相关信息,其他的跳转页面同上,类似新闻资讯、传统文化等。

（六）主题活动

主题活动的设计界面如图 3-15 所示。

图 3-15 主题活动设计页面

在主题活动页面包含文化会演、艺术活动、文化展览、科普教育、社区活动五个二级频道,点击对应文章图片或详情,可以跳转到对应页面或跳转到更多页面和详情页面如图3-16、图3-17所示。

图 3-16 更多页面

在更多页面中，显示了相关社区活动，评论数，发布时间等信息。

图 3-17　详情页面

（七）积分商城

详情页面显示了社区活动的详细信息，通过该界面可以实现对信息收藏，分享和举报积分商城设计页面如图 3-18 所示。

图 3-18　积分商城设计页面

积分商城页面，分为活动礼券、数码家电、日常家居、食品饮料、个护美妆五个频道模块，点击不同的模块则显示不同模块的详细信息。

（八）教育医疗

教育医疗功能设计页面如图 3-19 所示。

图 3-19　教育医疗设计页面

　　教育医疗分为学校、医院两个二级频道,在两个频道中分别介绍了学校信息与医疗信息,点击对应文章或图片跳转到相应页面(类似新闻资讯或传统文化)。

(九)周游古城

　　周游古城页面设计如图 3-20 所示。

图 3-20　周游古城页面设计

　　周游古城页面分为旅游景点、旅游攻略、文化习俗、美食特产四个二级频道,点击二级频道弹出更多页面(类似新闻资讯或传统文化)。

(十)文化场所

　　文化场所功能页面设计如图 3-21 所示。

图 3-21　文化场所页面设计

　　文化场所页面包括展览馆、博物馆、美术馆等二级频道,点击相应的二级频道切换显示内容,点击文化或图片查看更多信息。

　　(十一)休闲娱乐

　　休闲娱乐功能页图设计如图 3-22 所示。

图 3-22　休闲娱乐功能页面设计

　　休闲娱乐功能页面分为影院、美食、游戏三个二级频道,点击相应的二级频道切换显示内容,点击文章或图片查看更多信息。

　　(十二)健身运动

　　健身运动的设计页面—Banner 图轮播图片,下属二级频道的城区健身信息(左侧是图片,右侧信息标题、内容和详情按钮),如图 3-23 所示。

图 3-23　城区健身

健身运动页面展示了城区健身工作室、俱乐部、健身房等方面的信息,点击图片、文章内容,显示文章详细信息。

（十三）管理机构

管理机构的设计页面如图 3-24 所示,Banner 图轮播,机构列表展示（右侧是机构标题和机构详细介绍）。

图 3-24　管理机构页面设计

二、互动传播后台管理设计

互动传播后台提供信息、活动发布以及数据分析展现功能,从基础数据以列表、统计图、报表等形式提供分析结果。信息管理、活动管理用户权限管理等,具体功能模块规划如下:

（一）Banner 图管理

Banner 图管理界面原型如图 3-25 所示。

图 3-25　Banner 图管理界面原型

（1）此界面展现所有频道的 Banner 图列表页面;

（2）"添加"按钮可以快速跳转创建 Banner 图操作;

（3）可以根据"Banner 图名称""所属频道""Banner 状态（无效,有效）"筛选查询;

（4）对于 Banner 图管理,有"启用 Banner 图""编辑""删除"（不可恢复删除）操作。

（二）地图管理

地面管理界面原型如图 3-26 所示。

图 3-26　地图管理界面原型

(1)展现发布地图信息的所有列表信息页面；
(2)点击"添加"按钮可以快速跳转创建发布的地图信息操作；
(3)可以根据"发布信息名称""发布信息状态（未发布、已发布）"筛选查询；
(4)对于地图管理有"启用发布信息""编辑""删除"（不可恢复删除）操作。

（三）信息基本管理

信息管理界面如图 3-27 所示。

图 3-27　信息管理界面

(1)界面展现所有信息列表页面；
(2)可根据"信息名称""一级频道""二级频道""信息状态"进行搜索查询；
(3)选中某个一级频道会弹出相对应的二级频道；
(4)点击"添加"按钮能快速跳转创建信息页面；
(5)对于信息基本管理有"信息下架""信息编辑""信息删除"（彻底删除）操作。

（四）信息评论管理

信息评论页面如图 3-28 所示。

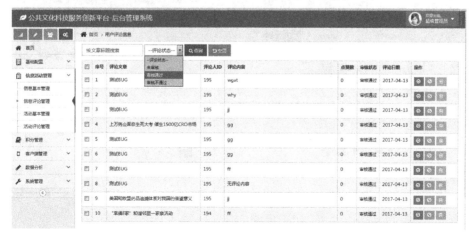

图 3-28　信息评论页面

（1）此界面展现信息评论的记录列表页面；

（2）可根据"文章标题""评论状态（未审核、审核通过、审核不通过）"进行搜索查询。

（五）活动基本管理

活动管理页面如图 3-29 所示。

图 3-29　活动管理页面

（1）界面展现所有活动列表页面；

（2）可根据"活动名称""活动分类""活动状态"进行搜索查询；

（3）点击"添加"按钮能快速跳转创建活动页面；

（4）对于活动基本管理有"活动下架""活动编辑""活动删除"（彻底删除）操作。

（六）活动评论管理

活动评论界面如图 3-30 所示。

图 3-30　活动评论界面

(1)此界面展现活动评论的记录列表页面；

(2)可根据"活动标题""评论状态(未审核、审核通过、审核不通过)"进行搜索查询。

(七)商品管理

商品管理界面如图 3-31 所示。

图 3-31　商品管理界面

(1)界面展现所有商品列表页面；

(2)根据"商品状态(无效、有效、已删除)""商品名称""商品类型"进行筛选查询；

(3)对于商品管理有"关闭商品""编辑""删除"(物理删除)操作；

(4)点击"添加"按钮能够跳转创建商品的操作界面。

(八)用户积分

用户积分界面如图 3-32 所示。

图 3-32　用户积分界面

（1）此界面展现用户积分列表；

（2）可以根据"用户名称"进行筛选查询。

（九）用户订单

用户订单界面如图 3-33 所示。

图 3-33　用户订单界面

（1）此界面展现用户商品订单的列表信息页面；

（2）可以根据"订单号""用户名""商品名称"进行筛选查询。

（十）用户管理

用户管理界面如图 3-34。

图 3-34　用户管理界面

（1）界面展现所有 Web 端手机端注册的用户列表页面；

（2）可以根据"用户名""注册开始时间""注册结束时间"进行筛选查询；

(3)对于用户管理有"查看用户详情""用户禁用""重置密码"操作。

(十一)信息实时分析

信息实时分析界面如图 3-35 所示。

图 3-35　信息实时分析界面

(1)界面展现当前时间点的开始分钟到当前分钟内的信息访问量的折线图报表页面和列表页；

(2)可以根据"一级频道"进行筛选查询页面与报表的联动。

(十二)活动实时分析

活动实时分析界面如图 3-36 所示。

图 3-36　活动实时分析界面

(1)界面展现当前时间点的开始分钟到当前分钟内的活动访问量的折线图报表页面

和列表页；

(2)可以根据"活动频道"进行筛选查询页面与报表的联动。

(十三)信息 24 小时分析

信息 24 小时分析界面如图 3-37 所示。

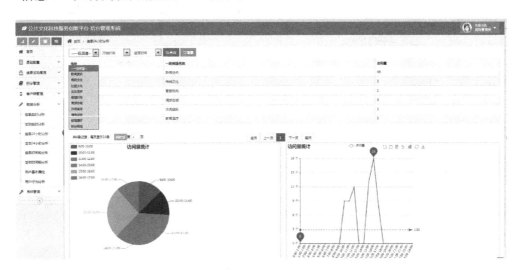

图 3-37　信息 24 小时分析界面

(1)界面展现当前 24 小时内的信息访问量的饼形图和折线图的报表页面和列表页；

(2)可以根据"信息一级频道""开始时间""结束时间"进行筛选查询页面与报表的联动。

(十四)活动 24 小时分析

活动 24 小时分析界面如图 3-38。

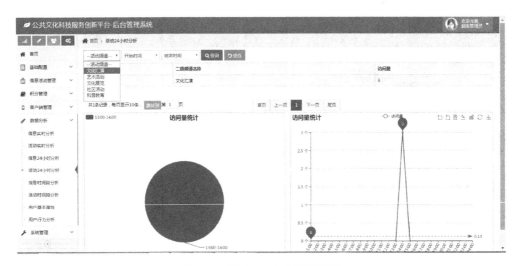

图 3-38　活动 24 小时分析界面

(1)界面展现当前 24 小时内的活动访问量的饼形图和折线图的报表页面和列表页；

(2)可以根据"活动频道""开始时间""结束时间"进行筛选查询页面与报表的联动。

(十五)信息时间段分析

信息时间段分析界面如图 3-39 所示。

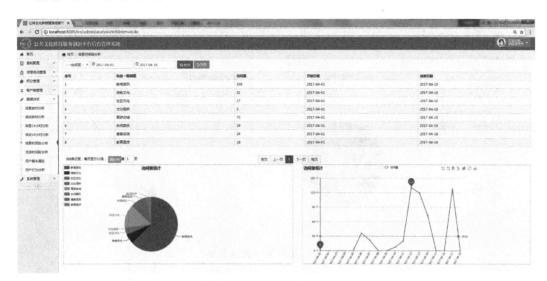

图 3-39　信息时段分析界面

(1)界面初始化展现当月 1 号到当前日期的信息访问量的列表和报表(饼形图与折线图);

(2)可以根据"信息一级频道""开始日期""结束日期"进行筛选查询页面与报表的联动,并且只能查询 50 天内的访问数据。

(十六)活动时间段分析

活动时间段分析界面如图 3-40。

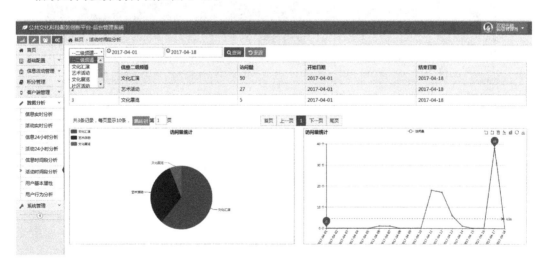

图 3-40　活动时间段分析界面

(1)界面初始化展现当月 1 号到当前日期的活动访问量的列表和报表(饼形图与折线图);

(2)可以根据"活动频道""开始日期""结束日期"进行筛选查询页面与报表的联动,并且只能查询 50 天内的访问数据。

（十七）用户基本属性

用户基本属性界面如图 3-41 所示。

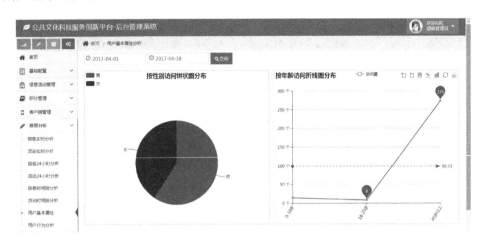

图 3-41　用户基本属性界面

（1）界面初始化展现当月 1 号到当前日期按照性别饼形图和年龄段折线图呈现的分析访问量的报表；

（2）可以根据"开始日期""结束日期"进行筛选查询页面与报表的联动,并且只能查询 50 天内的访问数据。

（十八）用户行为分析

用户行为分析界面如图 3-42 所示。

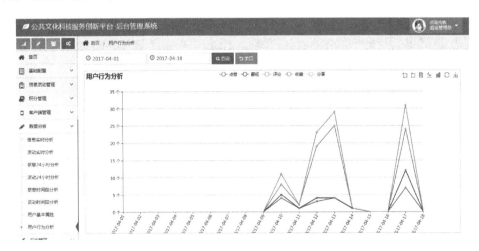

图 3-42　用户行为分析界面

（1）界面初始化展现当月 1 号到当前日期按照"点赞""鄙视""评论""收藏""分享"排列形成的折线图分析访问量报表；

（2）可以根据"开始日期""结束日期"进行筛选查询页面与报表的联动,并且只能查询 50 天内的访问数据。

第四章　文化资源信息收集与分析服务系统研发

第一节　文化资源的内涵及分类

一、文化资源的定义

迄今为止，人们对"文化资源"概念的理解千差万别。程恩富（1999）认为，文化资源是人们用来进行文化生产和活动的资源集合①。这一界定虽然简洁，具备了作为定义基本的内涵和外延，但并没有解释何为文化活动，因此显得定义模糊。米子川（2004）进一步解释，认为"文化资源"是指人类创造的精神和物质产品与活动，包括民间习俗、宗教文化、方言等②。苏卉（2011）认为，"文化资源"是具有一定文化价值的资源，包括历史上和现代的各种文化信息，人们可用之进行文化活动③。王广振、曹晋彰（2017）总结提出文化资源是指能够满足人类文化需求，为文化产业提供基础的自然资源或社会资源④。

二、文化资源的分类

对公共文化资源进行细分，它包括传统文化、历史遗存、文学艺术、体育健身、基本公共教育、风景旅游、营养保健。

杭州是一座历史悠久的文化古城，自秦朝设县以来积淀了两千多年的文化底蕴，在南宋时期作为当时的都城更是盛极一时。各种文人墨客都曾在这里留下自己的生活足迹和华美诗篇，最有名的莫过于北宋文学家苏东坡，其《饮湖上初晴后雨》中的"水光潋滟晴方好，山色空蒙雨亦奇。欲把西湖比西子，淡妆浓抹总相宜"将西湖晴雨时的景致描写得淋漓尽致。不仅如此，苏轼在杭州任太守期间还兴修水利，疏通大运河，筑起一条长堤，这就是西湖上最著名的苏堤。苏东坡主持疏浚西湖时，在湖中设立的三个塔，就是湖中的三潭印月。大文豪白居易也与杭州有着千丝万缕的联系，他担任杭州刺史的三年间，主持疏浚了六井，奠定了杭州"三面云山一面城"的格局。白居易一生中作了 200 余首诗描写西湖山水，如"乱花渐欲迷人眼，浅草才能没马蹄"。更是在离任刺史后，留下"未能抛得杭州去，一半勾留是此湖"的感叹。

---

①　程恩富主编.文化经济学通论[M].上海：上海财经大学出版社，1999：37.

②　米子川.文化资源的时间价值评价[J].开发研究，2004(05)：25-28.

③　苏卉.文化资源产业化开发潜力的定量评价[J].资源开发与市场，2011(09)：797-800.

④　王广振，曹晋彰.文化资源的概念界定与价值评估[J].人文天下，2017(07)：27-32.

杭州深厚的历史底蕴,让她拥有丰富的传统文化、历史遗存和文学艺术。除了上述大文学家与杭州的渊源,西湖还有白娘子和许仙的传奇故事,发生地点便是白堤上著名西湖十景之一的断桥残雪。著名导演张艺谋根据《白蛇传》的故事在西湖上打造了大型实景演出"印象·西湖"。被誉为"食神"的清代著名散文家、美食家袁枚也是钱塘(今杭州)人。坐落在南宋皇城大遗址旁江洋畈原生态公园的杭帮菜博物馆,展示了袁枚对旧时杭州饮食风俗的记载,杭帮菜自古至今一脉相承,保留了古朴的味道。

"上有天堂,下有苏杭",以西湖为主要景区的杭州,更是自然风光秀丽,春夏秋冬各有千秋,有丰富的风景旅游文化资源。西湖、钱塘江、西溪湿地、千岛湖、富春江等水赋予一个城市灵气,而西湖则是聚万水之灵。收藏于浙江省博物馆的元代画家黄公望的《富春山居图》就是对富春江及其周边山色的刻画,被誉为"画中之兰亭"。西湖周边的雷峰塔、六和塔、灵隐寺,与山水交相辉映中蕴涵了更多的佛教文化和传说故事。

现代化的杭州,更是一个商业之都、艺术之都。年轻的文化在这里萌芽,迸发出鲜活的生命力。2016年9月,二十国集团(G20)领导人第十一次峰会在杭州召开,探讨世界经济发展与合作的重要议题。杭州是中国IT行业的领军城市,这里驻扎了阿里巴巴、网易研究院、华为研究院等著名互联网企业,提供了高质量的互联网金融、互联网生活、互联网交通等服务。在城市建设方面,杭州市在尽量保留历史原貌的情况下融入了现代文化、科技元素,如西湖音乐喷泉、钱江新城灯光秀等。

杭州的社区服务也处于全国前列,上城区湖滨街道获得了"全国街道之星""全国邻里示范社区"等称号。在上城区各个街道的调研中,我们了解到上城区的居民有各种文化团体,如地书协会、舞蹈协会等。在社区,有不同的课程定期向居民开放,包括体育类、舞蹈类、手工类、文学类等应有尽有。

在此研究背景下,如何收集种类繁多的文化资源,科学存储文化资源,并通过分析文化资源得到有效信息,是一个值得继续深入研究的课题。

三、文化资源信息收集与分析面临的难题

(一)部分类型的文化资源难以收集

目前,文化资源收集方面面临的问题主要有两种。

一是设备的欠缺,某些文化资源因为其特殊性需要某些专业的设备或者特制的设备才能进行收集。比如文物古迹中的壁画,如果使用普通的相机进行全幅拍摄,广角镜头下壁画的两侧会变形,如果采用部分拍照,后期的拼接是一个问题。同时,普通相机拍摄出的壁画,每个部分的景深不同,会出现显示模糊的问题。再者,在一些考古、地址勘查的文化资源收集过程中,由于拍摄环境暗时使用闪光灯又会对文物造成破坏,环境拍摄中的照明是一个难题。某些特别狭窄的区域,仅靠人类的胳膊手臂难以深入,同时环境还存在一定危险。

二是基于人主观或客观的原因,导致文化资源无法收集或收集质量差。某些文化资源尤其是非物质文化资源,没有得到充分的重视,长时间内没有人对其进行存储和留档,或者文化所有人没有能力对其进行收集,尤其是某些区域传统文化,如方言、歌曲、舞蹈,文化流失很严重。文化的收集和存储也是文化传承中重要的一环,这些问题应该得到重视。

(二)原有文化资源的数字化问题

在互联网时代,许多旧的行业正在消失或者转型。传统的传媒业就是一个很好的例子,

过去人们习惯在早上醒来时边喝咖啡边阅读报纸,而现在早已改为只要有空闲的时间就拿着手机在各个客户端、网页上接收讯息。许多报纸的销量遭遇了前所未有的大幅度下滑,2012年,《纽约时报》的电子版销量已经远远超过纸质版,编辑相继离职。一些报社干脆宣布停止纸质版销售,仅开放网络订阅。2008年美国主流报刊《基督教科学箴言报》率先停止纸质印刷,多家报社紧随其后实行这一举措。2016年,英国最有影响力的全国性日报《独立报》也正式宣布停刊,成为一家网络媒体。

美国的两位信息学者香农和韦弗将信息的传播过程概括成以下模式:信源是信息的来源;编码过程中将信息按照一定的规则转化成信息,再通过发射器发出;信息在信道中传播,信道有其不同的容量和传播速率,噪音是信息传播中的干扰信号;信宿是信息的接收者,接收器接收到信号后,再按照编码的反规则将其译成信息,供信宿接收。(见图4-1)

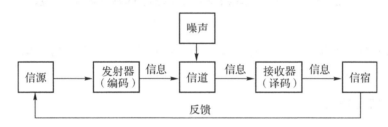

图4-1　香农—韦弗模式

传统媒体原先掌握着信息传播中绝对话语权,现今的地位正在下降。究其原因,互联网是一个去中心化的传播网络,媒体不再是唯一的信源,各种自媒体人、意见领袖甚至充当了更重要的角色。同时,网络世界传播的信道变得多而复杂,一张信道网四通八达。

互联网时代是数据的时代,传统报纸、书刊、图片以及那些可以在图书馆、储藏室堆积成山的文件,现在都逐渐搬到互联网上,存储在数据库中。但是海量的传统形式文化资源如何数字化呢?如果人工输入的话,一份百年大报的输入时间可能要数十名打字员不眠不休的工作几十年。

(三)文化资源的信息存储问题

文化资源信息的存储主要面临两个问题,一是海量数据存储的空间、数据安全问题;二是在存储过程中,如何做到有效分类和方便查询。

对于文化资源信息来说,为了方便查找和使用,我们必须以数据库和知识库的形式去存储数据,做到科学有效的分类、提取关键词之间的关联。数据分析师习惯于从大量的、低价值密度的数据中通过某些分析和提取,获取有用的信息。同时,为了数据安全和防止数据丢失,工程师们也会采取一些方式去加密数据和备份数据。

我们通过各种方法收集大量的文化资源,对它们进行数字化处理,将其变成数据存储在服务器中。数据与信息的概念是不同的,虽然他们都承载了一定的信息,但数据中存在着大量无序的、无意义的内容,将这些内容剔除整理后才能得到有用的信息。如何从数据中获取有用的信息,过滤掉没用的噪声和有害信息是一个重要的工作内容。将数字音频信号中的噪声过滤后形成的波形就是从数据中提取信息的一个案例。吴军博士认为[1],经过进一步

———————————

[1]　吴军.智能时代:大数据与智能革命重新定义未来[J].金融电子化,2016(11):93.

的分析和某些智慧的发现,我们可以从信息中获取知识,比如天文学测量和观测后,我们通过数据得到星球运动的信息轨迹,再总结出开普勒三定律,这就是数据到信息再到知识的转化。

信息论之父香农将信息定义为来减少随机不确定性的东西,这是站在信息传播角度的思考。香农在信息论中将信息系统分为信源、信宿、信道、编码器和译码器,研究了信息熵、通信系统等问题。

以下几节中,我们将探讨如何辨别文化资源的类型、如何收集文化资源、如何数字化文化资源及如何分析文化资源并从中获取有用的信息。

第二节　文化资源信息收集的设备及方法

文化资源载体有文字、图片、声音和视频等。针对这些不同类型的文化资源,有不同的收集设备和录入方式。

一、文字信息收集

文字信息的录入有几种途径:一是直接通过电脑打字录入,通常用到手写板或键盘;二是将其他信息类型转化成文字,比如语音转文字、识别图片中的文字;三是当需要手动输入的文字过于庞大时,采用一种众包的录入方式。

除了手写板和键盘之外,文字信息的录入设备就是扫描仪。扫描仪通过电子束、无线电波左右移动,将图形或图像信号数字化。扫描仪将纸质文字扫描到电脑上形成图片,再通过文字识别技术转化成文字文件格式。

扫描仪可以分为滚筒式扫描仪、平面扫描仪、笔式扫描仪、便携式扫描仪等。滚筒式扫描仪的精度最高,体积最大,常见于专业的文印店,可以用来扫描比较大幅的文字资料。平面扫描仪多用于办公场景,一般的书稿、文件都可以通过平面扫描仪进行扫描。便携式扫描仪则是手持扫描仪,通过手部移动对纸张进行扫描,方便携带。由便携式扫描仪发展出的笔式扫描仪等,可以对书籍上的文字逐字逐行扫描,解决了因为书籍折叠困难、中间缝隙弯曲等出现的扫描不清晰问题。

众包是指将任务公布在一个公共的平台上,通过用户自发的方式集众人之力,去完成一些工作量庞大的任务。众包是传统外包服务模式的一种创新①。由于机器识别的准确率低(机器学习初期的人工样本不够或者报纸扫描模糊),纽约时报对老报纸的电子化使用了大量的人工识别。2000 年左右,卡耐基梅隆大学的 Luis von Ahn 教授提出了验证码,以让用户输入文字中图片的方式来判断输入的是人还是机器。Luis 教授继而创立了 reCAP-TURE,将不能被电脑识别的单词进行扭曲变形或加入横杠,与另一个能被正确识别和审核的单词组成验证码。当用户将第二个审核过的单词输入正确后,默认另一个单词的输入也是正确的。就这样凭借无意识的输入验证码,大众实际在为旧文献的数字化默默尽力(见图 4-2)。

---

① 王明,郑念.众包科普的发展:现实基础、制约因素与促进政策[J]. 2021(19):98-103.

图 4-2 通过验证码的众包(图片来源于网络)

二、图片信息收集

图片信息的录入设备包括照相机、扫描仪等。针对不同的应用场景,照相机的类型多种多样,有单反相机、360 度全景相机、超小型相机、运动相机(防水)等。针对科学研究,考古学、天文学、生物学、医学等领域更有着专业相机。

上文中提到的壁画图像采集的难题,浙江大学艺术考古与图像大数据工程研究中心提出了一套完整的解决方案。壁画的采集采用非接触轨道式多级升降扫描,区块与相邻区块之间保持 50% 的重合度,同时辅以补光设备,采集大量的原始高保真图片。再使用自主研发的拼接软件进行处理,就能拼接成高清完整的壁画图片。同时,在有些壁画表面采用牛胶等特殊材料保护,反光强烈,对于壁画图片的采集造成很大的困难,需要重新设计布光。经过浙江大学专家们的研究,用这套壁画采集方法已经成功采集了甘肃敦煌莫高窟、西藏阿里托林寺等地的珍贵壁画(见图 4-3)。

图 4-3 浙江大学第四代壁画书画高保真采集设备产品图

上面我们介绍过不同的扫描仪类型,都是基于对平面文字、图像的采集。现在随着虚拟现实和增强现实技术的发展,人们不再满足于仅仅是二维信息的收集与展示,三维扫描技术正在进入我们的生活。激光扫描采用时差测距的方式,通过记录光束发出到返回的时间,结合光的传播速度计算扫描物体与扫描仪之间的距离,是一种常见的三维扫描方法。不过激光扫描的穿透力较强,不适宜扫描表面脆弱或者遇光产生化学反应的物质。光栅扫描则采取拍照式扫描,将光栅投射在被测物体上,加以粗细变化及位移,配合两个CCD相机对所获得的图像进行计算,推测出被测物体的3D外型。光栅扫描的效率较高,同时能扫描物体的一个面,不过不适合扫描容易反光的物体。三维扫描技术现在已广泛应用于考古学、电子商务、医学研究、工业生产等领域。

除了常见的数码相机外,特殊的照相机有360度全景相机、运动相机等。360度全景相机,通过两个广角镜头将所处位置的360度画面全部记录下来,并可以在特定的全景显示软件上,真实再现当时的环境特征。运动相机则是根据运动场景进行设计,比如Go Pro(美国运动相机品牌)可以安装防水罩进行水下拍摄,同时具有防抖功能。Go Pro针对运动时不方便使用双手的情况而加入了语音控制,说出"Go Pro take a photo"(可自己设定)从而做到轻松拍照。

相机的安装位置和运动方式也根据应用场景进行了不同的设计,比如头盔相机就被应用于一些跳伞、真人秀的拍摄上,记录人的面部表情或者以人的视角进行拍摄。由于行动限制和安全考虑,在考古、军事等场景中,人通常无法进入一些狭小、黑暗的空间,这时候就会使用搭载相机的机器人进行拍摄。

三、声音信息收集

声音信息主要通过录音笔、话筒、带有录音功能的手机等设备进行收集,非常便捷。在一些真人秀节目中,为了收音效果,常让嘉宾佩戴收音麦。声音可分为语音、环境音、音乐、噪声等。

在声音信息中,如何去除声音中的噪声是一项要解决的关键问题。降噪的途径有三种,一是在声源处降噪,二是在传播途径中降噪,三是在声音的接收端降噪。这里我们只讨论第三种情况,在声音接收端降噪,一是使用降噪耳机,二是在软件中通过对波形的分析来降噪。降噪耳机分为两种,主动式降噪耳机和被动式降噪耳机。主动式降噪耳机是通过产生与外界噪声相等的反向声波,将噪声中和。被动式降噪耳机则将耳朵进行包裹,形成密闭空间阻挡外界的噪声。降噪软件则是通过对声波的分析,分析出与要保留声音波形有差别的噪声(通常是噪声比较小),去除掉这部分声音,达到降噪的效果。

四、视频信息收集

视频信息收集包括声音信息与动态图像信息的采集,收集设备为摄像机。根据视频的拍摄需求,常用到三脚架等固定设备,许多场景下需要多机位同时拍摄再经过后期剪辑达到较好的效果。电影的非线性编辑、蒙太奇、转场等手法是视频剪辑中常用的技术,这里不展开说明。

特殊的摄像机与上文中提到的照相机大致相同,还包括无人机、间谍相机等设备。无人机用来从空中拍摄俯瞰的全景以及一些非常高的建筑风景等,常用于宣传片的拍摄。无人机一般由电机、旋翼、摄像机、控制模块、通信模块、GPS和一些传感器构成。电机用来给旋翼提供动力,根据旋翼的数量不同,无人机分为四旋翼无人机、六旋翼无人机和八旋翼无人机,飞行时通过旋翼的旋转方向和速度控制无人机的起降、方向、速度等,旋翼越多的无人机的稳定性越高。无人机拍摄中最重要的是防抖技术,它是通过软件和硬件双重实现的,这属于无人机设计中最核心的技术。摄像机拍摄到的画面通过通信模块实时传送到手机等地面监控器上,监视拍摄到的画面。同时无人机通过 GPS、基于地面标记的视觉定位和超声波传感器测距进行高精度的定位,实现精准的飞行、悬停和返航。目前无人机的缺点是续航能力短、携带不方便。解决这些问题后,无人机将得到更广泛的普及(见图 4-4)。

图 4-4　大疆 Phantom 4 Pro

在动物纪录片的拍摄时,常用到动物间谍相机。动物间谍相机是把摄像头装到一个伪造的外壳里进行隐形拍摄的设备,这些外壳通常是动物本身(企鹅、猴子)、石头、树、动物的粪便、食物(如虫子)等。伪装成动物的摄像机甚至会转动头部、手部,不过它们不会说话。这些打入动物内部或者生活环境的“间谍”们,常常以最近距离的视角记录动物生动的生活画面。《企鹅群里有特务》就是 BBC 安插在企鹅中的动物间谍相机配合拍摄的纪录片(见图 4-5)。

图 4-5　《企鹅群里有特务》中“特务”的头被碰掉,引发了其他企鹅和鸟类的不解

另外,在视频拍摄中,为了迅速展示一段时间内景观随时间流动的变化,常用到延时摄影。延时摄影就是每隔几分钟拍下一张照片,可以保持固定机位或者轻微地按照一定轨迹移动机位,最终将不同时间拍摄的照片在视频编辑软件中编辑,每张图片为一帧。这样就形成了我们常在电视片头、电影表现时间变化和纪录片中看到的迅速日升日落、云起云涌、车水马龙等景象。

五、文化资源收集的集成设备研发

　　针对文化资源收集问题，我们对杭州市上城区的几个街道进行了调研，发现上城区文化资源丰富，居民自发组织各种艺术团体，如地书协会、民族舞协会等。同时还保存了许多历史遗迹和风俗习惯，一些老年人是历史的见证者和风俗的保留者。对于上城区的文化资源信息收集，有口述历史、录入照片、录入文字等。但居民由于年纪偏大，无法很好地使用电子设备进行录入、打字等。因此我们开发了一套集成扫描、视频录制、录音功能的设备。设备可以配合软件进行语音转文字、图片文字识别等，完成居民的文化资源录入，并根据居民上传的文化资源类型和关键字自动归类，以便工作人员上传到系统（见图4-6）。在外观设计方面，该设备配合以简单的西湖文化元素。

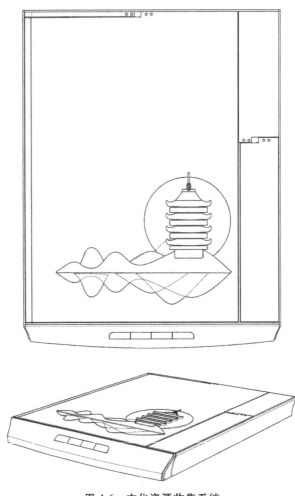

图4-6　文化资源收集系统

第五章　公共文化服务资源O2O
互动传播应用系统研发

第一节　O2O与公共文化服务

一、O2O模式及其发展概述

公共文化产品作为文化产品的一种,具有公共性、广泛性和公益性等特征,不同于普通的公共产品和服务,公共文化产品能够使广大群众得到物质层面和精神层面的双重享受,并且有利于整合社会秩序,有利于促进社会的全面发展,尤其是对于社会的精神文明建设和社会主义先进文化建设。因此,如何将公共文化传播到广大人民群众中去、如何使文化落地,成为社会实现发展与繁荣所不能回避的课题。

科技的进步引发了文化产业革命。信息时代中的文化与科技相互交融,文化科技创新成为发展文化产业的必然选择。科技化的文化传播产品亦成为信息科技作用下重要的文化消费品。公共文化服务资源O2O互动传播系统的建设以及产品开发是当今信息时代中文化与科技相互交融的结晶,主要目的是服务公共文化资源的传播,利用信息技术完美统一语言、文字、图像三大文化信息的载体要素,从而打破时间与空间的局限,降低消费门槛,为居民提供良好的公共文化接收以及反馈的途径。该系统一方面不断将最新的、形式多样的公共文化产品第一时间传播到群众生活中,另一方面也不断推动公共文化传播的技术革新和产品生产,从而成为提高公共文化服务质量的有效手段。

O2O(Online to Offline)这一概念始于2010年8月美国一家支付公司Triabay的创始人Alex Ram bell在TechCrunch上的一篇文章,O2O模式被定义为"线上—线下"商务模式,核心是在网上寻找消费者,然后将他们带到现实的商店中。[①] 它是支付模式和线下门客流量的一种结合,利用互联网技术,将线上虚拟商业与线下实体商店进行有机整合与互动,目的是把线上的消费者带到现实中去,拓宽营销渠道,促使线上流量变现。

该消费模式打破传统消费方式,实现线上线下同步进行。线上平台为消费者提供消费指南、用户信息和便利服务,分享平台帮助选择心仪的商品或服务,消费者在选定后进行在线支付,线下实体商店提供相应的商品或服务。以阿里巴巴为例,阿里巴巴在贵州打造了O2O消费新模式,与贵阳西南国际商贸城联手,打破常规,做到一铺两店。商家和阿里合

---

① 闫聪.O2O模式的发展历程研究[J].中外企业家,2016(02):3.

作,分工明确,商家通过 1688 网站进行批发零售,省去了原先货源采购和物流配送的烦恼;然后阿里利用口碑、美团等本地生活平台整合线下品牌资源,为商户提供多项功能服务;再利用其支付工具支付宝直接为消费者提供便利的线上支付渠道;商贸市场则只需要做好线下服务和商品销售。通过线上线下互通,这种模式做到了入驻品牌商家在触网上线的同时也作为线下实体体验店运营。

在金融产业链方面,也存在这样一种线上线下服务的形式。首先资金供给方即用户提供资金,互联网消费金融服务商接受用户的消费金融服务需求。电商消费金融平台审核发放贷款,以满足消费者的金融需求,然后消费者则有能力在第三方消费平台或线下消费场所进行商品或服务的消费。还有一种形式就是分期购物的互联网消费金融服务模式。利用分期购物平台,消费者在提供了一定的资金后,向分期购物平台提出申请。申请通过后,分期购物平台为消费者进行支付,从而达到消费者提前消费的预期。

以此来看,这种线上线下营销大体分为三个环节。第一个环节为流量入口即引流。线上平台作为消费者进行线下消费的入口,可以吸引大量消费者,扩大客户源。常见的引流入口大致分为三类,一是消费点评类如美团、百度糯米等;二是电子地图类,如高德地图等;三是社交类,如微信、QQ 等。第二个环节就是信息转换。线上平台把线下商铺的商品信息、店铺信息转化为网络版本,用网络特有的形式进行宣传,如发布详细信息、店铺优惠等,便于消费者选择,从而作出相应的消费决策,最后通过线上支付工具如支付宝、微信钱包等进行支付,完成线上消费流程。第三个环节是线下服务。消费者利用线上获得的信息到实体店直接享受服务或获得商品,完成整个的消费流程。

在政治方面,也有这样类似的模式存在,形成了新型的网络。网络政治依托于互联网和微博等社交新媒体,在线上完成信息的转换。网络政治保障了公民的知情权、参与权、表达权和监督权,促进了政务透明和信息的及时公开,以推动政府部门公信力的提高。

二、O2O 与公共文化服务

围绕公共文化服务的"公共性",目前学术界对公共文化服务体系的内涵还存在一定的争论。既有讨论中有两种代表性的界定:一种是从经济学角度出发,把公共文化服务区别于以一般市场方式提供的文化商品(产品及服务)的文化类公共产品及其相关活动,如周晓丽、毛寿龙把公共文化服务界定为基于社会效益、不以营利为目的、为社会提供非竞争性、非排他性的公共文化产品的资源配置活动。[①] 公共文化服务的供用模式为由社会免费提供,由公共享受。[②] 另一种是从管理学角度出发的定义,即公共文化服务除了公共文化产品或文化服务提供外,还包括文化政策服务和文化市场监管服务,如闫平认为公共文化服务并非简单地直接提供公共文化产品和服务,而是要求政府承担好文化建设与发展的管理职能。[③]这是由学科不同而带来的研究视角不同引发的争论,本章节在关于公共文化服务的定义方

① 周晓丽,毛寿龙.论我国公共文化服务及其模式选择[J].江苏社会科学,2008(1).

② Wanyan D, Wang Z. Why low-income people have difficulty accessing to obtain public cultural services? Evidence from an empirical study on representative small and medium-sized cities[J]. Library Hi Tech,2022,40(5):1244-1266.

③ 闫平.服务型政府的公共性特征与公共文化服务体系建设[J].理论学刊,2008(12).

面倾向于后者,即认同管理学视角的公共文化服务的内涵。

从公共文化服务的外延上来看,李景源、陈威认为公共文化服务体系就是为满足社会的公共文化需求,向公众提供公共文化产品和服务行为及其相关制度与系统的总称,是公共服务体系的有机组成部分。[①] 蒋晓丽、石磊认为,公共文化服务是现代政府公共服务体系的重要组成部分,包括"公民基本文化权利"以及由此产生的"公共文化需求"和满足公共文化需求的"公共文化产品和服务"。[②]

从公共文化服务体系的建设上来看,王学娟认为公共文化服务体系是服务于人民群众,对社会文化资源、公共资源配置的统一管理与调度。[③] 詹力华、刘晓清认为我国的公共文化服务体系还处在一种政府文件推动、地方政府重视不一、经费投入不足和发展不均衡的阶段;整个公共文化服务体系的框架也处于初步设计、边建立边调整边完善的时期。[④] 从公共文化服务供给上来看,由于公共文化服务资源是有限的,公共文化服务的供给也是有限的,而不同地域的公共服务水平不同,因此公共文化服务的供给普遍存在着不充分、不均衡的问题。党的十七大以来,我国正致力于解决公共文化服务供给不充分、不平衡的问题。王世伟认为促进公民基本文化的均等化是实现党的十七大所提出的实现全面小康和建立覆盖全社会的公共文化服务体系中应有之义。[⑤] 站在第二个百年征程新起点,我国的公共文化服务体系建设正朝着宏伟目标扎实前进。[⑥]

公共文化服务资源供给不充分、不均衡问题的解决,有赖于政府通过政策实施有效的宏观调控、资源调度,也有赖于各事业单位、社区组织、社会力量等多方主体的齐心协力。为解决公共文化服务资源存在的众多问题,O2O模式与公共文化服务的有机结合无疑提供了一条值得多方借鉴、努力探索的路径。

O2O模式于公共文化服务领域已有许多应用实例可供参考。例如上海市的公共文化服务数字平台"城市公共文化云",以智能手机、电脑、数字电视为渠道,整合了"上海文化云"APP、"市民数字阅读"APP、微信和支付宝平台"微阅读"频道、智能穿戴设备、航拍无人机等平台和设备,使市民可以非常方便地获取到公共文化服务;"城市公共文化云"既可以实时发布各种文化资源和活动信息,引导大众积极参与和互动,又能增强政府的公共文化服务效能,使得政府在公共事业方面的投入效益最大化。线上线下模式也作为很多图书馆适应互联网时代的首选策略,延伸到了公共文化服务体系中的图书馆领域。例如浙江省全省公共图书馆于2015年开启"互联网+"的新模式,具体体现为互联网与借阅流程、数字阅读、知识服务、终身教育相结合,把图书馆的资源和服务"上线"。[⑦] O2O模式与公共文化、公共文化

① 李景源,陈威等.中国公共文化服务发展报告[M].北京:社会科学文献出版社,2007.
② 蒋晓丽,石磊.公益与市场:公共文化建设的路径选择[J].广州大学学报(社会科学版),2006(08):65-69.
③ 王学娟.现代公共文化服务体系下群众文化建设分析[J].文化产业,2022(36):147-149.
④ 詹利华,刘晓清.区域数字图书馆与公共电子阅览室建设研究.载:张彦博.公共文化服务的创新与跨越——全国文化信息资源共享工程建设研究论文集[M].北京:国家图书馆出版社,2010.
⑤ 王世伟.文化共享工程与基本公共文化服务均等化论略.载:张彦博.公共文化服务的创新与跨越——全国文化信息资源共享工程建设研究论文集[M].北京:国家图书馆出版社,2010.
⑥ 李国新,李斯.现代公共文化服务体系实现跨越式发展[J].中国报道,2022(10):36-39.
⑦ 田金萍.互联网线上线下融合模式(O2O)的公共文化服务研究[J].兰台世界,2016(24):81-84.

服务已经在眼下遇到了相互融合的风口,未来我国还会有更多相关的、开创性的新进展。

公共文化资源传播服务体系是公共服务体系的重要组成部分,是以政府部门为主导,以公共文化服务机构为载体,保障公民基本文化权利、满足公民基本文化需求的公共文化产品生产与服务的体系。在全球大力发展新媒体的背景下,公共文化资源的整合与数字化传播成为公共文化资源传播服务的重点。田进萍认为,公共文化服务的线上线下融合模式主要是指公共文化服务机构运用互联网,将文化产品、文化活动等内容信息在网上进行宣传、预约、推广和交互。对文化机构而言,线上线下融合模式能够让机构获得更多的宣传和展示机会,吸引更多用户关注机构的服务,并且引导用户使用机构的传统服务(如图书馆的馆内服务)。从技术的角度来说,线上线下融合模式可以让文化服务机构的推广效果可查、可量化、可评估,节约服务成本;让交互记录可跟踪,使机构能够全面且适时地掌握用户数据,便于用户社群的维护,实现对固有用户的维系和对新用户的吸引,继而通过与用户的线上沟通,更好地了解用户心理和需求。线上线下融合的公共文化服务主要包括以下几个要素:(1)文化产品要实现线上线下融合;(2)文化产品营销要实现线上线下融合;(3)受众接收要实现线上线下融合;(4)受众评价要实现线上线下融合。①

本书认为,公共文化服务资源线上线下互动传播系统就是在新媒体环境下,能够进行有效的公共文化传播与交流的整体策略,即公共文化资源的数字全媒体服务模式。在这种模式中,用户可以获取更为丰富和全面的文化活动及其服务信息,便捷地向文化机构进行在线咨询并进行活动预约乃至个性化定制。

公共文化服务资源线上线下互动传播系统对内可以提升全民文化素质,不断提高各地区之间人民群众享有的基本公共文化服务的均等化水平,建构和谐社会;对外可以加强文化影响,提升区域软实力。

第二节　公共文化资源O2O互动传播服务体系

一、公共文化资源的全媒体传播平台

对于普通居民来说,日常生活中的传统公共媒体包括报纸、书籍、杂志、广播电台、电视及其他形态的传统公共媒体。随着数字全媒体的发展,居民获取公共文化资源的渠道已大大拓宽,除了上述传统公共媒体之外,普通居民还可以通过智能手机、平板电脑及其他数字智能终端来获取各种各样的公共文化资源。基于数字技术发展而产生和兴起的各种多媒体传播平台,包括数字广播、数字电视、数字音像、数字电影、数字出版、数字报纸、数字杂志、数字图书馆和数字博物馆等,使得数字化的公共文化资源在人们的生活中触手可及。全媒体出现在网络媒体之后,是一种化合型媒体——各种媒体形式彼此融合成一种全新的实体,统一生产,统一管理。全媒体呈现出一种将各种媒体形式各自的媒体特征、应用面相互交叉融合的发展趋势,包括将各种传统文化传媒形式在多网融合、各类新型智能设备(如手机、平板、高清电视等)上的互联互通。值得注意的是,面对传播内容,全媒体的媒介形式单一,只

①　田金萍.互联网线上线下融合模式(O2O)的公共文化服务研究[J].兰台世界,2016(24):81-84.

有载体不同,人们可能通过手机,可能通过电脑,也可能通过电视。这些媒介同时具备直播、评论、互动的功能而被统称为全媒体。

二、基于全媒体的公共文化资源的数字化传播服务模式

公共文化资源传播服务是随着政府职能转变和建设服务型政府提出的。公共文化资源传播服务是政府提供的公共服务职能的重要组成部分。我们可以将公共文化资源传播服务体系分为三大体系:一是公共文化资源基本设施建设体系,包括图书馆、博物馆、文化站、美术馆、艺术馆、影剧院等公共文化机构,也包括网络、设备、现代服务手段;二是公共文化资源传播保障体系,包括政策法规、人才队伍建设、领导管理、经费保障等方面;三是公共文化活动体系,由公共文化需求、活动内容、形式、服务项目等组成。

公共文化资源的数字化传播服务实际上是公共文化资源传播服务与数字文化的结合体。可以说,公共文化资源数字化传播服务是以政府提供财政支持为主,用数字化的资源、智能化的技术、网络化的传播为载体,以满足公民基本文化需求为目的的非营利性以及非排他性的文化服务。公共数字文化服务包括广播电视、电影、手机、数字图书馆、数字博物馆、数字图书馆推广工程、文化信息资源共享工程等形式。

从服务提供主体的角度出发,公共文化资源的数字全媒体服务模式分为三类:政府主导下的公共文化资源数字全媒体服务模式、企事业单位构建的公共文化资源数字全媒体服务模式、民间自主形成的公共文化资源数字全媒体服务模式。其中又以政府为主导的公共文化资源数字全媒体服务模式为最主要形态,后两者则主要作为前者的辅助和补充。

（一）政府主导下的公共文化资源数字全媒体服务模式

为社会提供公共文化产品是政府公共服务的重要组成部分,也是政府应承担的责任。而在数字新媒体日益发展的今天,为社会提供完善的基于数字全媒体的公共文化资源传播服务成为当今政府公共文化服务职责的重要部分。

政府主导下的公共文化资源数字全媒体服务模式包括数字图书馆、数字博物馆、数字展览馆、政府主办的其他文化网站等;这一模式可以从中国文化信息资源共享工程的例子中得以窥见。

1. 文化信息资源共享工程

2001年6月,文化部联合财政部策划了中国文化信息资源共享工程。这项工程是中国公共文化服务建设工程和重点文化惠民工程,由文化部和财政部共同组织。该工程利用现代信息技术,以图书馆和文化馆等公共设施为依托,通过互联网、广播电视网、无线通信网等载体,在全国范围内实现文化资源的共享。中国文化信息资源共享工程在为居民提供公共文化资源的数字全媒体传播服务方面,主要采用以下模式:

（1）服务网络扩展:依靠图书馆和文化站等公共文化设施,建立层次分明、互联互通、多种方式共用的信息传输网络;充分利用县级中心和乡镇、社区文化共享工程基层服务点,开展公共电子阅览室服务,开辟绿色上网空间,开拓全新的公共文化资源数字全媒体传播渠道和服务网络;同时紧密结合国家三网融合发展战略,加强与信息技术和广播电视等部门的合作,结合各地实际,通过有线电视、直播卫星、通信网、互联网等多种方式进入居民家庭,建设从城市到农村全覆盖的服务网络格局。

（2）数字资源与平台建设:通过整合图书馆、博物馆、美术馆及广电、教育、科技等优秀数

字公共文化资源,形成大量具有地方特色的资源多媒体数据库,构建数字图书馆、数字博物馆、数字美术馆等一系列公共文化资源的数字化全媒体服务平台;构建优秀公共文化数字资源库群,吸纳公益性健康网络游戏进入公共电子阅览室;整合制作适合公共电子阅览室和用户使用的专题资源,如整合制作适用于农村实用人才和进城务工人员培训的专题资源。

(3)技术手段创新:基于现代信息技术和国家网络通信平台,利用互联网、电子政务等多种传输渠道,形成覆盖城乡、连接各级站点、便捷有效的信息和资源传输网络;各地因地制宜,通过自建和合作的方式,形成 IPTV、数字电视、VPN、3G 等多种业务需求相适应的技术服务模式,并积极探索"三网融合""云计算""虚拟现实"等新兴技术手段,提升基层文化单位的信息化水平和数字资源服务能力。

2.数字图书馆推广工程

政府主导构建的公共文化资源数字全媒体服务模式还可以从"数字图书馆推广工程"中体现。2011年,文化部和财政部共同推出"数字图书馆推广工程",这是继"文化共享工程""公共电子阅览室建设计划"之后,在"十二五"期间启动实施的又一重大文化惠民工程。数字图书馆推广工程以国家数字图书馆工程建设和我国各级公共图书馆的数字图书馆为基础。目前数字图书馆建立了自己的官方网站,①以下信息主要来自该网站对数字图书馆的各种介绍和说明。

数字图书馆推广工程的建设目标是建设分布式公共文化资源库群,搭建以各级数字图书馆为节点的数字图书馆虚拟网,建设优秀中华文化集中展示平台、开放式信息服务平台和国际文化交流平台,打造基于新媒体的公共文化服务新业态,最终实现数字图书馆的服务惠及全民,切实保障公共文化服务的公益性、基本性、均等性、便利性,最大限度地发挥数字图书馆在文化建设中引导社会、教育人民和推动发展的功能。

其建设内容主要包括以下几点:(1)构建覆盖全国公共图书馆的数字图书馆虚拟网。构建以国家图书馆为核心,以各级数字图书馆为主要节点,覆盖全国公共图书馆的数字图书馆虚拟网,支持全国各地区数字图书馆间互联互通、共建共享。(2)建设海量分布式数字资源库群。其中以国家数字图书馆为主,包括了资源建设中心、资源服务中心和资源保存中心。(3)建设多层次、多样化、专业化、个性化的数字图书馆服务平台和数字图书馆推广工程。在构建海量分布式资源库群的基础上,对数字资源进行有效的组织、整合、知识挖掘,实现元数据集中统一检索。依托互联网、移动通信网、广电网,建立满足不同需求的数字图书馆读物平台。通过新技术应用,提供基于移动通信网的移动数字图书馆服务和基于广播电视网的数字电视服务。(4)建设图书馆业务工作平台。(5)建设数字图书馆标准规范体系。

数字图书馆推广工程的具体任务包括软硬件平台搭建、资源建设、新媒体服务构建及人员培训等内容,该工程的总体框架如图5-1所示。

数字图书馆推广工程为居民提供的新媒体服务具体包括移动数字图书馆、电视图书馆、少儿数字图书馆、残疾人数字图书馆、盲人数字图书馆和中国政府公开信息整合平台。②(1)移动数字图书馆包括手机门户、短信和彩信服务、采用电子纸技术和电子水墨技术的手持阅读器,以及在苹果和安卓应用商店推出的一系列精彩、体验良好的应用程序,在不同渠

① 数字图书馆推广工程[EB/OL],http://www.ndlib.cn/,2012-05-21.
② 李东来,宛玲,金武钢.公共图书馆信息技术应用[M].北京:北京师范大学出版社,2013.

道建立专业化、个性化的服务平台。(2)电子图书馆包括数字电视和IPTV。少儿图书馆综合考虑不同年龄段孩子的发展特点,设置了书刊查询、小读者指南、书刊阅读、展览讲座、校外课堂、才艺展示等多个板块。(3)残疾人数字图书馆和盲人数字图书馆是国家图书馆分别与中国残疾人联合会、中国残联信息中心和中国盲文出版社合作建设的,提供信息无障碍服务。(4)中国政府公开信息整合服务平台是数字图书馆推广工程第一批向全国推广复用的软件平台之一,该平台的建成可为社会公众更加方便、快捷地发现与获取政府信息资源及相关服务提供一站式解决方案,促进全国公共图书馆政府信息服务工作的交流合作与资源共享,提高公共图书馆政府信息服务的效益。

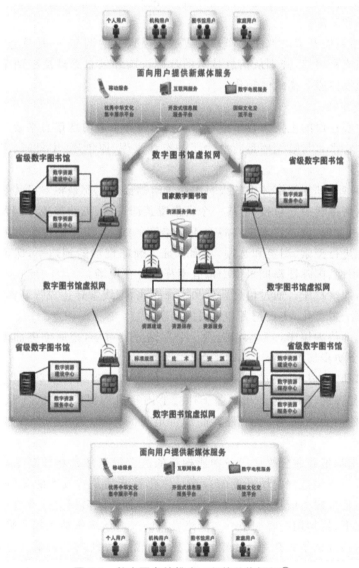

图 5-1　数字图书馆推广工程的总体框架①

① 贵州数字图书馆.数字图书馆推广工程的总体框架[EB/OL]. http://www.gzlib.org/areas/gz/tuiguang/index.html,2017-12-16.

（二）企事业单位构建的公共文化资源数字全媒体服务模式

企事业单位构建的公共文化服务资源O2O互动传播模式包括全媒体数字出版平台、企事业单位构建的文化传播网站等。以南都报系的全媒体运作模式探索为例，可以更深入地理解企事业单位构建的公共文化资源数字全媒体服务模式。

全媒体服务模式并不仅仅是一种理念，也不仅仅是一种外在形式，而是一种内在系统化的运作模式。在这种模式之下，信息的采集必须是集约化的，任务的分配也必须是明确的，而最终信息的生产与分配也需要通过整体系统化的协调。这也就需要一个全媒体采编中心的运作模式，将所有的新闻信息进行处理分析，分配给全媒体记者进行采集，再通过数据库完成信息的共享和分配。

就此，南都报系展开了两方面工作来完成运作模式上的调整：一是信息集成中心研发；二是全媒体组织流程再造，分别从信息技术的基础设施和信息管理流程两个角度来完成单一媒体模式向全媒体服务模式的转化。

1. 信息集成中心

信息集成中心建设的主要内容集中在对于整个媒介企业内部信息平台和数据库的建设方面。南都报系将平台与数据库运行分为了动态线索库、原创库、中央库、应用库四个组成部分。

（1）动态线索库，即传统媒体中的报料平台。南都报系主要是将自己传统媒体的读者报料呼叫中心与网络报料中心对接，形成一个密集覆盖珠三角、机动覆盖全国及世界的新闻线索平台，通过统一管理、统一呈现来自各个不同渠道的线索，使得记者编辑可以在平台客户端中清醒简便地进行搜索、浏览和选用，从而保证了新闻现场的到达率，保证在所有地区的重大地方性、全国性、国际性新闻事件中都有南都记者在现场。

（2）原创库，即素材库。通过信息采集和媒介剥离，把线索转化成为新闻素材，把素材信息条理化、结构化、智能化，实现记者和编辑的共享。

（3）中央库，即待编稿库。为原创提供一个存储分类市场，把原创更加模块化、结构化、精细化，这是一个初步加工内容产品的平台。

（4）应用库，即"集成＋发布"平台。编辑按照用户需求和结合信息接收终端两项指标，对南都新闻、服务咨询、广告咨询和来源于社会上内容机构提供的内容产品进行分类和加工，形成多元化的信息产品组合，信息产品的价值得到体现，这是一个深加工信息产品的平台。

总结而言，南都报系在全媒体服务中所构建的这套信息平台和数据库与之前国内大多数媒体在数字化信息化进程中所开发的采编一体化系统还是有较大的类似之处，或者基本上可以认为是在传统媒体信息化采编系统基础上的一种功能再提升。在维持中间部分采编基本不变的情况下，将初期的呼叫中心与网络报料的报料系统也纳入到了采编系统之中，同时将信息的发布系统也集成在系统之中，从而完成了单一系统的功能最大化，简化操作的同时也极大地提升了办公效率和工作精度。这套系统与网络新媒体所运用的抓取推送的系统有所不同的是以服务采编为中心，更加注重便捷的内容生产与开发，寄期望于通过最大化的集成和占有素材资源完成不同类型信息产品的多样化开发。

2.组织流程再造

在平台与数据库建设的基础上,南都报系提出了自己组织流程上的转变思路,就是从原本的"垂直型线性流程组织"转变为以"信息集成中心"为核心的"交互型流程组织"。

所谓交互型流程组织,就是以信息集成中心为核心,并相应设置"全媒体信息集成委员会""全媒体首席信息集成官"一系列关键组织,跳出以南方都市报报纸为中心的现有采编生产和经营流程,报纸、期刊、网站、广播、电视、手机、手持阅读器终端等以信息集成中心为核心的同时,相关媒体之间结成互动型的"信息联合体",从而建立起围绕着信息制作的"同轴电缆式"的共享组织模式以媒资为基础,以生产、营销结合为目标的全流程模式。

南都报系所要打造的新型组织流程是一个信息资源高度共享的组织架构模式。在这个组织模式的统率之下,媒介信息不仅只在某一个部门中流动,而是在整个媒介组织内部形成一种资源共享互动的体系,每个员工、每个部门从中心资源库中分享资源的同时,将其自身的加工和创作再一次丰富到中心资源库中,从而形成不同组织、不同个人间的一种共享与互动。当然,其中还需要协调,这就需要在组织架构中加入信息集成官这样的职位,从而保证对于单一信息资源不要进行重复采集、重复加工,从而最大程度地节省人力资源和最大化地利用信息资源。

南都报系将全媒体信息集成中心作为整个组织流程的中心环节,其不仅是所有信息的聚合中心,也是整个媒介组织运作的指挥中心。它必须能够起到将新闻线索与采访团队进行配对的作用,也需要起到采访资源后续加工的分配工作,以及最终媒介内容产品的流向指导工作。高度集成的中心化运作必然导致的是整个媒介系统的扁平化,减少信息流通的中间环节的同时,也减少了媒介企业管理中的中间环节,使权力的执行更为高效,进而也充分发挥了媒介人才和小型团队的执行效用。因此,组织流程上的再造不仅帮助南都报系在组织架构上更加适应全媒体服务模式发展的需要,也使传统媒介摆脱了传统文化企业多层化管理的困境,使其更接近现代企业的经营模式,更能适应新时期下媒介竞争的考验。

（三）民间自主形成的公共文化服务资源O2O互动传播模式

民间自主形成的公共文化服务资源O2O互动传播模式包括民间的数字文化教育网站、互动文化社区、个人博客等。

民间自主提供的公共文化服务资源O2O互动传播具有普遍的公益性和开放性,例如"中古弟子规网"(www.diziguiwang.com)是公益性的网站,其宗旨是弘扬优秀传统文化,这类公益性的网站一般都是开放的,任何人都可以进入网站,享用网站提供的文化服务。但是互动文化社区、个人博客等形式的公共文化服务资源O2O互动传播模式,比起公益性的数字文化教育网站而言,可能具备更高的门槛,因为部分平台是具有相同地域或是相同群体的属性的人才能登陆并享有文化资源服务。

民间自主形成的数字文化教育网站往往比上文提到的两种模式中的现实案例更需要自力更生。不论是微博、微信还是互联网网页,媒体平台的运营都需要一定的资金来维持。因此,以民间力量为建构主体的公共文化资源互动传播模式时常与商业公司或机构相关联,以一种线上无偿提供公共文化服务、线下提供相关培训或文化产品的模式来运作,进而保证自身的正常运转。

第三节　公共文化资源互动传播服务数字全媒体应用

一、中国互联网服务的发展现状

从蹒跚起步到阔步前行,经过 20 年的发展,互联网已经成为中国社会运行的基本要素和基础支撑,如毛细血管般渗透到国家社会生活的各个领域,以前所未有的深度和广度深刻改变着经济发展格局和信息传播格局,成为推动经济发展的重要助力。

我国互联网发展经过了三个阶段:第一阶段是 1994—2002 年的 Web1.0 门户网站时代,中国互联网从无到有,门户网站是这一时期的主要代表。中国互联网第一次浪潮到来,免费邮箱、新闻资讯、即时通讯一时间成为最热门的应用。2000 年,新浪、网易、搜狐三大门户网站先后登陆纳斯达克。第二阶段是 2002—2009 年的 Web2.0 搜索社交时代。从 2003 年起,中国互联网逐渐找到了适合中国国情的盈利发展模式,互联网应用呈现多元化局面,电子商务、网络游戏、视频网站、社交娱乐等全面开花。伴随着中国互联网新一轮的高速增长,中国网民数量也不断攀升,2008 年 6 月达到 2.53 亿,首次大幅度超过美国,跃居世界首位。第三阶段是 2009 年至今的 Web3.0 移动互联时代。2009 年,以移动互联网的兴起为主要标志,中国互联网步入一个新的发展时期。2012 年,移动互联网用户首次超过 PC 用户,中国网络购物规模直逼美国,成为全球互联网第二大市场。与此同时,互联网企业变得更加理性开放,传统企业也在与互联网企业的交锋中逐步走向融合共生。

在中国互联网第三次浪潮中,我国互联网络持续走向成熟和深度发展,出现了区域化发展趋势,一些基于移动互联服务的区域互联网企业发展迅速。与国内大型网站和垂直网站动辄对北、上、广等大城市关注不同,区域互联网企业只服务所在城市、县市、城镇本地百姓,影响力也仅覆盖本地,但却是当地百姓不可或缺的区域生活方式。这些区域互联网企业目前是大型互联网企业在三、四线城市的互补者,他们不仅有良好的生态,也有可观的市场容量。许多大型门户网站和 BAT 等大型互联网企业已经意识到区域化、本地化的巨大商机,他们深入到三、四线城市甚至五线城镇,开始关注除了大型城市以外的庞大的市场空间。

对于公共文化服务的优化而言,区域互联网的趋势同样意味着良好的机遇,但就目前运营情况来看,首先是源于我国区域经济发展不平衡的现状,新兴的区域互联网企业发展也较为不平衡;其次政府或媒体主办的区域网站,仍有多数尚未盈利,或者没有取得显著的效果。总之,区域互联网趋势下的公共文化资源互动传播服务面临的挑战与机遇是并存的。

二、公共文化资源全媒体发布互动系统

以社区居民为例,公共文化资源全媒体发布互动系统依托包括公共文化信息平台、网上数字文化馆、掌上数字文化馆、实体数字文化馆等平台在内的公共文化资源库,通过对公共文化传播内容的开发,将公共文化资源内容通过由网站、APP、社交媒体及各种智能终端构成的新媒体发布系统传播到社区居民中,并通过预先安装好的社区居民反馈系统将使用数据与反馈意见返回到内容开发方及资源库管理系统中。该系统的运作流程如图 5-2 所示。

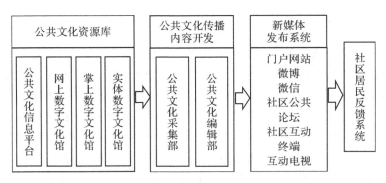

图 5-2　全媒体发布系统框架图

三、面向居民的基层公共文化资源数字全媒体传播服务网络

针对居民的基层公共文化资源传播需求，需要建立基层公共文化资源全媒体传播服务网络系统，为居民的基层公共文化获得及交流提供公益性的网络平台。该传播服务网络主要由三个服务体系构建而成：

（一）养生相关的体育娱乐技能服务体系

养生已经越来越得到人们的重视，同时养生也是经济发展到一定条件下，人们对于自身健康关注的表现。养生文化是中国传统道家文化传统的一个重要组成部分，强调充分利用社区食堂、休憩广场、公园等公共设施，通过对养生文化的重新挖掘和养生意识的重建，建立基层公共文化资源数字全媒体传播服务网络，将健康保健方法普及到百姓的日常生活中，将养生意识通过数字全媒体的形式系统地引入百姓生活，通过养生习惯的普及缓减医疗养老的政府公共服务压力。

（二）养性为主的艺术技能及文化素养服务体系

在传统的社区里，本来就存在着喜欢书画等传统艺术的人群。传统艺术的熏陶有利于建立文化的传承脉络，社区的功能不仅在于服务日常生活，更应该慢慢转化为文化生活的承载主体。通过对基层公共文化资源数字全媒体传播服务的网络构建与硬件配置，社区可以建立起面向居民的艺术技能及文化素养服务体系。

如由世界养生文化协会打造的"中国养生文化网"。该网站旨在传播中华养生文化和促进人类全面健康，还与多家销售养生产品的企业建立战略合作单位的关系，一边提供公共文化服务，一边构造线上线下的对接，促使流量变现。

（三）科技与安全相关的普及体系

通过发布科技与公共安全方面的公共文化数字资源，将法律、安全和科技的内容植入到动画数字化全媒体资源中。针对受众的信息接收特点，依托建立在社区中的数字全媒体传播服务网络体系，将信息以平面图像、新媒体等视觉化的形式加以推广，在小区的楼道、报刊亭等区域经常性推送相关内容，增强居民的安全意识，提高全民科技水平。

四、面向社区的数字博物馆

博物馆作为国家与地方重要的文化承载平台,对各级各类教育、人文社科研究,以及文化产业而言都是重要的支撑机构。国外大多数博物馆都是非政府投入,依靠国家的捐助免税政策募集资金,依靠自身办展收取门票,以及其他各类文化资源保障博物馆的可持续发展。数字博物馆作为博物馆的新兴载体,是一种公益性的公共文化传播服务形式,具备信息量大而丰富、可超越时空办展、传播速度快、影响面大的特点,进而成为博物馆另一种表现形式。例如中国大学博物馆从网站创办起在不到一年的时间里访问量已经达到 70 多万次,访问区域涵盖中国国内各个省份,而且有很多来自日本,美国等国家的访客,成为中华文化传播的重要渠道。同样,数字博物馆的未来发展也还是需要引入更多的资金保障,进而如何建立有效的产业化模式,吸纳更多资金投入,成为数字博物馆在发展中必须面对的重要课题。国外的很多数字博物馆尝试进行产业化开发,例如美国自然历史博物馆(American Museum of Natural History)建立了以特色商品为主的在线交易平台 AMNHShop(http://www.amnhshop.com/);大英博物馆也建设了专门的线上购物平台(https://www.britishmuse-umshoponline.org/)。见图 5-3、5-4。

图 5-3　美国自然历史博物馆在线交易平台

五、面向个性化收藏的数字文化馆系统

在中国,个性化收藏已形成了一定的格局:企业主、职业收藏者、业余文物收藏爱好者这三部分收藏者队伍从上到下依次构成了整个呈"金字塔"型分布的收藏者群体结构。针对庞大的个性化收藏需求,我们可以借助数字全媒体技术,突破目前仅限于传统的实物陈展和简易的网络陈展的方式,以高清、三维等新型数字全媒体化的方式进行展示,并建立支持新型个性化收藏形式的数字博物馆。这种适用个性化收藏的数字博物馆模式,最大化调动了居民用户的积极性,拓展了博物馆陈展的受众和资源,推动了数字博物馆在社区的应用,达到现代化教学科普目的。

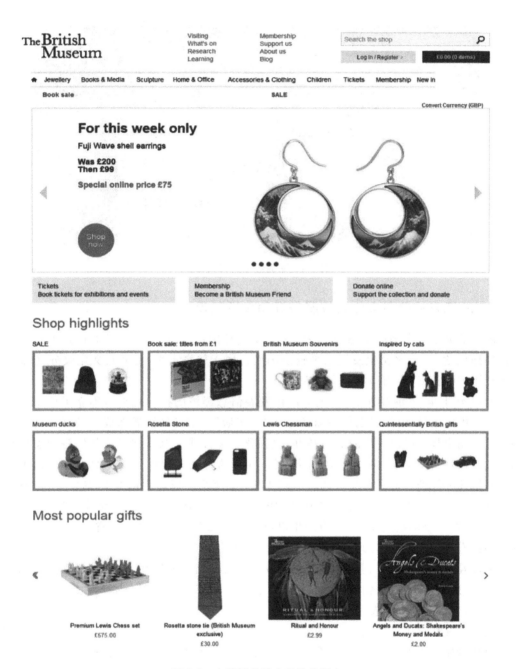

图 5-4　大英博物馆在线购物平台

例如深圳数字文化馆(https://www.szmassart.com/)由深圳文化馆、福田区公共文化体育发展中心、罗湖区文化馆、盐田区文化馆等9家实体文化馆共创,提供与文化艺术品相关的公共文化服务。从图5-5深圳数字文化馆首页的导航栏中可以看到,该馆提供文化相关的数字资讯,承担公共文化服务的功能,负责公共文化理论研究、公共文化品牌活动的组织与宣传,还有文化产品的配送等等。根据该馆的介绍,在不久的将来,访问者在数字文化馆内不仅可以欣赏数字化的艺术品展览,还可以享受到线上线下相连接的文化产品配送服务。

图 5-5　深圳数字文化馆首页

六、浙江省的公共文化科技服务互动传播建设

浙江地处中国东部沿海,交通便利,信息交流范围广,已成为中国互联网产业最为繁荣发达的地区之一,兼之文化发展水平较全国而言属于较高水平,是公共文化服务资源 O2O 互动传播进行探索、应用和发展的理想土壤。

2014 年上半年,浙江省出台《关于加快发展信息经济的指导意见》,确立了信息经济在全省经济中的主导地位,以期打造浙江经济"升级版"。信息经济俨然成为浙江经济发展的亮点。首届世界互联网大会的成功举办,更强化了浙江作为互联网时代新经济形态探路者的地位。2016 年,全国约有 85% 的网络零售、70% 的跨境电子商务及 60% 的企业间电商交易都是依托浙江的电商平台完成的。浙江 IT 产业年均发展速度都在 25% 以上,全省信息消费规模已经达到将近 1500 多亿人民币,居全国前列。全省拥有 24 万多家网站、3300 多万网民,互联网普及率超过 60%,拥有阿里巴巴等国际知名互联网企业。省内每个地级市、区县(市)都有至少一家自己的区域互联网企业,涉及的业态类型丰富。

浙江互联网企业众多、业态完整、网民数量多且网络依赖度高、浙商创新创业的思路开阔、前瞻性好,浙江的区域创新能力也较强。总体上说,浙江的区域互联网生态良好,且竞争较为激烈,其区域互联网发展水平领先全国。

从公共文化设施来看,浙江省的公共文化服务,无论是在公共文化设施总量、人均水平,还是文化设施建设的条件等方面,都位于全国前列,并具有集中建设的特征。但这些文化设施的利用率总体不高,且公共文化产品的供给与服务创新不足——以绍兴市为例表明,绍兴市大众休闲、娱乐型公园、文化广场、艺术馆等场所的利用率较高,而图书馆、博物馆、科技馆等专业性较强的场所利用率不高。[①] 这意味着浙江公共文化产品的供给、公共文化服务的创新等方面都还有待努力。在这一点上,政府展现出了他们的洞察与重视,采取了较多的措施,并取得了一定的成效。

---

① 张晓霞.绍兴市公共文化产品的消费生态与供给绩效[J].绍兴文理学院学报(自然科学),2015(03):69-74.

在"互联网＋"的大趋势下，浙江省的公共文化建设不仅带有创新性等普遍性的互联网特征，也带有区域性互联网特征。

（一）公共文化科技服务能力建设绩效评估技术研究与示范项目

以杭州市上城区为例，目前，上城区政府结合学界和业界力量，大力发展公共文化科技服务互动传播项目建设。在智能判断能力建设方面，上城区利用云计算技术、流程化与数据分析业务导向化技术，基于大数据分析处理后的信息进行系统权衡、智能判断。在预见与辅助决策能力方面，加强实时追踪检测，开发即时反馈、服务提升以及协同决策等方面的功能，提高文化资源配置效率和需求满意度。

公共文化科技服务能力建设及绩效评估技术研究与示范项目着力提高上城区的公共文化在产品开发、服务推送和宣传推广上的力度。在产品开发能力方面，根据上城区居民的需求，有效整合现有的资源，利用AR（增强现实）技术、VR（虚拟现实）技术、OCR识别技术、微型投影技术等手段，尝试制作文化资源收集存储自助服务系统，让上城区居民自助选择自己感兴趣的文化资源；尝试开发一件可穿戴式的交互体验产品，丰富上城区公共文化服务产品的内容和形式，使反馈更加便捷。在服务推送方面，政府部门对反馈结果进行大数据分析，并采用精准定位和个性化推送的方式，让多种公共文化服务资源推送到不同人群手上，一方面在全媒体发布系统上进行服务信息推送和居民反馈信息接收，包括与公共文化相关的视频网站、论坛、邮件、微博、微信公众号、短信平台等多种线上途径；另一方面在实体空间中进行服务信息推送和居民反馈信息接受，包括文化展览、社区广场舞、文化培训、读书会等线下公共文化活动。在宣传推广能力方面，利用全媒体系统进行多途径、多渠道、多方位的宣传推广。

以公共文化服务资源O2O互动传播应用系统为例，作为公共文化创新服务平台，该系统内容包括传统文化类、文学艺术类、体育健身类等10余种多媒体信息专题资源库，硬件部分包括数字阅读与展示大屏互动系统、多媒体信息展示电脑终端、多媒体信息展示LED/PDP终端、多媒体3D/VR系统等百余台互动娱乐设备。在公共文化科技服务能力建设与绩效评估技术研究与示范项目中，项目组已在杭州市上城区的湖滨街道青年路社区、小营街道小营巷社区、南星街道馒头山社区落地示范应用该套系统。

该系统硬件环境包括多媒体交互式互动电子白板系统、多媒体信息展示电脑终端、多媒体信息展示移动终端、多媒体3D/VR系统、多媒体3D/VR系统主机、网络数据服务器、大屏互动数字阅读与展示系统、网络交换机等，软件环境包括素材输入输出平台、多媒体信息资源库传统文化类、多媒体信息资源库文学艺术类、多媒体信息资源库体育健身部分、多媒体信息资源库营养保健类、多媒体信息资源库公共教育类、多媒体信息资源库风景旅游类、多媒体信息资源库新闻资讯类、多媒体信息资源库主题活动类、多媒体信息资源库积分商品类、多媒体信息资源库其他专题类、多媒体信息资源库VR专题类等。

在该套系统进行示范应用的3个月中，共发布社区活动数292个、信息数9655条；社区活动访问量5210次，信息访问量136339次。其中社区人流量以老年人居多，工作日与周末人流量差距不大。在示范应用期间，系统的硬件设备运营良好，通过统计数据可看出，社区居民们对VR设备尤其感兴趣，社区相关工作人员则对屏幕展示端及社区活动室的科技产品普及情况更感兴趣。居民会在平台浏览社区发布的信息及活动信息，但是主体间的互动情况有待优化（见图5-6）。

图 5-6　公共文化服务资源 O2O 互动传播应用系统在杭州市上城区小营街道小营巷社区的示范应用

（二）浙江图书馆"U 书"快借

本节在此以浙江图书馆"U 书"①快借为例，进行具体的案例介绍及分析，以助读者更具体地了解浙江省在公共文化服务资源 O2O 互动传播模式方面的实际应用。

浙江是全国首个在省域范围内开展"你选书、我买单"公共图书服务的省份。浙江图书馆作为省级公共图书馆，负有保存和提供文献信息资源的职责。立足于这一定位，浙江图书馆在全省范围内开展实施的读者开放式线上图书采购项目——"U 书"快借，从一开始就有别于其他图书馆的做法。在借鉴其他图书馆读者决策采购设计与实践的基础上，浙江图书馆将读者开放式线上图书采购由一个城区扩大至全省范围；将实体书店通过互联网技术转移至线上服务平台和移动终端。简化程序，只要读者开通网络，即可实现。

1. 浙江图书馆开展"U 书"快借的实践基础

（1）良好的互联网环境支撑

浙江的网民规模和互联网普及率居全国前列，且互联网经济发达，拥有阿里巴巴、蚂蚁金服等国内互联网经济领头羊企业，公众习惯网店购物、快递送货、网上支付等生活方式。用户的使用习惯使其对"U 书"快借这类网店购物式挑选图书、快递到家的线上荐购模式接受度高，使用推广的障碍小。

（2）稳定的系统平台技术支持对接

其他开展读者决策采购服务的图书馆，一般业务管理系统与网上书店并不直接对接，基本以第三方开发的服务平台作为图书馆的服务平台。浙江图书馆"U 书"快借平台，由图书馆管理系统开发方负责开发并与网上书店对接，根据浙江图书馆的要求进行平台设计，并在后续使用过程中完善相应细节。

---

① 俞月丽，朱晔琛. 开放式图书采购的浙江样板——浙江图书馆"U 书"快借案例分析[J]. 图书馆研究与工作，2017(10)：22-25.

(3)"互联网＋"计划实施消除了读者荐购的"最后一个障碍"

2015年,浙江图书馆与浙江蚂蚁小微金融服务集团有限公司签订战略合作框架协议,在支付宝城市服务开通图书馆服务,实现了支付宝在线办证、读者证在线升级,并利用支付宝芝麻信用体系开通办证免押金等服务。在线办证为"U书"快借消除了读者荐购的"最后一个障碍",使浙江省内任何一位希望享受"U书"快借服务的读者都可以随时办证、随时"采购"。目前超75％的订单是通过支付宝完成的,另有17％的订单通过微信完成,其余由读者在PC端完成。

2.实施要点

浙江图书馆"U书"快借的基本做法是:与网上书店合作,依据浙江图书馆的馆藏发展政策,预先设定可供图书的品种范围、可选复本数,形成可选择的商品池。读者通过浙江图书馆官方网站、微信平台、支付宝服务窗,在商品池中选购(借)新书。通过系统设置,在读者选书过程中实现图书的查重审核。通过审核符合要求的图书,读者即可下单,无需支付任何费用。新书通过物流送至读者手上。具体的实施要点有以下5个方面。

(1)平台架构

如图5-7所示,以"U书"快借平台为核心,搭建移动与PC一体的网上图书外借服务,直接与图书馆业务管理系统对接,实现采书、借书一体化服务,最大限度地保证了新书采购和流通的及时性。

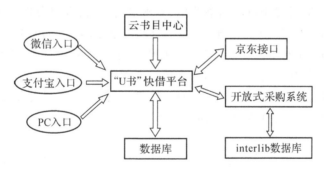

图5-7 "U书"快借平台架构

(2)经费安排

经费是"U书"快借实施的重要因素。考虑到浙江图书馆开放式图书采购项目的范围和规模,目前很少有图书馆直接将网上书店作为采购招标对象,因此浙江图书馆事先与上级财政、本馆财务等部门进行充分沟通。几个部门达成共识:"U书"快借作为图书采购的一种特殊方式,经费的使用计划应与其他文献购置经费一样,按要求进行统一分配。"U书"快借经费作为中文图书采访经费中的一部分,在第一季度被单独招标,正式将网上书店纳入了浙江图书馆的图书供应商范围。

(3)图书范围

图书范围的确定是框定读者可选图书的主要环节。这个环节通过预设文档中的图书范围和复本量达到采购控制的目的,与以往浙江图书馆实施的馆藏发展政策和采访条例的原则、要求相符。图书以适合成人阅读的中文图书为主体,不含少儿类图书、原版港台书和外文书,不包含金额过大的单册图书和成套书。不同内容的图书有不同的复本量设置。

（4）读者群体

"U书"快借是浙江图书馆的线上平台,目前所设置的读者群体范围是浙江省域内民众。这点与以阵地服务为主的实体场馆服务并不相同。读者在平台上提交收件人信息时,会有相应的提示,只能寄送至浙江省内地区。读者只要在浙江省内,不管处于城区还是偏远的农村,都能享受到无差别的服务。

（5）读者权限

"U书"快借的读者权限的与实体场馆的读者权限基本一致。"U书"快借的外借规则与浙江图书馆的现行规则保持一致,外借册数、外借时间、逾期费用等都保持相同。为了扩大参与读者的规模,浙江图书馆对每位读者荐购图书的年度使用金额设定控制总量,每位读者每年不超过 2000 元。

3.创新思路

"U书"快借在业务工作、读者服务及社会效益等诸多方面,有不少创新立意。概括地讲,有以下几个方面。

（1）采编重构业务流程

从业务角度来讲,"U书"快借是对传统采编、典藏业务流程的重构,是对一贯以来的采购、编目、加工、外借、典藏等流程的重新组配。"U书"快借平台先由技术部门将业务管理系统与网上书店实时对接形成第三方平台,并通过多个数据接口形成一个重要的图书池。业务部门通过预设文档,设置相应的图书范围、复本量规定、读者权限规定等一系列原则以及图书流通要求。读者按部就班进行选书、填写收件人地址,待新书快递到手后即完成了一次新书外借。图书的查重与审核在读者选书过程中进行。读者在"U书"平台上所产生的每一条购书信息,在业务管理系统中自动同步生成一条图书记录和读者外借记录。新书在流通过程中,与其他可外借图书一样,仍可以预约、续借、转借等。直到读者归还到馆后,再由采编部门进行编目加工,册送至流通部门或典藏部门。

（2）扩大读者参与权

传统文献资源采购模式是在分析读者需求、书商提供图书信息的情况下购书。这种模式以图书馆馆员为主导,虽然读者荐购图书渠道比以往增多,但读者对图书馆资源建设的参与及贡献非常有限。读者是图书馆存在的前提,图书馆不仅要了解他们想要什么资源,更要把他们拉到馆藏采访的队伍中,提高读者在馆藏建设中的知情权和决策权,将他们作为资源建设的重要参与力量。"U书"快借向读者输出了新书外借服务,确保每本荐购的图书都能至少被借阅 1 次。读者满足了文献需求,图书馆吸纳了读者的专业智慧。读者购入需要的图书完成外借,同时将他们认为的优质资源纳入图书馆的馆藏体系,既为其他读者推荐了优质好书,也优化了图书馆的馆藏资源。

（3）扩大图书馆服务半径

图书馆的服务半径是衡量公共图书馆在物理空间上服务范围的重要指标。实体的图书馆的服务半径受限,而"U书"快借没有图书馆空间限制,以线上形式对读者开展服务。只要读者能上网,电脑、手机都是获取服务的便捷途径,相当于将图书放到网上,读者任意选书,如同网购物品。"U书"快借不仅打破了地域限制,也突破了时间限定。只要读者愿意,任何时间段都可以在"U书"快借平台上选购需要的新书。浙江省内读者,无须到馆,一般 2 到 3 天,新书就能送到手上。

（4）推动图书馆均等化服务

浙江图书馆充分发挥互联网和物流的优势，向全省读者提供线上开放采购、新书借阅。浙江各地的读者都能享受到无差别的新书借阅服务，充分彰显了公共图书馆公益性、基本性、均等性、便利性的服务原则。

（5）推进全民阅读活动

在浙江图书馆开展"U书"快借之前，浙江省内的公共图书馆早已推出"你点书，我买单"活动。浙江图书馆"U书"快借，为全省图书馆的读者开放式图书采购提供了示范引领作用，融合与助力各馆开展的"你点我买"活动，实现全省公众方便利用图书馆服务，形成全省性的推广活动，共同推进浙江省全民阅读。

（6）推动图书馆个性化服务

通过"U书"快借，读者可以直接或间接参与馆藏资源建设，不仅符合图书馆资源建设以读者需求为导向的发展趋势，而且使图书馆个性化、定制化的服务得以具体实现。随着采用PDA形式的图书馆数量的增加，个性化服务将进一步付诸实践。

4.效益显现

（1）服务效益

浙江图书馆"U书"快借于2017年2月28日在浙江图书馆官网上推出，于3月10日在微信、支付宝服务窗上推出。5个月左右的时间，浙江省内已有3000多位读者下单5000多次，完成外借图书12000多册次。平均每月外借图书2500册次左右。浙江省11个地级市读者全覆盖。全省89个县级行政区划中，已有读者覆盖的达78个，覆盖面达88％。"U书"快借对现有馆藏图书的外借、自助办证的带动效果非常明显。2017年3月至6月，馆藏图书的外借量达56万册次，比去年同期增长了近2.8万册次。扣除"U书"快借的外借量，外借图书量平均每月增长4500册次以上。支付宝自助办证自2016年开通后平均每月办证1000张。2017年，在"U书"快借带动下，3～6月平均每月办证2800多张。

（2）社会效益

"U书"快借推出后的3月份，浙江图书馆成为浙江、杭州文化新闻的热点，浙江省内多家媒体进行了不同形式的采访报道。浙江图书馆的"U书"一度占据了电视各个时段、报纸各个版面，来自业界、读者和社会的好评纷至沓来。浙江图书馆在社会公众中的知晓度大幅上升，业界的肯定和响应也随之而来。浙江省内多个公共图书馆、高校图书馆前来了解咨询。浙江省外各图书馆、书店也纷纷以"共享图书""社会合作共建""线上线下联动"等方式做相应的宣传推广，并结合本地的实际情况进行读者决策采购业务的创新与拓展。

麦克卢汉说，媒介即讯息，媒介是人体的延伸。从某种意义上说，每一种新媒体的诞生都是弥补之前媒体的不足。当受众发觉其生活中公共文化资源需求已经无法被传统媒体满足，并且认为数字全媒体能够满足该需求时，他们就会开始采纳并持续使用这一新媒体形式。互联网、手机无线网等作为新媒体不是终结，媒体及媒体形态也将越来越向人性化的方向发展。

在新技术不断革新和数字化洪流不断涌现的今天，我们应更加重视数字全媒体时代的文化资源在传播者与接受者之间的互动关系，利用各种数字技术加强文化传播与交流。在数字技术基础上发展起来的全媒体公共文化传播服务体系，以满足广大人民群众基本的公共文化资源传播需求为目标,以资源数字化、传播网络化、技术智能化、服务广泛化、管理实体化为表现形式,具有公益、普惠、均等、公开、透明、互动等特点,能够适应当今经济、社会、文化的发展需要。可以说,基于全媒体的公共文化资源的数字化传播服务体系的大力发展,对于积极推进新时期公共文化资源的挖掘、共享与优化具有关键的载体作用,对推进中国实施国家数字强国、文化强国战略具有十分重要的实际应用价值。

第六章　可穿戴式交互体验产品研发

第一节　可穿戴产品综述

消费者对可穿戴技术的使用是当代技术革命的一部分。[①] 可穿戴产品即可以穿戴在身体上的智能产品，通常由可穿戴部分及智能芯片、传感器等构成；与传统的设备、智能手机相比，可以将人的肢体解放出来，在进行日常活动、工作的时候同时记录某些数据、辅助完成事宜。常见的可穿戴产品有智能手表、智能手环、虚拟现实头盔、增强现实眼镜等。

2012 年被称为可穿戴设备元年，这一年 Google 推出了探索产品谷歌眼镜，Pebble 推出了智能手表，智能手环 Jawbone 和 Fitbit 也在推出一年后发展迅速。中国厂商紧随可穿戴产品的大潮，出现了销量千万的爆款。2014 年小米公司推出了智能手环，2015 年销量就已达到 1200 万支。

可穿戴产品的飞速发展带动了整个产业链的发展，包括芯片制造、材料研究等，可穿戴产品市场的扩张刺激了芯片价格的降低和材料的研究，芯片制造、材料研究的成熟也推动了可穿戴产品的研发和销售。同时可穿戴设备带来了人机交互的革命，无论是智能手环的抬臂唤醒，智能手表的语音控制，还是智能眼镜的图像识别，都为人与机器带来更复杂多样的交互方式。未来，可穿戴设备将在电子游戏、医疗教育、康复练习、军事训练等领域发挥巨大的作用。

一、可穿戴产品的技术支持

（一）多学科交叉

可穿戴产品的设计开发涉及多学科交叉，需要不同人分工合作；通常需要电气工程的专业人士进行芯片设计，需要工业设计的专业人士进行产品设计、建模打样，需要平面设计的专业人士进行软件交互设计、界面设计，需要计算机科学与技术的专业人士进行软件前端、后台开发，也需要适用数据挖掘和人工智能技术。

为了使可穿戴设备更加符合人的生理、心理特点，需要聘请生物学、医学和心理学的专家加入团队，进行用户研究、构建用户模型并提取其生理、心理特征，辅助产品设计。为了使材料更加舒适，产品的研发也需要材料专业的人才加入，见图 6-1。

---

①　Ferreira J J, Fernandes C I, Rammal H G, et al. Wearable technology and consumer interaction: A systematic review and research agenda[J]. Computers in Human Behavior, 2021, 118: 106710.

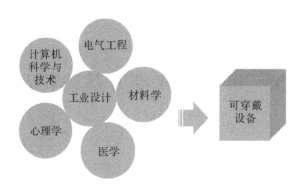

图 6-1　多学科交叉的可穿戴开发

（二）芯片技术

人们对可穿戴产品的需求是质量轻、体积小,穿戴在身上不会带来很大的负担,在处理数据、收集数据的同时尽量减少功耗,减少充电次数。因此主控需要满足体积小、能耗低、整合度高的特点。

为可穿戴式产品设计的芯片应运而生。一些知名的半导体公司成立了针对可穿戴设备的芯片部门,推出能植入可穿戴设备的芯片。2013 年,ARM 推出了可穿戴设备芯片 Cotex M0＋,相比其他嵌入式芯片具有低功耗高性能的特点,带动了低功耗手环的繁荣。2015 年,高通针对可穿戴设备推出了 Snapdragon Wear 芯片,已有 100 多种可穿戴产品使用了这款芯片。倪光南院士创立的国内芯片自主研发公司北京君正也针对可穿戴设备开发了 JZ4775、MTK 的 Aster SoC 等芯片。

可穿戴设备使用的芯片可分为两类,一是针对低功耗简单功能的终端,主要以微控制单元（MCU,Microcontroller Unit）为内核,常需要搭载智能手机使用;二是针对高功耗复杂功能的终端,采用应用处理器（AP,Application Processor）,可单独使用,尤其是占用 CPU 过多的多媒体功能应用程序可以在 AP 上执行。目前,手环多采用 MCU,手表多数采用 AP,少数采用高性能 MCU。

另外,根据可穿戴设备的功能需求,智能芯片上还包括低功耗蓝牙、低功耗 WiFi、GPS、近距离无线通信技术（NFC,Near Field Communication）等模块,可实现可穿戴设备与手机连接、可穿戴设备数据传输、可穿戴设备定位、近距离识别等功能。

（三）传感器技术

传感器是可穿戴设备必不可少的元件之一,它们的作用在于收集不同的数据,记录用户的运动数据、生理数据、环境数据,并提示用户活动或作出相应反馈。

《可穿戴设备:已经到来的智能革命》一书根据传感器的功能将传感器分为运动传感器、生物传感器、环境传感器三类。[①] 运动传感器包括加速度传感器、陀螺仪、低磁传感器、大气压传感器、触控传感器等。生物传感器包括血糖传感器、心电传感器、肌电传感器、体温传感器、脑电波传感器等。环境传感器包括温湿度传感器、气体传感器、PH 传感器、紫外线传感

---

① 程贵峰,李慧芳,赵静,冉伟.可穿戴设备——已经到来的智能革命[M].北京:机械工业出版社,2015:30.

器、环境光传感器、颗粒传感器、气压传感器等。

传感器技术的发展日趋成熟,逐渐显现出小型化、网络化、数字化、多功能化、低功耗、高灵敏和低成本的发展特点。[①] 微机电系统内部可以达到纳米级,外部尺寸通常也只有几毫米,具有体积小、耗电低、价格低、可批量生产等优点,目前被用于可穿戴设备中。传感器分类见表 6-1。

表 6-1　传感器分类

类别	具体传感器
运动传感器	加速度传感器、陀螺仪、低磁传感器、大气压传感器、触控传感器
生物传感器	血糖传感器、心电传感器、肌电传感器、体温传感器、脑电波传感器
环境传感器	温湿度传感器、气体传感器、PH 传感器、紫外线传感器、环境光传感器、颗粒传感器、气压传感器

下面将简单介绍在可穿戴产品中常用的传感器及其功能。

1. 加速度传感器(acceleration transducer)

加速度传感器用来测量设备的加速度大小,由质量块、阻尼器、弹性元件、敏感元件和适调电路等构成。可分为压电式加速度传感器、压阻式加速度传感器、电容式加速度传感器、伺服式加速度传感器,敏感度各有不同。[②]

加速度传感器可以帮助可穿戴设备记录线性加速度,推测出运动方向和轨迹。用到加速度传感器的可穿戴设备包括各类手环、手表,可用于睡眠质量监测和记步,在智能手机中也应用普遍,比如用于记步和手机摆放状态测量。

2. 陀螺仪(gyroscope)

陀螺仪传感器也叫角速度传感器,用来测量设备的方向变化。陀螺仪的原理就是,一个旋转物体的旋转轴所指的方向在不受外力影响时,是不会改变的。陀螺仪可以精准地测定运动物体即时的转动,比如 Jawbone、Fitbit 可以通过陀螺仪区分是在跑步还是骑车,设备防抖、微动作控制、微动游戏等都是基于此。相比于加速度传感器在长时间内的测量数据较准确,陀螺仪在短时间内能得到较为精准的反馈,二者常常通过组合测量来确定运动状态。

3. 心率传感器(heart rate sensor)

心率传感器根据测量原理的不同,可分为光学心率传感器和电信号心率传感器。

光学心率传感器是利用光的反射原理测量心率,传感器通过测量发出光到反射光的折损,判断心脏搏动速率。心脏收缩时血液流速加快,光的吸收量增加,反之减少。由于血液是红色的,对绿光的吸收率最高,因此光学心率传感器常使用绿光。不过,若是用户无规则运动或者出汗,会影响光学心率传感器测量的准确度。

电信号心率传感器是利用人体皮肤各组织的导电性来测量心率,通过安插 2 个或 3 个电极,收集电极电位变化,可以推测出心脏收缩和放松的时间及频率。此种测量方法测出的

---

① 韩留.传感器技术在电气自动化系统智能化中的应用[J].信息记录材料,2022,23(09):105-107.
② 赵双双.微光学集成的高精度 MOEMS 加速度传感器研究[D].杭州:浙江大学,2013.

数据较为准确,但是需要用户的主动测量,在可穿戴设备上使用较少。

（四）柔性材料技术（flexible material technology）

人们对可穿戴设备的预期是它能很好地贴合人体曲线,具有一定的舒适性,柔性材料的出现一定程度上解决了这一问题。柔性材料从用途上可划分为柔性电池材料、柔性传感器、柔性屏幕,它们共同推动了可穿戴设备"穿戴"与"性能"结合的实现。

柔性电池。由于电池形状和大小的限制,可穿戴设备的尺寸设计有限制,柔性电池的出现解决了这一问题。柔性电池通常厚度较薄,单位面积的电池能量密度高,可提升续航能力,同时可拉伸。2016 年,台湾辉能科技推出的超薄可弯曲柔性电池 FLCB,厚度仅有 0.33mm,具有硬度大、耐高温等性能,在可穿戴设备领域具有很好的应用空间。

柔性传感器。可穿戴设备的传感器是收集运动、生理等指标的直接探头,与肌肤的贴合性和舒适性同样重要。柔性传感器可用于多级压力检测、体表温度检测、脉搏检测等。

柔性屏幕。柔性屏幕也叫 OLED（Organic Light-Emitting Diode）屏,功耗低、可弯曲、硬度高,目前已应用于智能手机。2013 年,三星推出了第一款柔性显示屏手机 galaxy round,并持续研发出可折叠伸缩的柔性显示屏。2017 年 9 月,苹果发布会上公布了新一代全面屏智能手机 iphone X,边缘弯曲的柔性屏幕替代了传统的手机外壳,显示范围更大,给交互带来进一步可能。同时柔性屏幕也比传统屏幕硬度更高,不容易摔碎、划破。可穿戴设备对柔性屏幕的需求和应用场景远大于智能手机,已有智能手表厂商使用柔性屏幕。不过,造出低价、高性能、弯曲程度大的柔性屏幕仍需要一些时日。

（五）传输技术（transmission technology）

可穿戴设备的通信可分为两种。一种是可穿戴设备的无线通信,通常是和控制可穿戴设备的设备（手机等）进行数据交换的传输。第二种是可穿戴设备的在较近距离的非接触式识别,主要通过硬件完成,是一些特殊场景下的快捷传输。

无线电能传输技术作为一种新的能量供应方式出现在人们面前,是有望解决穿戴设备能源问题的技术之一。[①]

可穿戴设备的无线传输技术,包括 WiFi 技术、蓝牙技术、GPS 技术等。WiFi 技术使得设备可以连接到无线局域网,设备可以上网,使用需要流量的软件或者与服务器进行数据传输。蓝牙技术在可穿戴设备的应用中常用来连接可穿戴设备与手机,实现数据传输。GPS（Global Positioning System）技术始于美国军方的卫星定位系统,已广泛应用于民用场景的定位,不过由于 GPS 民用开放的定位精度不是很高,一般情况下,手机等移动设备是通过 GPS 技术和基站共同定位。

可穿戴设备的近距离通信,主要包括无线射频识别技术（RFID,Radio Frequency Identification）和近场通信技术（NFC,Near Field Communication）。它们都是运用频谱中无线频率部分的电磁感应耦合方式进行通信,不需要电池,只要识别器发出电磁场并进行电磁感应即可完成通信（部分射频标签也连接电源,主动发出无线电波）。

NFC 技术是在 RFID 技术的基础上发展而来的,它们的区别主要有两个。一是通信距离的不同,RFID 技术的通信范围可以达到 1m,NFC 技术的通信范围只有 10cm 以内。二是

---

① 韩笑迎.穿戴设备电能无线传输距离延伸方法研究［D］.大连:大连理工大学,2022.

造价差异，RFID 的成本低廉，而 NFC 的成本较高。一个 RFID 标签只需 10 美分左右（RFID 刚起步时是用于军事场景，识别己方军事设备，造价较高，后来硬件成本降低，才开始了在物料跟踪等方面的大规模应用）。NFC 芯片的价格目前是 1 美元以上，不过量产后价格有希望降低。RFID 和 NFC 技术都有不同的频段范围和传输速度，RFID 频段分为低频、高频、超高频和微波，NFC 通信传输速度速度有 106Kbit/s、212Kbit/s、424Kbit/s 三种。

近距离通信技术应用广泛，RFID 技术被用于图书借阅、门禁系统、物流管理、无人超市等，可以说 RFID 技术是整个物联网的发展的基础。NFC 技术被用于近距离手机支付、NFC设备之间的点对点数据传输等领域。

（六）虚拟现实技术与增强现实技术

虚拟现实（VR，Virtual Reality）技术的应用场景广泛，有电子游戏、电影动画、室内设计、教育培训、军事训练、医疗等。应用虚拟现实技术的可穿戴产品有虚拟现实头盔、数据手套、数据衣、智能眼镜等。

增强现实（AR，Augmented Reality）技术通过计算机技术将虚拟的图像、声音等投射到真实的场景中，使虚拟世界的物体和真实环境融为一体。增强现实技术目前主要应用于电子游戏、风景旅游、家居、辅助医疗、军事训练等领域。应用增强现实技术的可穿戴产品有智能眼镜等。

二、可穿戴产品的类别及代表产品

可穿戴产品的分类方式有：根据穿戴部位分类，可分为手（腕）部可穿戴产品、面部可穿戴产品（包括智能眼镜和头盔）、腰部可穿戴产品和其他可穿戴产品；根据产品用途分类，可分为运动设备、信息类设备、购物设备、医疗设备、军事设备、继承性功能设备。下面将简单介绍每个类目的代表性产品。可穿戴产品穿戴部位分类见图 6-2。

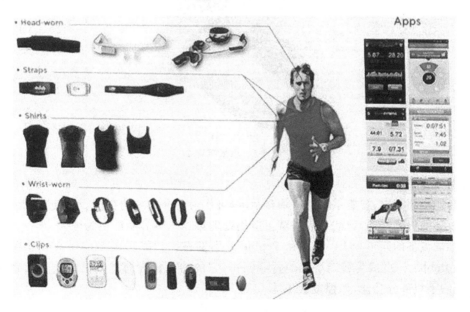

图 6-2 可穿戴产品穿戴部位分类

(一)手(腕)部可穿戴产品

相较于其他部位的可穿戴产品,手部可穿戴产品已经发展出比较成熟的市场。其原因有三:一是材料的降价和技术的提升,随着传感器技术的升级材料的降价、微机电系统的普及,手部可穿戴设备成本降低了;二是较弱的侵入性,相较于其他部位的穿戴,手部更符合用户原有的习惯,并且不会影响用户的工作生活;三是手部穿戴找到了合适的应用场景,例如运动计步、睡眠监测、测量心率、能量消耗等,都贴近普通人的生活诉求。

1. 智能手环

智能手环是内置芯片和传感器的手部穿戴设备,主要用于记录运动数据等。由于智能手环没有显示屏幕,通常都是通过蓝牙与手机连接,将数据同步到手机。各类数据的复杂显示在手机上完成。

智能手环大多采用分体式设计,由腕带和主体构成。智能手环的腕带一般采用记忆橡胶材质,舒适亲肤,无毒无害。主体壳内有加速度传感器、陀螺仪、光学心率传感器、MCU 处理器、蓝牙模块、GPS、温度传感器、震动装置等。加速度传感器和陀螺仪辅以专门的算法,用来计步和感知运动状态(如游泳、汽车、爬山)等。震动装置用作提醒功能,有来电提醒、短信提醒和闹钟提醒,用手环震动代替声音闹钟,能在叫醒用户时避免影响他人。

智能手环的鼻祖 Jawbone 和 Fitbit 于 2011 年先后推出了第一款腕带产品,当时的功能很简单,只有计步器辅助一些基本 APP。之后,各大公司相继进入了智能手环市场,如三星、谷歌、微软等,智能手环搭载的传感器及其功能慢慢增加。我国厂商研发的智能手环也紧跟潮流,小米、bong、华为等也依次推出了自己的手环,同时以价格优势打开市场。2014 年 7 月,小米科技有限责任公司发售了小米手环,售价仅 79 元(见图 6-3)。

图 6-3　小米手环 2

2. 智能手表

与智能手环相比,智能手表有一块显示屏,可作为一个独立的智能设备使用和读数。除了智能手环的传感器外,智能手表搭载了应用处理器 AP,运算功能更为强大。

可穿戴设备的元年 2012,索尼和 Pebble 分别发布了智能手表 Smart Watch 和 Pebble Watch。Pebble 一度成为智能手表的行业领军,它的功能较为简单,有计步、显示手机信息通知、控制手机部分功能,如播放音乐等。

2014 年,三星推出了智能手表 Galaxy GearS,这款手表采用曲面显示屏设计,具备独立的 SIM 卡和 WiFi 模块。除了运动监测等功能外,用户可以打电话、发邮件、上网,使其更像是一款戴在腕部的智能手机(见图 6-4)。

图 6-4　三星 Galaxy GearS(图片来源于 91. com)

2015 年,苹果发布会上公布了 Apple Watch,进军智能手表的市场。当年,Apple Watch 的市场份额即占据了智能手表市场的 63%,并超过了瑞士手表的出货量。

3.数据手套

数据手套包括虚拟现实手套和力反馈手套,前者可以对虚拟场景中的物体进行抓握、旋转、移动,后者可以模拟现实中的对物体的触觉。数据手套通过传感器测量手部各个关节的实时运动状态,将手部骨骼运动的平移距离和旋转角度用向量表示,从而在虚拟 3D 场景中建模。人类手部运动有 27 个自由度,根据数据手套的精度不同,传感器的数量从 5 个触点到 28 个触点不等(见图 6-5)。

图 6-5　数据手套 Gloveone

虚拟现实手套的手部运动捕捉由传感器完成,目前使用的传感器有微惯性传感器和光纤传感器。微惯性传感器由 MEMS 三轴速率陀螺、三轴加速度计和三轴磁阻传感器构成,不受光线环境的影响,使用时间较长。[①] 而光纤传感器根据光纤的辐射损耗和光纤曲率半径的指数关系计算推导。[②] 不过,光纤传感器容易产生损耗的方式还有吸收损耗和散射损耗,环境的光线也会对其造成一定影响,因此数据没有微惯性传感器准确。

力反馈手套可以在虚拟现实画面中给人以真实的推阻、震动、物体移动等触感。除了虚拟现实手套对手部运动捕捉的传感器外,力反馈手套还在手套的不同部位设有电子制动器,以此模拟振动的效果。

---

① 徐波,文武.数据手套中传感器技术的研究[J].测控技术,2002,21(8):6.
② 王伟栋,费洁,杨英东,钱峰.基于 MEMS 的数据手套传感器技术研究[J].微型电脑应用,2014,30 (1):39.

数据手套可以配合虚拟现实头盔使用,在虚拟现实游戏中打造全方位的沉浸式体验。同时,数据手套可以配合 leap motion 等体感控制器使用,获取更多的空间位置信息。

(二)面(头)部可穿戴产品

1. 智能眼镜

谷歌眼镜(Google Project Glass)是智能眼镜领域的领军者,早在 2012 年,谷歌就推出了这款眼镜,它由一个悬挂于眼镜前方的摄像头和一个镜框右侧的处理器构成,用户右眼上方有一个微型投影仪。[①] 谷歌眼镜搭载了陀螺仪、加速度计、光传感器、方向传感器、重力传感器、GPS 导航系统、骨传导扬声器等。它的交互控制方式有语音交互、手势控制、重力感应控制。用户可以通过语音控制和重力感应唤醒谷歌眼镜,2013 年新推出的谷歌眼镜可以通过在眼镜前方区域用手指框出方形,直接控制拍照。谷歌眼镜相当于一个位于眼部的手机,它具有拍照、导航、打电话、收发邮件等功能(见图 6-6)。

图 6-6   谷歌眼镜

谷歌眼镜的售价为 1500 美元,在当时看来高昂的价格和缺少实际应用场景让人望而却步。由于商业上的失败,Google 在 2015 年宣布这一款实验产品停止销售。不过,之后谷歌眼镜的探索似乎在专业领域找到了用武之地。工厂的工人带着谷歌眼镜工作,得以在解放双手的情况下获取和传递更多信息。外科医生在做手术时使用谷歌眼镜进行视频直播并与其他医生通讯,咨询意见。同时手术的视频、照片、笔记会被储存下来,作为病人的电子病例。从某种角度上讲,谷歌眼镜是人手的延伸,有了它似乎有了三头六臂,可以同时做许多事情。

2. 虚拟现实头盔

Oculus 是一款虚拟现实头盔,诞生于 2012 年。它搭载了加速传感器、陀螺仪、磁力计等传感器,[②] 可以轻松地控制视角,给用户带来沉浸式体验。2014 年,Fackbook 以 20 亿美元的价格收购了 Oculus 公司。2016 年,Oculus 推出了面向消费者的 Oculus Rift,价格为 300 美元,主要用于游戏体验(见图 6-7)。

---

①   张德珍,杨凯鹏,崔皓.谷歌眼镜采用的重要专利技术介绍[J].中国发明与专利,2014(01):46-52.

②   程贵峰,李慧芳,赵静,冉伟.可穿戴设备——已经到来的智能革命[M].北京:机械工业出版社,2015:141.

图 6-7　Oculus Rift

2014 年，Google 推出了一款非常亲民的虚拟现实头盔 Cardboard，由纸盒、磁铁、绑带和两片透镜构成，使用时将手机绑到 Cardboard 上即可，当然用户需要到应用商店下载相应的虚拟现实应用软件。这款产品实际上是将虚拟的功能转移到手机上，头盔的"穿戴"功能与"虚拟现实"分离，开发者们只需要进行 iOS 平台的应用开发即可。见图 6-8。

图 6-8　Cardboad＋手机组成了虚拟现实头盔

虚拟现实头盔目前的应用场景主要是虚拟现实电子游戏、虚拟现实电影，以及虚拟现实展览、教育、医疗等。虚拟现实头盔游戏的主要方式有二：一是单独使用头盔的虚拟现实游戏，这类游戏以体验为主，主要是通过传感器感知玩家的走动、头盔的角度变化，从而模拟出一些虚拟场景；二是虚拟现实头盔与电脑游戏结合，通过鼠标操控，这类游戏实际上是将传统的 PC 端游戏转化成虚拟现实显示。

（三）其他部位可穿戴产品

除了以上手部、头部的可穿戴产品，其他身体部位的可穿戴产品也种类繁多，不过大都不是成熟的产品。这些产品正在研发中或者正在寻找更好的应用场景。

1. 腿部：可穿戴式座椅

日本 NITTO 公司与日本千叶大学合作，推出了一款专为医生设计的可穿戴式椅子。由于医生做手术时需要长时间的站立，体力消耗比较大，容易产生肌肉疲劳，长此以往会落下关节病。医疗人员在使用此款可穿戴设备时，随时随地都可以直接坐下，不会给肌肉带来负担。这款座椅未来也将会应用于其他需要长久站立的工作中。

2.脚部:智能鞋

在手(腕)部智能可穿戴产品市场趋于饱和的时候,各大厂商将目光转移到下半身的可穿戴产品,比如智能鞋。2016 年是智能鞋发展迅速的一年,智能鞋的功能有运动记录、医疗训练、定位导航、保温、减震等(见图 6-9)。

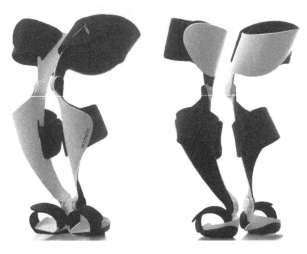

图 6-9   Archelis 可穿戴式座椅

Nike Air Mag 智能鞋是耐克公司耗时 10 年研发的一款产品,它的原型是斯皮尔伯格监制的《回到未来 2》中时光旅行的主角穿的鞋子。这款智能鞋可以自动调整鞋带长度与松紧,实现"自动化系带"。Nike 将此款绑带鞋以拍卖形式出售,所有款项捐入帕金森症的研究中。

Digitsole 是一款带有智能温度调节的鞋垫,鞋垫通过蓝牙与手机连接。用户可以在手机上设置鞋垫的温度,低于这个温度时,鞋垫便会自动加热,保护脚部温度。与此同时,Digitsole 还会记录用户的步数和计算卡路里消耗。不过,鞋垫的续航能力较差,充电 3 小时后只能使用 6 小时(见图 6-10)。

图 6-10   Digitsole 智能鞋垫

3.身体:智能服装

智能服装目前属于叫好不叫座的产品,包括上衣、裤子、文胸、西装、腰带等。智能服装的主要功能有:监测运动时肌肉的状况,收集心跳、体温、呼吸频率等指标,检测空气中的有毒物质,播放音乐,显示文字图像,移动支付……

　　智能服装常用于运动员的训练中,其功能有二:一是减少运动时损伤,二是监控运动员的动作调整训练策略。Checklight 智能帽子是 Reebok 公司为运动员设计的无边帽子,将它戴在头盔下方可检测运动员的头部生理数据,判断他受运动影响的程度。FITguard 防护牙套通过内置的加速器和陀螺仪,可判断运动员是否遭受脑震荡和遭受脑震荡的级别,从而在某些激烈对抗的运动中(如橄榄球、篮球、足球)方便教练安排换人和安排运动员就医(见图 6-11)。

图 6-11　Checklight 智能帽子

　　4. 植入式可穿戴设备

　　植入式可穿戴设备包括植入式智能手机、植入式智能药片、植入式避孕设备等。其中,植入式智能药片是现在各大医疗机构及科研公司的研究热点,智能药片可以在人体内获取生理数据,是数字化智能医疗的基础。

　　植入式智能药片一般含有一个可食用传感器,药片的外壳由可以被消化液溶解的材料构成,当药片被溶解后,传感器将信号发送到接收装置,然后药片中的其他传感器收集人体的各种生理指标,如运动情况、血糖水平、激素水平、心率等(根据患者情况不同药片的传感器不同)。最后患者和医生通过接收器实时接收这些生理信息,给患者全方位的监控,并控制用药,调整治疗方案。对于患有精神疾病和记忆问题的患者来说,这种药片可能格外有用,因为此类患者对医嘱的遵守情况尤为糟糕。

　　许多公司开启了智能药片的研究。Google 旗下的 Advanced Technology and Project 部门正在与医疗机构合作研制智能药片 Proteus,药片表面的圆面积只有 1 mm^2。

　　2015 年 9 月,美国食品药品监督管理局(FDA,Food and Drug Administration)接受了首例"数字化药片"申请。这意味着这种植入式的可穿戴设备在未来可能会被大范围应用,数据＋传感器科技正在改变医疗行业。

三、可穿戴产品的未来

(一)存在的问题

在可穿戴设备大热的今天,已有的可穿戴设备和行业仍然存在不少问题。

1. 侵入性强

目前已经研制的可穿戴设备中,除了手(腕)部可穿戴设备可以代替传统的手表而不改变用户的穿戴习惯,其他部位的可穿戴设备对用户侵入性比较强,日常生活较不方便,导致许多可穿戴设备购买率低,佩戴率低,或者成了实验室产品。

可穿戴眼镜摄像头的隐蔽性较差,一直悬浮于眼前,会对用户的行动造成一定干扰。且在日常生活中使用一个位于眼前的智能眼镜,相当于把一部智能手机 24 小时握在手中看,容易成瘾。美国《成瘾行为》杂志报道了一名使用谷歌眼镜的美国海军士兵,平均每天的佩戴时间 18 小时,当他接受一项康复治疗而不能使用电子产品时,产生了短时记忆差、易怒、经常梦到眼镜视野的问题,他承认戒掉智能眼镜比戒掉酒瘾更难。

虚拟现实头盔更是直接将人置身于一个视野全景的虚拟世界中,目前适用于短暂的游戏和电影场景,虚拟现实头盔的重量较重,若长期佩戴可能会造成用户的不适;且用户无法看到现实的场景,容易出现安全问题,部分用户会产生 3D 眩晕症。

2. 智能化低

目前市场上成熟的可穿戴设备只能称为"微智能"设备,无论是手环和手表的计步、健康监测,都只是最简单的功能。我们需要这么一款可穿戴设备,它可以非常迅速地理解人的想法与思维,并服务我们日常生活的方方面面。

3. 缺乏合适的应用场景

通常,新的科技在实验室中产生,但是若要应用到产业中,必须找到痛点和合理的使用场景。谷歌眼镜商业上的失败,就是因为缺乏合适的日常应用场景,虽然 AR、语音控制等技术给人以新鲜感,但并未找到日常佩戴的必要理由,同时谷歌眼镜获取隐私的行为也让人担忧。

随着运动手环、手表的出现,可穿戴设备在运动和健康领域找到了一席之地。但可穿戴设备的增长,仍需要找到更合适的应用场景。

4. 传感数据准确性低

可穿戴设备通过传感器收集数据,如运动加速度、旋转角度、GPS 定位、气压、温度、肌电、心电,再通过一定的数学模型计算出运动状态、生理指标、环境指标等,如运动路径、睡眠时间、卡路里消耗、心率、血压等。然而测量的准确性并不能使人信服,尤其是睡眠时间、卡路里消耗这种需要通过传感器数据综合数学模型计算的指标。斯坦福大学曾经对 7 大品牌的可穿戴设备精准度进行测试,发现热量消耗的准确率低,误差在 27%～93%之间。

未来可以通过改进传感器的测量方式提升其精准性,通过人工智能等方式提升数学模型的准确性。尤其是,针对个体的模型调整是可穿戴设备可提升的方向。

(二)发展方向

1. 细分化与专业化

根据克里斯·安德森在《长尾理论》一书中的描述,除去市场的大热门领域,利基市场(即细分市场或小众市场)就像一条长长的尾巴,虽然需求的人数趋向小众,但其加起来的潜在市场巨大。而让这条长尾真正浮现需要三种力量:普及生产工具、通过普及传播工具降低消费的成本、连接供给与需求。①

目前,随着可穿戴设备的生产成本降低,专业门槛下降,传播途径拓宽,将挖掘出越来越大的可穿戴领域的长尾市场。

---

① [美]克里斯·安德森.长尾理论[M].北京:中信出版社,2015:57.

IT(Information Technology)行业有一条著名的摩尔定律,即集成电路芯片上所集成的电路的数目,平均18个月将会翻一倍。这意味着,同样的芯片在18个月后的价格将会降到原来的1/2。这条1965年由Intel联合创始人戈登·摩尔提出的规律,伴随着几十年来计算机行业的指数式增长,今天仍然适用。可穿戴设备的开发中需要的芯片、传感器的性能将持续迅速增长,原先性能的元件造价也将降低,将为开发者、创业者提供更低廉的生产成本。随着可穿戴技术的发展,其专业门槛下降,将有更多的人参与到可穿戴设备的开发中来。同时随着网络化传播工具普及,基于大数据的个性化推荐,电商广告能够进行更具个人针对性的推送。

未来,可穿戴设备的应用将渗透到更多的行业和细分市场,如医疗、军事等领域。同时,可穿戴设备针对的人群也将进行细分,如老人、儿童、孕妇、残障人士等。

2. 新材料

材料的选择是可穿戴设备的重要考量因素,往往要考虑材料导电性、材料舒适度、材料重量、材料精度等。材料领域新的突破和应用是可穿戴产品前进的又一支撑。

2015年纳米结构材料产生了突破性的进展,被《麻省理工科技评论》评为年度十大突破技术之一。[①] 由3D打印技术高精度打印的纳米材料,具有轻便、蓄电量强的特点,同样硬度下重量可以是复合材料的十分之一,相同体积的电池可存储更多电量。目前,轻便纳米材料和柔性电子材料吸引了更多高校和科研机构投入研究,其轻便、蓄电量高、柔韧的特点,在可穿戴设备上将发挥巨大的作用。

同时,对可穿戴设备材料的应用将不局限于材料传统性能某一方面的提升,而是放眼于新兴材料和功能的探索。麻省理工学院Biologic(生物逻辑团队)采用纳豆枯草芽孢杆菌制造了会呼吸的衣服,该衣服可随着温度的升高,降低厚度,散发热量。导电油墨、记忆金属、感温变色材料、电气纺织物、光漫射亚克力材料等不同功能的材料与可穿戴设备结合将会有怎样的火花呢,让我们拭目以待。

3. 大数据与人工智能

近十年,随着数据收集、传输、处理技术的成熟,大数据逐渐成为IT公司获取处理信息的普遍方式,大数据被用来分析过去难以想象的事情,并且创造出巨大利润。IT公司利用大数据,迅速地进行软件功能的选择和迭代,而丢弃传统的用户研究、版本人工测试方式,一些传统行业正在被取代;电商和某些网络音乐视频公司利用大数据分析,精准地推送内容和广告,显著提升点击率;人工智能的训练升级也是基于大数据。而获取数据是竞争的关键因素,过去积累了许多数据的公司搭上大数据的快车异军突起,商业格局在大数据时代经过一次洗牌,各公司尤其是行业巨头对数据尤为看重。2014年,google以32亿美元收购了制作室内温度调节器的nest公司,正是看重其对家庭内部人员活动数据的收集能力。

对比传统的数据采集,可穿戴设备收集的数据包括人体的生理指标和日常活动,数据量大、数据类型丰富且数据具有完备性,蕴含着巨大的潜力和市场。这些数据搭载人工智能算法,可用于可穿戴设备的自主学习和升级,做到用户的个性化定制。同时,海量的数据可用于其他医疗、保健、运动、购物、广告等行业的拓展。同时,可以通过人工智能的神经网络算法等学习,优化个体模型,做到个性化定制可穿戴设备。

---

① 麻省理工科技评论.科技之巅[M].北京:人民邮电出版社,2016:84.

第二节 可穿戴产品设计理论

可穿戴产品设计中，无论是硬件产品还是软件设计，都有科学的设计流程和思想，本部分将对其中的设计思想和理论做简单的介绍。

一、可穿戴产品与人机工学

人机工学(Man-Manchine Engineering)也叫人机工程学，是研究人、机械及其工作环境之间相互作用的学科。[①] 人机工学最早用于军事领域，在第二次世界大战中武器、战斗机等的设计中加入人因研究因素，提升装备可用性与士兵战斗效率。现代人机工学发展于 20 世纪 60 年代，开始被应用于日常设计，主要注重人在使用机器、设备时的舒适度问题，常见于座椅设计、模拟驾驶等。

人机工学是一门涉及心理学、生理学、医学、机械设计、工业设计、材料学等学科的综合学科。常用的人机工学研究方法有观察法、实验法、测量法等，观察用户使用设备的情况，测量人体尺寸，使用眼动仪、心电仪、脑电仪等获取生理指标，根据测量数据和实验结果，不断调整设备的尺寸、材料、色彩等元素和环境的声、光、温度、材质等元素，让使用者享受到最优的用户体验。

随着计算机图形学的发展，人机工学的研究引入了虚拟现实技术，通过构建虚拟人模型、虚拟现实环境，实现虚拟驾驶、虚拟医疗、虚拟试衣等，缩短设备开发和迭代周期。大数据时代人们对人体数据的收集，也形成了可靠的人体模型库。宾夕法尼亚大学的 jack 系统是目前人体模型库的权威。流体仿真软件如 FLUENT 等可以建模模拟空气动力学等环境。这些都使得人机工学从大型实验室走到虚拟环境中。

人机工学在可穿戴设备中的应用是至关重要的，可穿戴设备使用材料的舒适度、与人体皮肤的贴合度、各种姿势下的适应性都需要考量。如虚拟现实头盔市场占有率最高的产品 Oculus Rift，就将头盔的重量尽量减小，控制在 435g，长时间佩戴也不会感到压力。同时眼罩适合于各种脸型，轻松调节带子就可以找到舒适的佩戴位置。[②]

下文将通过握力计及握力球的设计展示人机工学的设计思想。

二、可穿戴产品与交互设计

可穿戴产品中的交互设计可分为两种，一种是物理层面的人机交互(HMI, Human-Machine Interaction)，即用户与可穿戴设备之间的控制、信息交换方式，物理层面的人机交互有体感交互、语音交互、图像交互、脑电交互、虚拟现实交互、增强现实交互等；另一种是软件界面的交互设计，包括软件给用户传达的信息、用户使用软件的体验。

用户与可穿戴产品的交互和控制方式，是可穿戴产品领域的一个重要内容，如何做到交

① 丁玉兰.人机工程学[M].北京：北京理工大学出版社,2000:1.
② 程贵峰,李慧芳,赵静,冉伟.可穿戴设备：已经到来的智能革命[M].北京：机械工业出版社,2015:142.

互方式的多元化、轻盈化、准确化(可识别),是可穿戴产品提升服务、拓宽市场的关键。人类的感觉可分为五种,即视觉、听觉、触觉、嗅觉、味觉,人机交互专家们一直结合新兴技术探索前三种感觉交互的各种可能。

用户与设备的交互方式通常通过设备中的传感器、摄像头等感知用户的输入信息,通过精心设计可穿戴设备的操作系统,以屏幕显示、震动、发声、发光等方式给予用户反馈。

(一)体感交互

体感交互是可穿戴设备通过陀螺仪、加速度计、温度传感器等感受到用户身体姿势、温度等变化,进而做出一系列反应与反馈。

抬臂感应:抬臂控制是在智能手表和智能手环中比较常见的交互方式,陀螺仪和加速度计感知用户的"抬臂"动作。以 Pebble 为代表的智能手表和智能手环可以通过抬臂和摇晃手表点亮屏幕。Apple Watch 则可以根据抬臂的不同时间做出不同反应,用户刚抬起手腕时,屏幕点亮并显示最简洁的信息通知;当用户持续抬臂一定时间,通知就会一个个展开。①

(二)声音交互

语音控制:语音交互目前已经非常成熟,智能手机、数码摄像设备、可穿戴设备已经广泛用到语音交互。运动摄像机 Go Pro 就采用了语音控制,用户只需说出"Go Pro take a photo!"(可以自定义)即可拍下照片,这在游泳、滑翔、极限运动不方便按键时是一种很好的操控方式。Apple Watch 也使用了 Siri 语音交互,可以直接语音拨打电话、导航、设置提醒等,能真正地解放双手,非常符合手表的应用场景。

骨传导交互:骨传导交互技术是利用骨传声的特性,通过颅骨、颚骨等骨骼直接将声音传输到听觉神经,而不需要经过外耳道。松下骨传导耳机和谷歌眼镜率先采用了骨传导技术。谷歌眼镜的音频震动模块与用户的颅骨直接接触传声,解决了用户使用耳机时与周围环境的隔离的问题,避免了一些危险和听力损伤。不过,由于谷歌眼镜在声音骨传导时未将环境声隔离,环境噪声对用户接收眼镜语音的影响较大。

(三)图像交互

眼动捕捉:用户使用谷歌眼镜的操控方式有三种,语音指令、触摸板和眼动捕捉。其中,眼动捕捉就是应用了图像识别的交互方式。眼动跟踪的方式有三种,一是根据眼球和眼周的特征变化识别,二是根据虹膜的角度变化进行跟踪,三是投射红外线等光束到虹膜来提取特征。谷歌眼镜的眼动轨迹通过眼镜右上方悬置的摄像头捕捉。用户要拍照时,只需要快速地眨两下眼睛,摄像头捕捉到这一指令后就会"悄悄"的拍下照片。当然,这也引起了人们对谷歌眼镜侵犯隐私的关注。

人脸识别/虹膜识别:2017 年 9 月,苹果推出了新一代智能手机 iphone X,加入了人脸识别功能。用户可以使用人脸识别功能直接解锁手机,并不用担心照片蒙混过关,同时可以通过变换表情形成对应的卡通 animoji 动态表情。人眼的虹膜在胎儿发育阶段形成后就不会变化了,并且每个人的虹膜都是唯一的,因此一些高保密性的解锁会用到虹膜识别技术。未来,人脸识别和虹膜识别技术会迅速从手机拓展到可穿戴设备中。

---

① 程贵峰,李慧芳,赵静,冉伟.可穿戴设备:已经到来的智能革命[M].北京:机械工业出版社,2015:142.

手势识别:手势识别指的是用户使用不同的非接触手势与机器通信的一种交互方式,本质上也属于图像识别。微软的 Hololens 头戴设备是一个混合现实可穿戴设备,眼镜上的投影仪可以全息投影出 3D 场景,眼镜上的摄像头追踪用户的手势,可以实现选择、取消、旋转、移动、放大缩小等复杂操作。用户可以通过 Hololens 的投影和手势操作玩游戏、看新闻、看视频等等(见图 6-12)。

图 6-12　微软 HoloLens 头显手势识别＋增强现实交互

眼球投影:除了对用户图像的捕捉,可穿戴设备的投影技术也在突破。2016 年 4 月,三星获得了一项隐形眼镜专利,该隐形眼镜可以直接把图像投影到眼球上,内置的摄像头和传感器都可以通过眨眼来控制。这种投影技术比谷歌眼镜前面自带的小型投影仪更为便捷、隐蔽。

(四)脑电交互

人工智能的终极梦想一是机器能够像人类一样思考,二是机器能完全理解人的各种想法。脑电技术是关于第二种梦想的交互方式,不过它现在还处于初级阶段,科学家对人脑不同部位脑电的识别仍在研究中。由于不能说话和打字,霍金的输入设备一直在变动,从手指输入到眼动识别再到眼睑肌肉识别,这位身患帕金森症的伟大科学家的肌肉一直在萎缩。2012 年,美国脑神经科学家将霍金的睡眠头戴改造成一个脑电波读取设备,可以帮助霍金通过脑电选择单词。不过这台设备的成功率较低、误差大,最后被放弃了。

(五)人机界面交互

关于人机界面的交互,在智能手机的操作系统、应用软件中已经有许多研究,包括软件界面架构、操作流程、导航模式、按键位置设置,涉及设计学、心理学与情感化研究,同时需要用户测试。

三、可穿戴产品与游戏化设计

游戏化设计(Gamification)是将游戏设计的理论运用到产品设计中的思想。可穿戴产品的设计中,为了增强产品的趣味性和增加用户黏性,也常常使用游戏化设计的方法。比如支付宝为了增加用户黏性,推出了蚂蚁森林公益和蚂蚁庄园,就是利用游戏化设计增加用户的兴趣。在一些医疗设备可穿戴产品的设计上,游戏化可以让用户能更主动地进行练习和接受治疗。

所有的游戏都有四个决定性特征:目标、规则、反馈系统和自愿参与。[①] 目标(Goals)是指游戏让玩家努力达成的结果,规则(Rules)规定了玩家达成目标的行为,反馈系统(Feedback System)是在游戏中给玩家的离目标距离的提示,自愿参与(Voluntary Participation)是指玩家能主动地进入到游戏中并且掌握规则与目标。

好的游戏能给人带来乐趣和自信,许多人在玩游戏时感觉不到时间的流逝,进入一种"沉迷"状态。心流(Mental Flow)理论可以解释这个现象,它指的是某人在做某事时,全身心贯注、不愿意被打断的一种状态。在这种状态下,参与者可感觉到高度的兴奋感和充实感。心流状态成立的条件与事件挑战度和个人能力有关系,研究表明,在具有较高挑战度和较高个人能力时,参与者容易进入心流状态。因此,获胜并不是游戏的必要条件,有时候持续正反馈下继续游戏能给参与者比游戏胜利更强的快感。

下文中握力球的例子将说明可穿戴设备是怎样运用游戏化设计来增加趣味性和用户使用黏性。

第三节　可穿戴产品设计实例

针对科技部"公共文化科技服务能力建设与绩效评估技术研究与示范"项目,团队开发设计了一款握力计和一款握力球,主要针对手部需要锻炼和康复的人群配套使用。以下将对两个产品开发设计的流程、方法和设计结果做简单介绍。

一、前期调研和理论依据

(一)握力的理论依据

1. 握力、握耐力与握爆发力

抓握(Hand Grip)是手的基本功能,是日常生活和工作中手功能的重要和主要表现形式。手抓握功能是研究人类运动发展,开展手功能评估及健康评价等的基本生理测度,在应用生理学、心理学、工效学、临床与康复医学等领域有着广泛的应用。主要包括以下几个方面。

握力(Hand Grip Strength):"手抓握力"的主要检测指标,特指使用握力计获得的最大等长手抓握作用力。该作用力直接反映前臂屈指肌群的最大抗阻收缩能力,间接反映上肢和全身肌力水平,是我国国民体质监测、学生体质健康评价以及美欧等国家的健康体适能评价、老年功能体适能评价等健康评价体系的重要检测指标,其数值受年龄、性别、手型、前臂肌肉、体育锻炼等因素的影响。

握耐力(Hand Grip Endurance):手持续抓握的生理学和生物物理学测度,在手动工具

---

① 简·麦戈尼格尔.游戏改变世界[M].杭州:浙江人民出版社,2012:21.

设计以及劳动生理学研究领域具有广泛的应用。

握爆发力(Hand Grip Explosive Strength):手爆发式抓握的生理学和生物物理学测度,在手动工具设计以及劳动生理学研究领域具有广泛的应用。

2.握力反应的功能指标

(1)肌肉体适能

体适能被认为能预测疾病的发病率和死亡率。体适能包括心肺体适能和肌肉体适能,其中肌肉体适能包括肌肉耐力和肌肉力量,研究者认为肌肉力量减小会增加全因死亡率和心血管死亡率的风险。肌肉力量的变化可由握力测试反映。

握力对心血管疾病死亡率有强预测水平,对心血管疾病发生率为中等预测水平(预测水平相差2倍效应量)。握力水平可以预测已患有心血管疾病、且存在死亡风险者的心血管疾病死亡率。

(2)存活率

握力是一项对未来健康十分重要但又不太被重视的一项指标。有学者把住院的老病人聚在一起,做了一项实验。发现握力可以变成一个十分有力的健康情况依据,无论是功能性上还是营养学上握力对于存活率有所影响。

(3)肺炎

手功能的强度与社区获得性肺炎的概率呈负相关。在相同生活环境的人群中,当感染了社区获得性肺炎,营养不良时,手功能会发生衰退。

握力可以作为预测营养情况的指标。而且,握力及身体组成(包括体脂比、肌肉比)与存活率有关系(一般都是正相关)。

(二)社区与医院调研

1.医院调研

通过杭州邵逸夫医院调研,发现医院对于患者手部力量的恢复训练使用一些小道具,如篮球、抓握板等,并配以电脑游戏。同时有专业的测力设备对患者的力量进行测试。不过患者普遍反映训练枯燥无聊,同时这些设备体积非常大,只能定期到医院训练,不方便携带和家中训练(见图6-13)。

图6-13　杭州邵逸夫医院的握力测试与恢复训练

2.社区调研

通过在杭州市上城区的湖滨街道、小营街道、馒头山街道发放问卷,并通过座谈会的形式进行调研。这些街道中的中老年人普遍缺乏手部锻炼,仅部分人愿意尝试手部握力锻炼产品。

二、握力计开发

(一)握力计的竞品分析及产品功能

1.竞品分析

市面上现有的握力计如图6-14,它们的缺点有:

(1)只能测试整个手的整体握力,没法测量单个手指的握力;

(2)缺乏爆发力、耐力等指标;

(3)无法存储;

(4)无法互联网化,缺乏后续数据分析;

(5)缺乏商业化概念及推广价值。

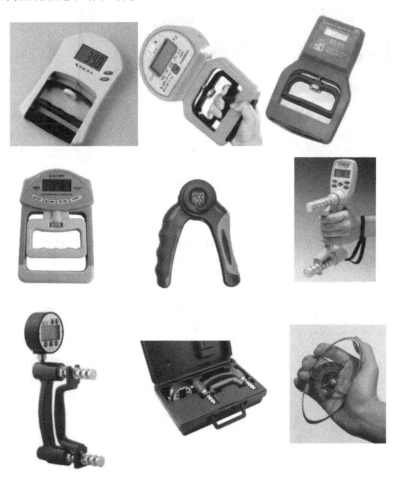

图6-14　市面上常见的握力计产品

2.产品定位及功能

(1)定位:专业的医疗握力计,主要用于医疗测试和握力康复测试。测试准确度高,能进行数据分析,反映握力趋势,供医生查看。并能根据不同年龄、性别人群的手部尺寸大小调节。

(2)功能:分手指独立测试分析、握力测试分析、握爆发力测试分析、握耐力测试分析、康复过程全程跟踪、云端大数据分析(后续功能跟进)。

(二)硬件设计

使用犀牛等3D建模软件对握力计建模和渲染。经过反复的修改,最终选择了如图6-15外形。握力计采用双色注塑材料,由一个固定的外壳和一个可调节的握力臂构成。为遵循人机工学的设计原理,使握力计符合用户不同年龄、性别的手部尺寸,握力臂的高度可以由一个可调节的塑料旋钮控制。为了让用户大致记住自己手部适应的位置,特增设了三个刻度。握力计的其他部件有开关、充电接口和指示灯(见图6-15)。

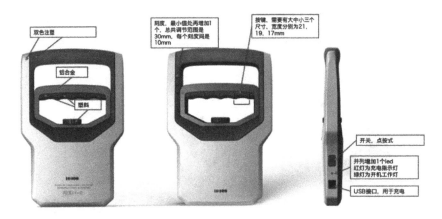

图 6-15　握力计的部件说明

(三)软件设计

握力计产品用于专业握力测量,主要是医学测量和握力康复,以此设计 PC 端软件。该软件采用简单的设计和配色,符合医疗场景的专业感(见图6-16)。

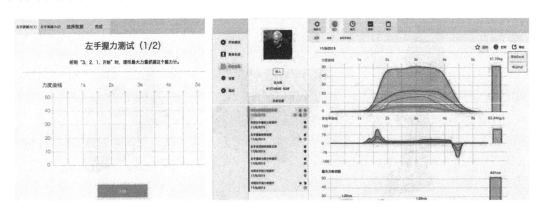

图 6-16　软件界面部分图片

三、握力球开发

(一)产品定位及功能

1.产品定位

非专业产品,主要用于日常的握力练习和娱乐竞技,配合握力计使用。目标用户主要为社区里的中老年人。

2.产品功能

(1)社区固定地点配置握力球,智能机用户扫码下载 APP,登记信息领取握力球。非智能手机用户,在固定场所,通过提供的手机进行练习。

(2)提供三种模式:自由练习模式、测试模式及竞技模式。竞技模式采用游戏化设计,为握耐力和握爆发力的比拼,根据数据进行排名,每人每只手只能有一个上榜数据。为保证游戏的时效性和新鲜度,排名每周更新一次。

(3)记录三种模式下的握力趋势,形成趋势图。

(二)硬件设计

1.外观设计

为贴合手部形状,握力球做成"饺子"式,方便抓握,同时两边留出孔可以穿线系于手腕,防止握力球丢失(见图 6-17)。

图 6-17　握力球

2.结构设计

握力球内部装有压力传感器和受力板,用来检测握力值,同时有电池、电路模块、单片机等。三种颜色的提示灯用来表示不同的电量,另一个绿色的 led 用来表示蓝牙连接是否成功。

(三)软件设计

握力球的目标用户是社区中的中老年人,使用场景可以是练习、测试的固定场所,也可以是散步等非固定场所。相对于握力计的数据给医生使用,握力球更倾向于将使用场景和数据展示推广到个人,基于此开发了一款手机 APP。

1.交互设计

根据握力球的功能,软件大概分为几个功能:握力球与手机建立连接、握力练习模式、握力测试模式、竞技模式(包括耐力竞技和爆发力竞技)。除此之外 APP 还包括登录注册页、握力趋势数据页面以及个人中心页面(见图 6-18)。

因为用户大多是中老年人,使用场景是在社区中拿到握力球使用,考虑到中老年人很多没有智能手机或操作困难,可以同一手机号添加多人账号。

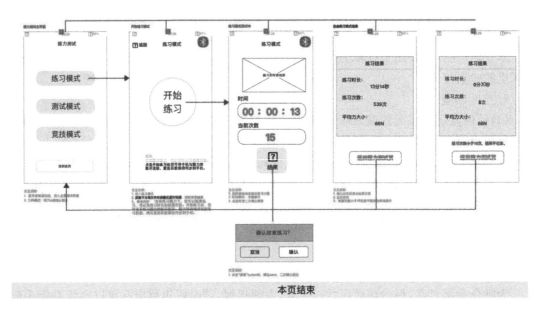

图 6-18　交互图示意

2. UI 设计

为了强化游戏化设计中给用户的反馈,特别增加了力度曲线、分数和排名,在视觉上和数量上均给用户以反馈(见图 6-19)。

图 6-19　APP 界面示意图

第七章　公共文化科技服务需求挖掘能力建设应用研究

第一节　相关理论基础

一、相关概念界定

（一）社区

"社区"是外来词，在中国古代中并没有"社区"的概念，"社区"这一概念源于裴迪南·滕尼斯的著作《共同体与社会》。[①]

20世纪20年代，美国社会学家们将"Gemeinschaft"翻译成"Community"引入美国。费孝通先生（20世纪30年代初）将其翻译成"社区"，他认为"社区是一定地域范围内的社会"[②]，后为许多学者引用，并沿用至今。在实践领域中，民政部门对"社区"的认识多从管理体制角度思考。我国政府部门大约在20世纪80年代中后期开始引进"社区"这一概念。徐永祥认为，社区是指有一定数量的聚集居民，在具有一定互动文化的联系地域范围内组成的社会生活共同体[③]。现在一般所说的社区实际上是一个类似行政的区划概念（但是社区本身并不是行政区划概念）。本次研究中涉及的社区概念，是指具有明确社区边界和法定的社区组织管理机构，是聚居在一定地域范围内的具有内在互动关系与文化维系力的人们所组成的社会生活共同体。

（二）公共文化

20世纪的中国并没有引进"公共文化"的概念，我国长期以来对公共文化的理解都局限于空间概念中，即放置在"公共领域"的文化[④]，例如图书馆、咖啡馆等。到了21世纪才开始赋予"公共文化"新含义，其内涵和外延得到了不断延伸。2004年，上海提出"公共文化服务"概念，2006年，国家正式将其加入政府文件。公共文化具有共享性，文化本身就具有共享性，但是公共文化比文化的影响范围小；公共文化具有仪式性，古老的传统使公共文化的表现形式具有一定的仪式性；公共文化还具有差异性，表现在公共文化自形成以来不仅形态多样，且具有较为显著的地域空间特征；最后，公共文化具有一定的构建性，使不同群体有更

---

① ［德］滕尼斯.共同体与社会［M］.林荣远译.北京：商务印书馆,1999：52.

② 费孝通.当前城市社区建设一些思考［J］.群言,2000(08)：13-15.

③ 邱梦华,秦莉,李晗,孙莉莉.城市社区治理［M］.北京：清华大学出版社,2013.

④ 荣跃明.公共文化的概念、形态和特征［J］.毛泽东邓小平理论研究,2011(03)：38-45+84.

强的认同感①。我们可以尝试从两个方面去理解公共文化。外延上（物质方面），主要表现在群众艺术馆等一些公共的文化场所。内涵上（精神方面），公共文化指社会成员的认同感和归属感②。举办文化活动，有助调节社会问题，促进社会和谐。

在本研究中，公共文化来自本研究依托的课题"公共文化科技服务能力建设与绩效评估技术研究与示范"，这在公共文化领域的研究中，也是一个相对新的概念。联合国教科文组织在其 2001 年发布的《世界文化多样性宣言》中指出，文化指某个社会或某个社会群体特有的精神与物质、智力与情感方面的不同特点之总和；除了文学和艺术外，文化还包括生活方式、共处的方式、价值观体系、传统和信仰③。本研究选取的便是广义的公共文化的内涵。即不仅仅包含传统的文化馆、图书馆等文化设施的供给或者广播电视、电影等传媒播放渠道，更包含了体育健身、营养保健等越来越为公众关心、重视和积极参与的活动，也把风景旅游等公众更高层次的需求纳入其中。总体而言，本研究的公共文化囊括了六个方面，分别是传统文化、文学艺术、体育健身、营养保健、基本公共教育以及风景旅游。

（三）公共文化需求

表达公共文化需求是当今社会公众的基本文化权利。公众的需求往往多样化、复杂化，不同地域、不同年龄的人、每一类人群都有其复杂的属性，这些人对公共文化的需求都是不同的。基于服务型政府的理念，政府为了满足社会大众对公共文化的需求，更好地尊重公众的意愿，会提供物质性和精神性的公共文化服务④。同时，政府部门在提供公共文化服务的政策制定和服务决策过程中也应当注重保障公众的知情权和参与权⑤，这不仅是对公民文化参与权利的尊重，同时也能帮助群众更好地享受政府部门提供的公共文化服务⑥。

二、研究综述

（一）关于公共文化需求挖掘的必要性分析

美国政治学学者哈罗德·D.拉斯韦尔（Harold D. Lasswell）对需求表达进行了深入的研究。他提出，公民可以通过各种政治权利参与政府决策，表达自身利益，从而对统治者施加影响，迫使政府部门做出对大多数人有利的决策。这一公民对政府部门传达诉求的过程，实质上就是公众需求表达的直观体现⑦。杨永恒认为，"政府要尊重和维护社会公众的参与权和表达权，应当以更好地提供公共文化服务为出发点，建立良好的群众需求反馈机制。政府部门可以对群众需求进行适当识别和引导，有针对性地提供公共文化服务。"⑧周晓朋认

① 荣跃明.公共文化的概念、形态和特征[J].毛泽东邓小平理论研究,2011(03):38-45＋84.
② 万林艳.公共文化及其在当代中国的发展[J].中国人民大学学报,2006(01):98-103.
③ 联合国教科文组织.世界文化多样性宣言[Z].2001-11-02.
④ 金家厚.我国都市公共文化需求的形成及趋势[J].长白学刊,2009(03):141-144.
⑤ 吕芳.公共服务政策制定过程中的主体间互动机制——以公共文化服务政策为例[J].政治学研究,2019(03):108-120＋128.
⑥ 章建刚,陈新亮,张晓明.近年来中国公共文化服务发展研究报告[J].中国经贸导刊,2008(07):23-25.
⑦ [美]哈罗德·D.拉斯韦尔.政治学[M].北京:商务印书馆,1992.
⑧ 杨永恒.公共文化服务的五个难题[J].人民论坛,2011(31):53-53.

为,针对日益复杂化、多样化的需求,政府部门应当从公众实际出发,提供个性化的、富有层次的公共文化服务。提供合适高效的公共文化服务是保障群众基本文化权益的基础,是构建和谐社会不可或缺的组成部分①。

(二)关于公共文化需求挖掘的应用分析

根据现有的文献和著作,可以通过直接和间接两种方式去挖掘公众的需求。一种是通过问卷调查、访谈或者座谈会等方式直接了解被调查者的需求意愿;另一种就是根据被调查者信息和实际行为来推测被调查者的真实需求②。萨恩(Sahn)等人研究了坦桑尼亚农村居民需求表达的影响因素,对医疗卫生服务进行了探究,探析了医疗质量等因素对农村居民卫生服务需求的影响③。国外学者的研究通过各种方式挖掘了公众在不同领域的需求,对日后挖掘居民需求的研究有着重要意义。在我国,廖清成发现,农村居民的公共需求表达受收入水平的影响较大④。姜艳通过研究用户与图书馆馆藏互动信息等数据的分析和处理,构建了基于用户需求挖掘的数字资源规划模型⑤。王庆红和王平通过识别和挖掘用户的显性及潜在情报需求实现用户需求分布展示⑥。

目前,我国的公共文化发展还处在初级阶段,公共文化建设并不完善⑦。通过以政府供给来满足公众文化需求,这在公共文化服务发展中存在一定的合理性。随着现代社会的转变,政府不断从权威型政府向服务型政府推进,公民更加注重自身文化需求的表达,我国公共文化服务有必要从政府导向模式向公众需求模式转变。有效地获取社会公众文化需求,有助于政府部门更加合理地分配有限的社会文化资源。

(三)关于社区公共文化需求挖掘的反馈模型分析

我国公共文化服务建设中仍存在诸多问题。近几年,国家不断加大财政投入、活动开展和人员配备等文化建设投入,但公共文化服务体系中低效运营、内容缺乏等问题依旧得不到根本解决,政府部门提供的公共文化服务与民众需求脱节问题显得尤为突出⑧,公共文化服务建设中出现"以供定需"的局面。挖掘公众的公共文化需求是为了更好地帮助政府部门提供公共文化服务,改善政府绩效。

1. 拉斯韦尔的"5W"模式

拉斯韦尔的"5W"模式,即谁(Who)→说什么(Says What)→通过什么渠道(Which Channel)→对谁(To Whom)→取得什么效果(With What Effects)⑨,构建了初步的反馈模

① 周晓朋,毛寿龙.论我国公共文化服务及其模式选择[J].江苏社会科学,2008(01):90-95.

② 刘卿卿,陶辛.农村社区居民公共文化需求意愿表达的实证研究——以山东省某农村社区为例[J].学理论,2015(04):201-202.

③ David E1 Sahn,Stephen D. Younger,Garance Genicot. The Demand for Health Care Service in Rural Tanzania[Z]. Working Paper,2002(2).

④ 廖清成.我国中部地区农村公共品供需偏好研究[J].浙江学刊,2006(01):54-59.

⑤ 姜艳.基于用户需求挖掘的高校图书馆数字资源规划[J].情报资料工作,2008(06):58-61.

⑥ 王庆红,王平.企业用户情报需求挖掘及资源关联可视化展示研究[J].图书与情报,2014(03):27-32.

⑦ 吕方.我国公共文化服务需求导向转变研究[J].学海,2012(06):57-60.

⑧ 游祥斌,杨薇,郭昱青.需求视角下的农村公共文化服务体系建设研究[J].中国行政管理,2013(07):68-73.

⑨ 哈罗德·拉斯韦尔.社会传播的结构与功能[M].北京:中国传媒大学出版社,2017.

式。但是"5W"模式是一种简单的直线单向模式（如图 7-1）。尽管"5W"模式对公共文化服务需求反馈模式的构建有着不可忽视的引导作用，但是该模式忽略了"反馈"这一重要的环节，没有重视需求信息传播过程中的双向性①。

图 7-1　公共文化服务需求反馈机制传统型模型

2.现代公共文化服务需求反馈模式②

翁列恩等人根据传统的公共文化服务需求反馈模式和现代化的公共服务理念提出了自己的现代公共文化服务需求反馈模式即循环互动模式（如图 7-2 所示）。该循环互动模式提出了公共文化服务的反馈作用，这种反馈形成了公众与政府部门之间的双向互动。公众形成需求意愿，通过相应的反馈渠道反馈给政府，同时又是对反馈信息的评价者。该模式将公众对公共文化服务的需求意愿和评价信息作为提供公共文化服务的前提和基础，这种循环互动可以解决单项线性模式的不足，达到优化供给的目的。

图 7-2　现代公共文化服务需求反馈模式

在上述对公众文化需求反馈模式的梳理和对公共文化需求相关理论基础进行探析的基础上，本研究厘清规律，从而建立了新的理论基础和概念框架。上述公共文化需求反馈模式仅仅注重了公共文化需求挖掘和反馈的逻辑框架，却在涉及真正的公共文化需求挖掘时未深入探索。因此本章在改善该公共文化需求反馈模式的同时，对发现需求的方法、识别与甄选需求的技术以及反馈方式进行研究。基于这些公共文化需求识别技术，本研究建立了以需求为导向的需求挖掘模型（如图 7-3）。

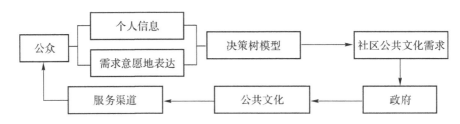

图 7-3　社区公共文化需求挖掘反馈模式

通过对上述文献资料的分析，可以看出已经有许多学者意识到了公共文化需求的重要性，也有较多研究者对公共文化需求表达机制进行了研究。但是目前学术界对公共文化需求的表达仍停留在表达机制的研究上，需求表达模型建立的前提和基础仍是对公众需求的挖掘，学术界对此的研究仍有较大的欠缺。特别是在当今大数据的背景之下，如何运用科技

①　翁列恩,钱勇晨.我国公共文化服务需求反馈模式研究[J].文化艺术研究,2014(02):20-26.

②　翁列恩,钱勇晨.我国公共文化服务需求反馈模式研究[J].文化艺术研究,2014(02):20-26.

的手段去挖掘公众的公共文化需求,实现公共文化服务大数据集成,[①]是当今社会亟须解决的一大问题。通过对公众需求进行挖掘,可以指导、推动政府部门的公共文化服务供给,能够提供公众真正需要的文化产品,配备合适的资金技术,最终提升基层公共文化服务质量。

根据杭州市上城区的实际情况,本章选择了决策树模型,决策树的运行规则就是找出最有影响力的属性,并把导入的数据划分为不同类型。一方面,决策树模型容易理解辨认,且结果具有描述性;另一方面,决策树的效率高,其结果可以反复使用。通过决策树的生成与剪枝,建立公共文化需求的决策树模型,并根据有效性属性重新预测调优,形成需求清单,进而提升公共文化科技服务的需求识别能力。

第二节　基于决策树的社区公共文化需求挖掘模型构建

一、社区公共文化需求的挖掘方法选择

（一）社区公共文化需求挖掘方法梳理

目前,数据挖掘技术种类较多,层出不穷。数据挖掘是从大量不完整的原始数据中提取有用的、可信的信息,并加以分析处理。数据挖掘一般由三个步骤组成:数据处理—模型设计—数据分析[②]（见图 7-4）。

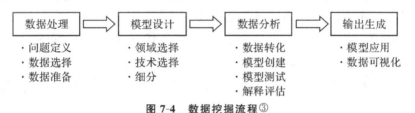

图 7-4　数据挖掘流程[③]

其中较为常用的有机器学习方法、序列模式分析、聚类分析、关联规则技术、决策树技术、神经网络技术、遗传算法技术等等。各种算法都有其优缺点,可用于解决不同的实际问题,本研究就几个简单的挖掘模型进行介绍:

1. 关联规则

R. Agrawal 等人第一次提出了“关联规则”的概念。关联规则用于挖掘和发现海量数据之中有价值的数据,并在这些有价值的数据之间寻找一种或者几种关联或相关关系。关联规则的经典案例就是购物篮分析（Market Basket Analysis）。通过对顾客的购买记录进行相关的分析,利用关联规则进行挖掘,可以发现顾客的购买习惯。例如,顾客购买产品 a 的同时也购买产品 b,于是,超市就可以调整货架的布局,将 a 产品和 b 产品放在一起以增进销量[④]。但是

①　Bolin H, Dongjae C, Youngkug S. Research on big data integration architecture design of public cultural services[J]. Library and Information Service,2020,64(10):3.

②　邹媛. 基于决策树的数据挖掘算法的应用与研究[J]. 科学技术与工程,2010,10(18):4510-4515.

③　韩家炜,坎伯. 数据挖掘概念与技术[M]. 北京:机械工业出版社,2006:1-100.

④　贺孝莉. 改进的关联规则算法在教学评价中的研究与应用[J]. 电子世界,2014(01):199-201.

关联规则不考虑数据之间的顺序,而更加注重数据之间的关联组合。就实际情况而言,关联规则挖掘这一方法在我国的研究与应用还不够成熟,存在一定的提升空间。

2. 聚类分析

聚类分析是按照需要分类模式特征的相似或相异程度将数据样本进行分组,从而使分类后的同一组数据尽可能相似,不同组的数据尽可能相异[1][2]。评判聚类结果的标准是:同一组数据内部的相似程度越大,不同的组与组之间数据的差异度越大,则聚类效果就越好[3]。但是,聚类分析的目的是用于发现而不是用于预测[4]。

3. 神经网络技术

神经网络的探析始于 20 世纪。1943 年,匹茨和麦克劳首次提出了二值神经元模型[5][6]。人工神经网络本质上是一个分布式矩阵结构,它根据样本的输入输出对加权法进行自我调整,从而近似模拟出输入、输出内在隐含的映射关系[7]。在应用上,神经网络已拓展到许多重要的领域,主要有模式识别与图像处理、预测与管理和通信等领域[8]。神经网络技术具有较好的运用性,但在实际操作过程中存在一定的难度。

(二)社区公共文化需求挖掘方法确定

基于上述数据挖掘方法的梳理,结合各种模型的优缺点,根据杭州市上城区的实际情况,本研究选择了决策树(Decision Tree)模型:决策树起源于概念学习系统 CLS,其运行规则就是找出最有影响力的属性,并把导入的数据划分为不同的类型。不同的子集对应树的不同分枝,树由一个一个分枝构成,直到所有子集包含同一类型的数据就是决策树。最终形成得到的决策树,可以对新获取的数据进行分类归纳[9]。

决策树形成的过程如图 7-5 所示。 决策树有两大优点:(1)容易理解辨认,且结果具有

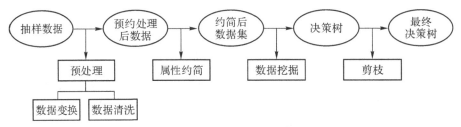

图 7-5　决策树流程图[10]

①　王骏. 无监督学习中聚类和阈值分割新方法研究[D].南京:南京理工大学,2010.

②　王敏. 分类属性数据聚类算法研究[D].镇江:江苏大学,2008.

③　曹凯迪,徐挺玉,刘云,张昕. 聚类分析综述[J].智慧健康,2016(10):50-53.

④　曹凯迪,徐挺玉,刘云,张昕. 聚类分析综述[J].智慧健康,2016(10):50-53.

⑤　吴简彤,王建华.神经网络技术及其应用[M].哈尔滨:哈尔滨工程大学出版社,1997.

⑥　焦李成.神经网络系统理论[M].西安:西安电子科技大学出版社,1990.

⑦　刘晓莉,戎海武. 基于遗传算法与神经网络混合算法的数据挖掘技术综述[J]. 软件导刊,2013(12):129-130.

⑧　雷艳敏. 基于神经网络的组合导航系统故障诊断技术研究[D].哈尔滨:哈尔滨工程大学,2006.

⑨　郭玉滨. 决策树算法研究综述[J].电脑知识与技术,2006(02):155+160.

⑩　邹嫒.基于决策树的数据挖掘算法的应用与研究[J].科学技术与工程,2010,10(18):4510-4515.

描述性,描述性结果清晰明了,有助于帮助人们进行分析;(2)效率高,使用者只需要构建一次决策树,其结果就可以反复地使用。但需要注意的是,在使用决策树的过程当中,每一次预测的最大计算次数不能超过决策树的深度,否则会影响决策树结果的准确性。

二、社区公共文化需求的决策树模型设计

本次研究的是如何运用决策树模型去挖掘社区公共文化需求。首先将社区公共文化需求进行定义分类。

(一)社区公共文化需求的范围界定

本次研究将公共文化分为传统文化、营养保健、体育健身、文学艺术、风景旅游和基本公共教育六大类。划分依据是恩格斯对消费资料分类所作的科学概括,按能够满足消费者需求层次划分,消费结构可以分为生存型消费、发展型消费和享受型消费。根据新公共服务理论,对照消费结构,本研究将公共文化分为生存型、发展型和享受型三类。生存型的公共文化有医疗、营养保健等;发展型的公共文化主要有体育、基本公共教育等;享受型的公共文化主要有风景旅游、体育健身和传统优秀文化。根据以上内容,本研究将对公共文化服务做出新定义。

每一部分公众文化需求都根据《上城区公共文化服务体系建设工作方案》及《上城区认真贯彻落实公共文化服务体系建设〈标准〉(2016—2020年)任务分解表》分为基本服务、设施建设和人员配备三大类。具体如表7-1:

表 7-1　社区公共文化需求列表

公共文化	具体需求
传统文化	1.文化展示场所,例如非遗展示馆、博物馆、文化馆、纪念馆、名人故居
	2.定期免费发放传统文化相关资料,例如传统文化书籍
	3.传统文化的宣传介绍,例如非物质文化遗产宣讲活动
	4.举办传统文化活动,例如民俗文艺汇演、历史文艺讲堂
	5.建立业余戏曲团队、民间团队
文学艺术	1.学习阅读场所,例如图书馆、阅览室、书店
	2.艺术表演场所,例如剧院、电影院、音乐厅
	3.对图书、报刊等的配备
	4.定期组织文艺培训和活动,例如开展绘画展、指导舞蹈班、全民阅读活动
	5.建立文体团队,例如文化志愿者、群众文体团队
体育健身	1.群众体育场所,例如群艺馆(站)、体育馆、区青少年宫等健身场地
	2.健身设施,例如健身器材免费使用
	3.提供体育服务,例如定期进行体育活动指导,定期组织大众体育活动
	4.体育锻炼的宣传及知识宣讲
	5.配备固定体育服务人员,例如社区体育指导员
营养保健	1.医疗卫生服务中心
	2.心理咨询室
	3.建立电子家庭健康档案,例如定期组织体检以实现居民的动态系统管理
	4.宣传营养保健知识,例如孕期等特殊时期的保健知识,传染病预防策略
	5.开展培训班,例如帮助家庭成员掌握一定基本常识和急救技巧

续表

公共文化	具体需求
基本公共教育	1.基本公共教育场所,例如幼儿园、老年学习班、婴幼儿早教活动室
	2.特殊教育活动室,例如针对残障儿童的活动室
	3.基本的教学设备,例如计算机、投影仪
	4.开展教育课程,例如婴幼儿早期教育讲座、法律知识教育
	5.组织社区教育活动,例如党建教育、技能教育
风景旅游	1.平台建设,例如对风景旅游介绍的网络平台
	2.优惠活动,例如对社区居民进行门票减免、定期举办旅游节
	3.形象建设,例如上城区旅游品牌和形象的建设
	4.政策宣传,例如旅游法规政策的解读,优惠政策的告知
	5.发展国际化旅游,例如建立国际社区,吸引外国人到上城区就业、创业

由于本研究收集的样本量有限,不能将此次研究中的 30 个需求放入一个决策模型中进行分析,因此,本研究将 30 个需求分别归入到传统文化、营养保健、体育健身、文学艺术、风景旅游和基本公共教育六大类中,将这六大类一一建模,最后将模型分析结果进行分类整理,形成最终的需求清单。由于模型众多,本研究不能一一展示,因此此次实证建模以传统文化这一大类为例。

(二)社区公共文化需求的决策树模型框架建设

设 SL 为公众文化需求样本集,按照需求程度划分为 $\{A_1,A_2,A_3,A_4,A_5\}$,其中 A_1 为不需要,A_2 为较不需要,A_3 为需要,A_4 为比较需要,A_5 为非常需要。根据公众的基本属性确定样本集数据的各指标为 $S_1,S_2,\cdots,S_{10}$。其中,S_1 代表性别,S_2 代表年龄,S_3 代表婚姻状况,S_4 代表文化程度,S_5 代表政治面貌,S_6 代表职业,S_7 代表个人年收入,S_8 代表所在区域,S_9 代表户籍,S_{10} 代表居住时间,共 10 个指标。

选择一个指标 S 把 SL 分为多个子集,设 S 有 n 种互不重合的取值 $\{X_1,X_2,\cdots,X_n\}$,则公众文化需求样本集 SL 按照指标 S 的 n 种取值划分成为 n 个子集 $\{T_1,T_2,\cdots,T_n\}$,每个子集中 T_i 的 S 指标的值均为 X_i。

例如,选择指标 S_2(年龄),把公众文化需求样本集 SL 分为"20 岁及以下""21~30 岁""31~40 岁""41~50 岁""51~60 岁""61~70 岁""71 岁及以上"这 7 个互不重合的取值,X_1 则为样本集,T_1 是指 X_1("20 岁及以下")这个样本集中的人。

(三)社区公共文化需求的决策树计算

在建立公共文化需求的决策树时,最重要的是树形中非叶子节点中哪个在前哪个在后。例如,在公共文化需求模型中,性别、年龄、婚姻状况……居住时间等十个属性在决策树中,哪一个属性排在最前,哪一个属性次之,哪一个属性在最后,对决策树的建立有着极为重要的影响。合理地排列属性的次序,才能得到关于公众文化需求最佳分类和最科学的分类规则。而信息增益则作为需求程度分类的重要依据,增益越小,属性变化越多,排列次序越靠前。因此,如何计算属性的增益,是公共文化需求决策模型的重要步骤(见图 7-6)。信息增

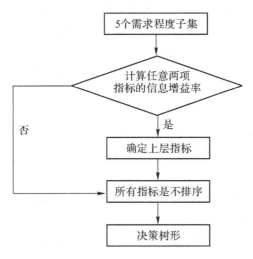

图 7-6 决策树建模流程

益率是信息增益的比率,能够更加有效地避免构造公众公共文化需求决策树模型偏向选取取值数量多的指标这一问题。

|SL|是公共文化需求样本 SL 的样本数,$|A_K|=\mathrm{freq}(A_K,\mathrm{SL})$(频数)为样本集 SL 中 A_K 类的样本数,$|T_i|=\mathrm{freq}(X_i,s)$ 为属性 s、取值为 X_i 的样本数,$|A_{Ki}|$ 为属性 s 取值为 X_i 的样本中具有 A_K 类别的样本数。以传统文化需求中文化展示场所这一需求为例,$|A_K|$ 指公共文化需求样本 SL 中文化展示场所不同需求程度的样本数,如 $|A_3|$ 指"对文化展示场所一般需要"的人数有 80 人;$|T_女|$ 指"属性为女"的样本数有 266 人;$|A_{3女}|$ 则指的是"属性为女"的人数中,"对文化展示场所一般需要"的人数为 46 人。

类别 A_K 类的发生概率:

$$P(A_K)=\mathrm{freq}(A_K,\mathrm{SL})/|\mathrm{SL}| \tag{7-1}$$

属性 s 的取值为 X_i 的发生概率:

$$P(X_i)=|T_i|/|\mathrm{SL}| \tag{7-2}$$

属性 s 取值为 X_i 的样本中,类别值 A_K 的条件概率:

$$P(A_K/X_i)=|A_{K_i}|/|T_i| \tag{7-3}$$

类别 A_K 的信息熵:

$$H(\mathrm{SL})=\sum_k P(A_K)\log_2[1/P] \tag{7-4}$$

类别 A_K 的条件熵:

$$H(\mathrm{SL}/s)=\sum_k P(X_i)\sum_i P(A_K/X_i)\log_2[1/P(A_k)] \tag{7-5}$$

信息增益:

$$I(\mathrm{SL}/s)=H(\mathrm{SL})-H(\mathrm{SL}/s)=\mathrm{info\ gain}(s) \tag{7-6}$$

属性 s 的信息熵:

$$H(s)=\sum_i P(s)\log[1/P] \tag{7-7}$$

属性 s 的信息增益率:

$$\mathrm{info\ gain(s)}=I(\mathrm{SL},s)/H(s) \tag{7-8}$$

例如：以传统文化中的文化展示场所为例，选取 436 个调查样本。举例计算如下：根据公众的需求程度将样本共分为五个不同的子集：{非常需要＝好(5)}；{比较需要＝较好(4)}；{一般需要＝一般(3)}；{较不需要＝较差(2)}；{不需要＝差(1)}，五个子集的样本数分别为 205，127，80，13，11。现在计算公共需求度 A 的信息熵：

$$H(A) = \sum_k P(A_k)\log_2[1/P(A_K)]$$

$$= \left(\frac{205}{436}\log_2\frac{436}{205}\right) + \left(\frac{127}{436}\log_2\frac{436}{127}\right) + \left(\frac{80}{436}\log_2\frac{436}{80}\right) + \left(\frac{13}{436}\log_2\frac{436}{13}\right) +$$

$$\left(\frac{11}{436}\log_2\frac{436}{11}\right)$$

$$= 0.51189 + 0.518340 + 0.448854 + 0.151102 + 0.133936$$

$$= 1.76412$$

在数据样本集中，选择户籍和婚姻状况两种属性作为举例计算，下面计算文化展示场所中需求程度关于户籍和婚姻的条件熵：

户籍是上城区本地户口{户籍＝(1)}时，样本数分别为：不需要 7，比较不需要 5，需要 41，比较需要 86，非常需要 154；样本总量 293。

户籍是上城区以外户口{户籍＝(2)}时，样本数分别为：不需要 1，比较不需要 8，需要 34，比较需要 41，非常需要 48；样本总量 132。

户籍境外人士{户籍＝(3)}时，样本数分别为：不需要 1，比较不需要 0，需要 1，比较需要 0，非常需要 1；样本总量 3。

其他户籍{户籍＝(4)}时，样本数分别为：不需要 2，比较不需要 0，需要 4，比较需要 0，非常需要 2；样本总量 8。

户籍的条件熵：

$$H(A/\text{户籍}) = \sum_k P(\text{户籍}_i)\sum_i P(A_K/X\text{户籍}_i)\log_2[1/P(A_K/X\text{户籍})]$$

$$= \frac{293}{436}\left\{\left(\frac{7}{293}\log_2\frac{293}{7}\right) + \left(\frac{5}{293}\log_2\frac{293}{5}\right) + \left(\frac{41}{293}\log_2\frac{293}{41}\right) +\right.$$

$$\left.\left(\frac{86}{293}\log_2\frac{293}{86}\right) + \left(\frac{154}{293}\right)\log_2\frac{293}{154}\right\} + \frac{132}{436}\left\{\left(\frac{1}{132}\log_2\frac{132}{1}\right) +\right.$$

$$\left.\left(\frac{8}{132}\log_2\frac{132}{8}\right) + \left(\frac{34}{132}\log_2\frac{132}{34}\right) + \left(\frac{41}{132}\log_2\frac{132}{41}\right) + \left(\frac{48}{132}\log_2\frac{132}{48}\right)\right\}$$

$$+ \frac{3}{436}\left\{\left(\frac{1}{3}\log_2\frac{3}{1}\right) + \left(\frac{1}{3}\log_2\frac{3}{1}\right) + \left(\frac{1}{3}\log_2\frac{3}{1}\right)\right\} +$$

$$\frac{8}{436}\left\{\left(\frac{2}{8}\log_2\frac{8}{2}\right) + \left(\frac{4}{8}\log_2\frac{8}{4}\right) + \left(\frac{2}{8}\log_2\frac{8}{2}\right)\right\}$$

$$= (0.128709 + 0.100218 + 0.39701 + 0.51907 + 0.48773) \times \frac{293}{436} +$$

$$(0.05336 + 0.24511 + 0.50405 + 0.52394 + 0.53070) \times \frac{3}{436} +$$

$$(0.52832 + 0.52832 + 0.52832) + (0.5 + 0.5 + 0.5) \times \frac{8}{436}$$

$$= 1.00802 + 0.562259 + 0.010905 + 0.027522 = 1.608706$$

户籍的信息增益：

$$I(A/户籍)=H(A)-H(A/户籍)=\text{info gain(s)}=1.76412-1.608706=0.155414$$

户籍的信息熵：

$$H(户籍)=\sum_i P(户籍)\log_2[1/P(户)]$$

$$=\left(\frac{293}{436}\log_2\frac{436}{293}\right)+\left(\frac{132}{436}\log_2\frac{436}{132}\right)+\left(\frac{3}{436}\log_2\frac{436}{3}\right)+\left(\frac{8}{436}\log_2\frac{436}{8}\right)$$

$$=0.38535+0.52188+0.04942+0.10583=1.06248$$

户籍的信息增益率：

$$\text{info gain}(户籍)=I(A,户籍)/H(户籍)=0.155414/1.06248=0.146275$$

根据上述的计算方法，同样可以算出婚姻状况的信息增益率。通过比较户籍和婚姻状况两者的信息增益率可以得出，此次用 437 个样本数据得出的决策树模型（属性只包含户籍和婚姻状况）中，第一层节点为户籍，第二层节点为婚姻状况。按照上述计算方法，在本研究中，10个属性的非叶子节点均可以得到其他属性的信息增益率，并选出每一层的节点顺序，依次类推，直到所有样本都分至 5 个不同需求程度的叶子节点子集中。当访问完所有属性时，此次研究的决策树模型就构建完成了。

三、社区公共文化需求的决策树剪枝

按照上文生成的社区公共文化需求决策树模型会十分详细，最后形成的决策树也会显得异常庞大，每一个属性都会被详细地加以细分。此时，决策树对应的需求程度的数据是"纯"的。若马上使用该第一次建立的决策树对公众文化服务需求进行聚类，可以比较准确地对社区公共文化需求数据样本进行聚类。但是存在一个非常大的缺点，即当所有的数据，包括准确的和错误的都被决策树所提取整合，将导致社区公共文化需求的过度拟合，而社区公共文化需求决策树的过度拟合会使决策树不具备良好的概括能力。现有的文献和著作表示，过度拟合的决策树的错误率往往会高于经过简化后的决策树[1]，因此我们在构建决策树的过程中，要尽力避免对决策树的过度拟合（见图 7-7）。

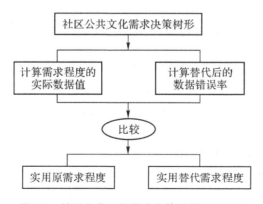

图 7-7　社区公共文化需求决策树剪枝流程图

---

① 安冬冬.基于数据挖掘技术的常规公交服务水平评价体系研究[D].成都:西南交通大学,2015.

　　为了能够更好地解决模型构建过程中出现的过度拟合问题,我们往往会进行剪枝。通过剪枝技术,能够使初步建立的过于烦琐复杂的决策树得到简化,方便研究者提取决策树规则。一般的决策树分为先剪枝和后剪枝。先剪枝是指在构建决策树之前,提前限定决策树最大的层级,但这要求研究者能够清晰地了解决策树模型数据样本的取值分布①。后剪枝则是在建立决策树后,若发现建成的决策树过于烦琐复杂,则可根据相应规则仅保留具有代表性的根节点。因此,先剪枝虽然原理简单,且似乎更加便于后面的数据处理,但是在实际应用的过程中存在顶层指标选择主观性过强等问题,同时难以确定合适的剪枝分界阈值。所以,此次研究的社区公共文化服务需求模型采用后剪枝的方式来对决策树模型进行剪枝。

　　举例:在本次研究的 436 个样本中,按照户籍属性分为"上城区本地户口""上城区以外户口""境外人士"三类,每一类给定一个置信度 c(设为 0.25)均服从二项分布。

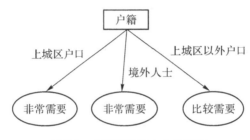

图 7-8　户籍属性样本分类示例

　　(1)计算社区公共文化需求决策树子树中每个公众需求程度叶子节点代表的实际数据错误率的加权值。

　　(2)计算利用某一公众需求度叶子节点替代该户籍分支后的判断错误率。

　　若以"上城区户口"代替"上城区以外户口",则计算替代后的整体判断错误率。

　　(3)如果使用该需求度的叶子节点代替原来的户籍分支之后,判断错误率下降,则使用该需求度叶子节点代替原来的节点分支,否则保留原户籍分支②,即完成了剪枝过程。

四、社区公共文化需求的决策树模型规则提取

　　对于剪枝后的社区公共文化服务需求决策树,从树根到树叶的枝干都是对应的规则。

　　举例:

　　剪枝后的社区公共文化需求决策树(如图 7-9),从户籍到需求程度共有 5 条枝干。每一条"户籍——婚姻状况——需求程度"的枝干都对应其相应的规则:

　　(1)If "户籍为境外人士"then 需要程度=非常需要(5)

　　(2)If "户籍为上城区户口"且"未婚"then 需要程度=非常需要(5)

　　(3)If "户籍为上城区户口"且"已婚"then 需要程度=比较需要(4)

　　(4)If "户籍为上城区以外户口"且"已婚"then 需要程度=一般需要(3)

　　(5)If "户籍为上城区以外户口"且"未婚"then 需要程度=非常需要(5)

　　在实际操作过程中,此次公共文化需求探索中共有 10 个属性,样本量较大,社区公共文化

①　安冬冬.基于数据挖掘技术的常规公交服务水平评价体系研究[D].成都:西南交通大学,2015.

②　卢晶晶.基于数据挖掘的教学评价系统[D].南京:河海大学,2007.

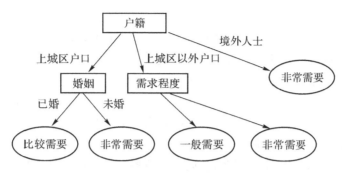

图 7-9　剪枝后的社区公共文化需求决策树形

需求模型在提取规则时,可能很多规则过于复杂和烦琐,可用 SPSS Modeler 中的决策树对模型进行规则约束,以得到更好的效果。

第三节　基于决策树的社区公共文化需求挖掘模型实证分析

一、数据采集与样本特征

(一)数据采集

杭州市上城区公共文化服务相对完善,且流动人口和青少年、老年人口相对集中。以杭州市上城区为样本研究社区公共文化需求,能较好地反映政府部门与公众文化需求之间的关系,对于提升政府部门的公共服务有着较强的指导意义,因此本研究选择杭州市上城区作为研究样本。本研究通过对杭州市上城区进行的实地调研,获取第一手数据,导入并训练模型以进行分析得出结论。调研情况见表 7-2。

表 7-2　样本覆盖区域

街道	社区
湖滨街道	青年路、东平巷、东坡路
清波街道	清河坊、劳动路、清波门
小营街道	小营巷、金钱巷、大学路、老浙大、梅花碑、姚园寺巷
望江街道	始版桥、莫邪塘、婺江、近江东园、近江西园
南星街道	美政桥、馒头山、复兴街、水澄桥
紫阳街道	上羊市街、彩霞岭、十五奎巷、候潮门、凤凰、春江

本研究致力于识别社区居民公共文化需求,充分挖掘杭州市上城区的优秀传统文化、营养保健、体育健身、文学艺术、风景旅游和基本公共教育等类型的优秀文化资源。本研究的抽样样本是杭州市上城区各个街道社区的居民,研究范围覆盖杭州市上城所有街道和一半社区。

此次在杭州市上城区 27 个社区共发放问卷 810 份(30 份×27 个社区),回收问卷 720份,其中有效问卷 436 份。

（二）样本特征

杭州市上城区居民抽样调查的样本特征如下：从年龄来看，男性比例为 38.7％，女性比例偏高，为 60.9％；从婚姻状况来看，已婚居民偏高，为 68.2％，未婚占 28.8％；从年龄状况来看 31～40 岁的居民最多，占 30.7％，最低是 71 岁及以上的老人，占 4.1％；从学历来看，本科学历是主要人群，为 38.4％，初中、高中/中专和大专人数较为接近，均在 17％左右；从政治面貌来看，群众所在人群最多，占 45.5％，其次为中共党员为 33.6％；此外，从职业与收入情况来看，社区工作人员、企业人员与低收入人群居多，社区工作人员和企业人员分别占 22.0％、27.5％；低收入人群占 40.7％；且此次调研多为上城区本地户口和居住时间 8 年以上人群，上城区本地户口人占 67.0％，而居住时间在 8 年以上的人群占 61.8％。样本情况见表 7-3。

表 7-3　样本结构

类别	样本结构	比例（％）	类别	样本结构	比例（％）
性别	男	38.7	婚姻	未婚	28.8
				已婚	68.2
	女	60.9		离异	2.7
年龄	20 岁及以下	5.7	文化程度	小学及以下	2.5
	21～30 岁	27.2		初中	16.9
	31～40 岁	30.7		高中/中专	17.6
	41～50 岁	12.4		大专	16.5
	51～60 岁	9.4		大学本科	38.4
	61～70 岁	10.1		研究生及以上	7.8
	71 岁及以上	4.1			
政治面貌	中共党员	33.6	所在的区域	湖滨街道	15.8
	民主党派	1.1		清波街道	17.2
	共青团员	8.5		小营街道	4.1
	无党派人士	3.0		望江街道	22.2
	群众	45.5		南星街道	21.1
				紫阳街道	19.5
职业	机关事业单位人员	7.1	个人年收入	5 万元及以下	40.7
	社区工作人员	22.0		5 万～10 万元	31.8
	企业人员	27.5		10 万～15 万元	17.4
	个体工商业者	10.1		15 万～30 万元	4.6
	自由职业者	6.2		30 万～50 万元	0.7
	在校学生	8.2		50 万以上	0.5
	离退休人员	16.2		不方便透露	4.1
	无业（失业）人员	0.7			
户籍	上城区本地户口	67.0	居住时间	1 年及以下	13.0
	上城区以外户口	30.2		1～3 年（含 3 年）	10.5
	境外人士	0.7		3～8 年（含 8 年）	14.4
	其他（请说明）	1.8		8 年以上	61.8

二、基于决策树的社区公共文化需求影响因素分析

将本研究所获得的数据进行预处理,去除异常数据和含有缺失值的数据。其次,将处理过的数据随机分为训练数据和验证数据,比例为 4∶1。最后将训练数据导入 SPSS Modeler 工具中进行决策树训练。本书将"传统文化"这一公共文化为例,展开数据分析过程。

本次研究中,将"传统文化"这一公共文化划分为"文化展示场所""发放传统文化资料""传统文化宣传介绍""举办传统文化活动"和"建立业余戏曲团队、民间团队"5 个详细需求(详见表 7-1)。根据社会公众对这五个需求的需求程度选择,利用公式 $X_{传统文化}=(X_1+X_2+X_3+X_4+X_5)/5$,对获取的需求程度加权平均,计算得出"传统文化"的需求值,并将需求值导入数据,建立决策树流(如图 7-10)。

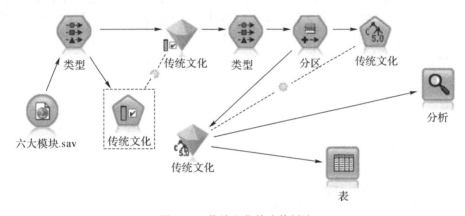

图 7-10 传统文化的决策树流

此次需求中,性别、年龄、婚姻状况、文化程度、政治面貌、所在区域、职业、个人年收入、户籍和居住时间都对公众的公共文化需求产生一定的影响,本次研究将这些因素都纳入其中进行分析,找出其中对公众文化需求影响较大的因素。

实证结果表明,传统文化这一需求,受户籍、居住地、文化程度、职业这 4 个因素影响(如表 7-4)。其中,户籍和居住地这两个变量对传统文化的影响最大,都为 1.0;年龄这一因素对文化展示场所的影响最小,为 0.119;其余政治面貌、居住时间、婚姻状况、年收入、性别和年龄这 6 个因素对模型贡献度不足,可以从模型中剔除。

表 7-4 传统文化的影响因素

	等级	字段	测量	重要性	值
√	1	户籍	名义	重要	1.0
√	2	居住地	名义	重要	1.0
√	3	文化程度	名义	重要	0.998
	4	职业	名义	不重要	0.82
	5	政治面貌	名义	不重要	0.792
	6	居住时间	名义	不重要	0.719
	7	婚姻状况	名义	不重要	0.633

续表

等级	字段	测量	重要性	值
8	年收入	名义	不重要	0.586
9	性别	名义	不重要	0.176
10	年龄	名义	不重要	0.119

三、基于决策树的社区公共文化需求规则提取

根据上述影响文化展示场所需求的公众属性，根据 SPSS Modeler 进行建模、剪枝，提取社区公共文化服务需求规则。当修剪严重性=70 时，社区公共文化需求模型中测试样本错误率相对较低。用决策树模型去验证预测集时，训练样本中的错误率也处于相对中等水平。当修剪严重性=85 时，社区公共文化需求模型测试样本和预测样本的错误率开始回升。这说明决策树修剪过度。此时社区公共文化需求模型（决策树模型）对样本的拟合度过低，即整个决策树模型的准确度不足。基于以上分析，将"修剪严重性"设定为 70 是相对合理的。见图 7-11。

图 7-11 传统文化决策树模型参数

在决策树模型建立的过程中，修剪严重性选择 70，每个子分支的最小记录数为 3。然后得出传统文化中文化展示场所相应的规则，如下：

户籍=1.00［模式：4］
　居住地 in［湖滨街道］［模式：4］
　　职业 in［机关事业单位人员 企业人员 在校学生］［模式：5］=＞非常需要

　　　　职业 in［社区工作人员］［模式：3］=＞比较需要

　　　　职业 in［个体工商业者自由职业者］［模式：4］=＞比较需要

　　　　职业 in［离退休人员］［模式：4］

　　　　　　分区＝训练［模式：4］=＞比较需要

　　　　　　分区＝测试［模式：5］=＞非常需要

　　　　职业 in［无业(失业)人员其他］［模式：4］=＞比较需要

　　居住地 in［小营街道清波街道望江街道］［模式：5］=＞非常需要

　　居住地 in［紫阳街道］［模式：4］

　　　　职业 in［机关事业单位人员自由职业者其他］［模式：3］=＞比较需要

　　　　职业 in［企业人员］［模式：5］

　　　　　　分区＝训练［模式：5］=＞非常需要

　　　　　　分区＝测试［模式：3］=＞比较需要

　　　　职业 in［社区工作人员］［模式：3］

　　　　　　分区＝训练［模式：1］=＞不需要

　　　　　　分区＝测试［模式：3］=＞比较需要

　　　　职业 in［个体工商业者离退休人员］［模式：4］=＞比较需要

　　　　职业 in［在校学生］［模式：1］=＞不需要

　　　　职业 in［无业(失业)人员］［模式：4］=＞比较需要

　　居住地 in［南星街道］［模式：4］=＞比较需要

户籍＝2.00［模式：4］

　　居住地 in［湖滨街道］［模式：5］

　　　　职业 in［机关事业单位人员企业人员个体工商业者］［模式：3］=＞比较需要

　　　　职业 in［社区工作人员］［模式：5］=＞非常需要

　　　　职业 in［在校学生离退休人员］［模式：4］=＞比较需要

　　　　职业 in［自由职业者无业(失业)人员其他］［模式：5］=＞非常需要

　　居住地 in［小营街道］［模式：5］

　　　　职业 in［机关事业单位人员］［模式：4］=＞比较需要

　　　　职业 in［企业人员社区工作人员离退休人员其他］［模式：3］=＞比较需要

　　　　职业 in［个体工商业者在校学生自由职业者］［模式：5］=＞非常需要

　　　　职业 in［无业(失业)人员］［模式：5］=＞非常需要

　　居住地 in［清波街道南星街道］［模式：4］=＞比较需要

　　居住地 in［紫阳街道］［模式：3］=＞比较需要

　　居住地 in［望江街道］［模式：4］

　　　　职业 in［机关事业单位人员在校学生无业(失业)人员］［模式：4］=＞比较需要

　　　　职业 in［企业人员个体工商业者离退休人员］［模式：3］=＞比较需要

　　　　职业 in［社区工作人员］［模式：5］=＞非常需要

　　　　职业 in［自由职业者］［模式：4］=＞比较需要

户籍＝3.00［模式：1］=＞不需要

户籍＝4.00［模式：3］=＞比较需要

四、基于决策树的社区公共文化需求表建构

将上文决策树模型中提取的规则转化为需求表。转换过程中将一些不具有实际意义的规则进行剔除,转换结果如下(见表7-5):

表7-5　传统文化中的需求表

需求程度	类型	问卷属性	选项	属性内容
非常需要传统文化	类型一	户籍	1	上城区本地户口
		居住地	1	湖滨街道
		职业	1 or 2 or 6	机关事业单位人员 or 企业人员 or 在校学生
	类型二	户籍	1	上城区本地户口
		居住地	2 or 3 or 5	小营街道 or 清波街道 or 望江街道
	类型三	户籍	1	上城区本地户口
		居住地	4	紫阳街道
		职业	2	企业人员
	类型四	户籍	2	上城区以外户口
		居住地	1	湖滨街道
		职业	5 or 8	自由职业者 or 无业(失业)人员
	类型五	户籍	2	上城区以外户口
		居住地	2	小营街道
		职业	4 or 5 or 6 or 8	个体工商业者 or 自由职业者 or 在校学生 or 无业(失业)人员
	类型六	户籍	2	上城区以外户口
		居住地	5	望江街道
		职业	3	社区工作人员
比较需要传统文化	类型一	户籍	1	上城区本地户口
		居住地	1	湖滨街道
		职业	4 or 5	个体工商业者 or 自由职业者
	类型二	户籍	1	上城区本地户口
		居住地	4	紫阳街道
		职业	4 or 7	个体工商业者 or 离退休人员
	类型三	户籍	1	上城区本地户口
		居住地	6	南星街道
	类型四	户籍	2	上城区以外户口
		居住地	1	湖滨街道
		职业	6 or 7	在校学生 or 离退休人员

需求程度	类型	问卷属性	选项	属性内容
比较需要传统文化	类型五	户籍	2	上城区以外户口
		居住地	2	小营街道
		职业	1	机关事业单位人员
	类型六	户籍	2	上城区以外户口
		居住地	5	望江街道
		职业	1 or 6 or 7	机关事业单位人员 or 在校学生 or 离退休人员

表 7-5 内容的可作以下解释。

非常需要传统文化的公众类型有：

(1)"上城区本地户口""居住在湖滨街道"且"机关事业单位人员或者企业人员或者在校学生"的公众；

(2)"上城区本地户口"且"居住在小营街道或清波街道或紫阳街道"的公众；

(3)"上城区本地户口""居住在紫阳街道"且"企业人员"的公众；

(4)"上城区以外户口""居住在湖滨街道"且"自由职业者或者无业(失业)人员"的公众；

(5)"上城区以外户口""居住在小营街道"且"个体工商业者或者自由职业者或者在校学生或者无业(失业)人员"的公众；

(6)"上城区以外户口""居住在望江街道"且"社区工作人员"的公众。

比较需要传统文化的公众类型有：

(1)"上城区本地户口""居住在湖滨街道"且"个体工商业者或者自由职业者"的公众；

(2)"上城区本地户口""居住在紫阳街道"且"个体工商业者或者离退休人员"的公众；

(3)"上城区本地户口""居住在南星街道"的公众；

(4)"上城区本地户口""居住在紫阳街道"且"企业人员"的公众；

(5)"上城区以外户口""居住在小营街道"且"机关事业单位人员"的公众；

(6)"上城区以外户口""居住在望江街道"且"机关事业单位人员或者在校学生或者离退休人员"的公众。

五、基于决策树的社区公共文化需求挖掘模型评估修正

(一)基于决策树的社区公共文化预测评估

建立决策树模型并导出模型规则之后，得出了传统文化的初级决策树模型结果。研究者试图对模型的结果进行评估,验证模型结果的合理性。在 SPSS Modeler 中建立决策树模型后,将验证数据导入决策树中进行预测,评价指标为均方误差。均方误差的结果越大,说明模型效果越好。为了提升模型的准确性,去除样本数据中的异常数据和含有缺失值的数据。将被随机切分成为验证数据,共 100 份数据导入决策树模型中进行训练预测,预测结果如表 7-6 所示。

表 7-6　传统文化决策树预测结果（部分结果）

传统文化	文学艺术	体育健身	营养保健	基本公共教育	风景旅游	文化程度	职业	居住地	户籍	$C-传统文化	$CC-传统文化
2	3	3	3	3	3	2	2	4	1	3	0.375
2	3	4	4	4	3	5	3	6	1	4	0.516
4	3	3	3	3	3	5	2	6	2	4	0.515
3	4	3	3	4	5	5	3	6	1	4	0.516
3	3	3	4	4	4	3	4	6	2	4	0.515
4	4	3	5	4	4	4	1	4	1	3	0.444
2	3	3	5	4	4	5	7	5	2	4	0.375
4	3	5	1	5	3	3	7	4	1	3	0.444
3	3	4	3	3	5	5	5	4	2	3	0.351
3	4	4	5	4	4	5	5	4	1	1	0.3
4	3	3	3	2	3	4	2	6	1	4	0.516
4	3	3	3	2	2	5	4	3	1	5	0.489
3	4	4	4	4	4	4	2	2	2	3	0.5
3	3	4	4	3	3	4	6	5	2	3	0.364
5	4	3	4	3	4	5	2	6	1	4	0.516
3	4	3	3	3	2	3	3	2	2	3	0.5
2	3	3	3	2	2	2	6	2	1	5	0.489
4	5	4	5	5	5	3	6	4	1	4	0.444
4	4	4	4	4	4	5	2	6	1	4	0.516
4	4	4	4	5	4	5	5	4	1	1	0.3
4	3	4	4	3	3	2	3	6	1	4	0.516
3	3	3	4	3	4	2	3	1	4	3	0.385
4	4	5	4	5	4	3	6	2	1	5	0.489
3	4	4	4	4	4	1	9	2	2	4	0.5
5	4	5	5	4	4	4	7	2	1	5	0.489
4	4	4	4	3	4	3	4	1	1	4	0.6
3	3	3	3	3	2	3	6	2	1	5	0.489
4	3	4	4	3	3	3	3	2	2	3	0.5
3	4	4	4	4	4	5	2	6	1	4	0.516
4	4	4	5	4	4	4	4	6	1	4	0.516
5	4	4	4	4	5	3	3	2	1	5	0.489

续表

传统文化	文学艺术	体育健身	营养保健	基本公共教育	风景旅游	文化程度	职业	居住地	户籍	$C-传统文化	$CC-传统文化
5	4	4	5	4	5	2	9	6	1	4	0.516
4	5	5	5	3	4	2	5	1	1	5	0.44
5	5	5	5	5	4	2	6	2	1	5	0.489
4	4	4	4	5	4	3	3	6	1	4	0.516
5	4	4	4	4	5	4	4	6	1	4	0.516
5	4	5	4	4	5	4	3	6	1	4	0.516
4	4	4	5	4	4	5	1	6	1	4	0.516
4	4	4	5	5	4	5	1	4	2	3	0.351
3	4	4	4	4	4	1	3	5	1	5	0.489

预测的结果显示，传统文化中的均方误差较低，准确率较低。因此，仍要对模型进行修正。

（二）基于决策树的社区公共文化需求新规则提取

由于在对模型验证的过程中，模型预测的结果不尽如人意，因此仍需对传统文化的决策树模型进行修正。对决策树进行修正的过程中，重要的是对决策树的剪枝过程以及每个子分支的最小记录数修正的过程，其中最关键的是对决策树剪枝严重性的修正。见图7-12。

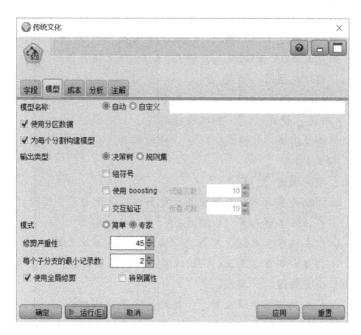

图7-12　传统文化决策树模型参数

重新对决策树进行剪枝和系数修改之后，提取新的规则如下：

户籍＝1.000［模式：4］

  居住地 in［湖滨街道］［模式：4］

    职业 in［机关事业单位人员在校学生］［模式：5］＝＞非常需要

    职业 in［企业人员］［模式：5］

      分区＝训练［模式：5］＝＞非常需要

      分区＝测试［模式：3］＝＞比较需要

    职业 in［社区工作人员］［模式：3］＝＞比较需要

    职业 in［个体工商业者自由职业者］［模式：4］＝＞比较需要

    职业 in［离退休人员］［模式：4］

      分区＝训练［模式：4］＝＞比较需要

      分区＝测试［模式：5］＝＞非常需要

    职业 in［无业(失业)人员其他］［模式：4］＝＞比较需要

  居住地 in［小营街道清波街道］［模式：5］＝＞非常需要

  居住地 in［紫阳街道］［模式：4］

  职业 in［机关事业单位人员自由职业者其他］［模式：3］＝＞比较需要

    职业 in［企业人员］［模式：5］

      分区＝训练［模式：5］＝＞非常需要

      分区＝测试［模式：3］＝＞比较需要

    职业 in［社区工作人员］［模式：3］

      分区＝训练［模式：1］＝＞不需要

      分区＝测试［模式：3］＝＞比较需要

    职业 in［个体工商业者离退休人员］［模式：4］＝＞比较需要

    职业 in［在校学生］［模式：1］＝＞不需要

    职业 in［无业(失业)人员］［模式：4］＝＞比较需要

  居住地 in［望江街道］［模式：5］

    分区＝训练［模式：5］＝＞非常需要

    分区＝测试［模式：4］＝＞比较需要

  居住地 in［南星街道］［模式：4］＝＞比较需要

户籍＝2.000［模式：4］

  居住地 in［湖滨街道］［模式：5］

    职业 in［机关事业单位人员企业人员个体工商业者］［模式：3］＝＞比较需要

    职业 in［社区工作人员］［模式：5］＝＞非常需要

    职业 in［在校学生离退休人员］［模式：4］＝＞比较需要

    职业 in［自由职业者无业(失业)人员其他］［模式：5］＝＞非常需要

  居住地 in［小营街道］［模式：5］

    职业 in［机关事业单位人员］［模式：4］＝＞比较需要

    职业 in［企业人员社区工作人员离退休人员其他］［模式：3］＝＞比较需要

    职业 in［个体工商业者在校学生自由职业者］［模式：5］＝＞非常需要

    职业 in［无业(失业)人员］［模式：5］＝＞非常需要

  居住地 in［清波街道南星街道］［模式：4］＝＞比较需要

居住地 in［紫阳街道］［模式：3］＝＞比较需要

居住地 in［望江街道］［模式：4］

　　职业 in［机关事业单位人员在校学生无业（失业）人员］［模式：4］＝＞比较需要

　　职业 in［企业人员个体工商业者离退休人员］［模式：3］＝＞比较需要

　　职业 in［社区工作人员］［模式：5］＝＞非常需要

　　职业 in［自由职业者］［模式：4］＝＞比较需要

户籍＝3.000［模式：1］＝＞不需要

户籍＝4.000［模式：3］＝＞比较需要

（三）基于决策树的新社区公共文化需求清单构建

根据由模型中提取的新规则，将规则转化为新的传统文化中文化展示场所需求表，在转换的过程中剔除一些不符合实际的选项，具体如表 7-7 所示：

表 7-7　调整后的传统文化需求表

需求程度	类型	问卷属性	选项	属性内容
非常需要 传统文化	类型一	户籍	1	上城区本地户口
		居住地	1	湖滨街道
		职业	1 or 2	机关事业单位人员 or 企业人员
	类型二	户籍	1	上城区本地户口
		居住地	2 or 3	小营街道 or 清波街道
	类型三	户籍	2	上城区以外户口
		居住地	1	湖滨街道
		职业	3 or 5 or 8	社区工作人员 or 自由职业者 or 无业（失业）人员
	类型四	户籍	2	上城区以外户口
		居住地	2	小营街道
		职业	4 or 5 or 6 or 8	个体工商业者 or 自由职业者 or 在校学生 or 无业（失业）人员
	类型五	户籍	2	上城区以外户口
		居住地	5	望江街道
		职业	3	社区工作人员
比较需要 传统文化	类型一	户籍	1	上城区本地户口
		居住地	1	湖滨街道
		职业	4 or 5 or 8	个体工商业者 or 自由职业者 or 无业（失业）人员
	类型二	户籍	1	上城区本地户口
		居住地	4	紫阳街道
		职业	4 or 7	个体工商业者 or 离退休人员

续表

需求程度	类型	问卷属性	选项	属性内容
比较需要传统文化	类型三	户籍	1	上城区本地户口
		居住地	6	南星街道
	类型四	户籍	2	上城区以外户口
		居住地	1	湖滨街道
		职业	6 or 7	在校学生 or 离退休人员
	类型五	户籍	2	上城区以外户口
		居住地	2	小营街道
		职业	1	机关事业单位人员
	类型六	户籍	2	上城区以外户口
		居住地	5	望江街道
		职业	1 or 5 or 6 or 8	机关事业单位人员 or 自由职业者 or 在校学生 or 无业(失业)人员

表 7-7 内容可作以下的解释。

非常需要传统文化的公众类型有：

(1)"上城区本地户口""居住在湖滨街道"且"机关事业单位人员或者企业人员"的公众；

(2)"上城区本地户口"且"小营街道 or 清波街道"的公众；

(3)"上城区本地户口""居住在紫阳街道"且"企业人员"的公众；

(4)"上城区以外户口""居住在湖滨街道"且"社区工作人员或者自由职业者或者无业(失业)人员"的公众；

(5)"上城区以外户口""居住在望江街道"且"社区工作人员"的公众；

比较需要传统文化的公众类型有：

(1)"上城区本地户口""居住在湖滨街道"且"个个体工商业者或者自由职业者或者无业(失业)人员"的公众；

(2)"上城区本地户口""居住在紫阳街道"且"个体工商业者或者离退休人员"的公众；

(3)"上城区本地户口""居住在南星街道"的公众；

(4)"上城区以外户口""居住在湖滨街道"且"在校学生或者离退休人员"的公众；

(5)"上城区以外户口""居住在小营街道"且"机关事业单位人员"的公众；

(6)"上城区以外户口""居住在望江街道"且"机关事业单位人员或者自由职业者或者在校学生或者无业(失业)人员"的公众。

(四)基于决策树的社区公共文化重新预测评估

根据上文重新调优的模型,重新对模型进行新的预测,确保重新调整的决策树模型具有较好的拟合度。表 7-8 是传统文化模型的平均平方误差。

表 7-8　传统文化决策树新的预测结果(部分结果)

传统文化	文学艺术	体育健身	营养保健	基本公共教育	风景旅游	文化程度	职业	居住地	户籍	$ C-传统文化	$ CC-传统文化
5	5	5	4	5	4	2	7	2	2	5	0.643
4	4	4	4	3	4	3	4	1	1	4	0.6
4	3	4	4	3	5	2	7	1	1	4	0.6
5	4	5	4	4	4	6	3	5	2	5	0.538
5	5	5	4	5	5	5	3	5	2	5	0.538
2	3	4	4	4	3	5	3	6	1	4	0.516
3	4	3	3	4	5	5	3	6	1	4	0.516
4	3	3	3	2	3	4	2	6	1	4	0.516
4	3	3	3	3	2	5	4	3	1	5	0.516
5	4	3	4	3	4	5	2	6	1	4	0.516
2	3	3	3	2	2	2	6	2	1	5	0.516
4	4	4	4	4	4	5	2	6	1	4	0.516
4	3	4	4	3	3	2	3	6	1	4	0.516
4	4	5	4	5	4	3	6	2	1	5	0.516
5	4	5	5	4	4	4	7	2	1	5	0.516
3	3	3	3	3	2	3	6	3	1	5	0.516
3	4	4	4	4	4	5	2	6	1	4	0.516
4	4	4	5	4	4	4	4	6	1	4	0.516
5	4	4	4	4	5	4	3	2	1	5	0.516
5	4	4	5	4	5	2	9	6	1	4	0.516
5	5	5	5	5	4	2	6	2	1	5	0.516
4	4	4	4	5	4	3	3	6	1	4	0.516
5	4	4	4	4	5	4	4	6	1	4	0.516
5	4	5	4	4	4	5	3	6	1	4	0.516
4	4	4	5	4	4	5	1	6	1	4	0.516
4	4	4	4	5	4	4	3	6	1	4	0.516
5	4	3	3	3	5	5	9	6	1	4	0.516
5	5	5	5	5	4	2	5	6	1	4	0.516
4	4	5	5	4	4	5	4	6	1	4	0.516
5	4	3	5	5	5	5	2	2	1	5	0.516
4	4	4	4	4	5	2	3	2	1	5	0.516

续表

传统文化	文学艺术	体育健身	营养保健	基本公共教育	风景旅游	文化程度	职业	居住地	户籍	$ C-传统文化	$ CC-传统文化
5	5	5	5	4	5	5	2	2	1	5	0.516
5	4	5	5	5	5	5	4	2	1	5	0.516
1	4	2	4	4	4	5	3	6	1	4	0.516
1	4	2	4	4	4	5	3	6	1	4	0.516
4	5	4	4	5	5	4	9	6	1	4	0.516
4	4	4	4	4	4	2	7	6	1	4	0.516
4	4	4	3	4	4	3	7	6	1	4	0.516
5	5	5	5	5	5	5	4	2	1	5	0.516
5	5	5	5	5	5	3	7	2	1	5	0.516

对比表 7-7 和表 7-8,可以看出经过调优之后的决策树模型的拟合效果比不调优之前更好,由此可以证明调优过程有效。政府可以根据新提取的社区公共文化需求规则所建立的社区公共文化需求表制定社区公共文化需求清单,针对不同类型群众的社区公共文化需求来倾斜公共文化资源。

六、基于决策树的社区公共文化需求挖掘结果展示

本研究建立了社区公共文化需求模型(决策树模型),并根据公共文化的六大分类——传统文化、营养保健、体育健身、文学艺术、风景旅游和基本公共教育,得出六个社区公共文化需求清单。每一个需求清单都表明需要该类公共文化的人群,并根据需求程度的不同做了划分。在建立清单的过程也剔除了一部分不具有实际意义的群众类型。除上文详细展示的传统文化需求清单外,其余五项需求清单如下:

(一)营养保健需求清单

根据上文以传统文化为例而建立的社区公共文化需求模型(决策树模型),导入营养保健的相关样本数据,得出影响营养保健需求的相关影响属性,并根据有效的属性重新预测调优,形成营养保健的需求清单(详见表 7-9)。

表 7-9　营养保健的影响因素

	等级	字段	测量	重要性	值
√	1	户籍	名义	重要	1.0
√	2	居住地	名义	重要	1.0
√	3	年收入	名义	重要	1.0
√	4	居住时间	名义	重要	1.0
√	5	职业	名义	重要	1.0
	6	婚姻状况	名义	一般重要	0.917

等级	字段	测量	重要性	值
7	文化程度	名义	不重要	0.764
8	年龄	名义	不重要	0.637
9	政治面貌	名义	不重要	0.632
10	性别	名义	不重要	0.469

根据表 7-9，可知户籍、居住地、年收入、居住时间和职业这五个属性对公众营养保健的影响最大，均为 1.0，而婚姻状况这一属性对公众营养保健的影响一般，为 0.917，文化程度、年龄、政治面貌和性别这四个属性对公众营养保健的影响较小。因此，在挖掘公众营养保健方面的需求时，主要考虑影响较大的五个因素。详见表 7-10。

表 7-10　营养保健的需求清单

需求类型	类型	问卷属性	选项	属性内容
非常需要营养保健	类型一	户籍	1	上城区本地户口
		居住地	2	小营街道
	类型二	户籍	1	上城区本地户口
		居住地	3	清波街道
		年收入	1	5 万元及以下
	类型三	户籍	1	上城区本地户口
		居住地	4	紫阳街道
		居住时间	2 or 4	1～3 年(含 3 年) or 8 年以上
	类型四	户籍	2	上城区以外户口
		年收入	1	5 万元及以下
		居住地	4 or 5 or 6	紫阳街道 or 望江街道 or 南星街道
比较需要营养保健	类型一	户籍	1	上城区本地户口
		居住地	1 or 6	湖滨街道 or 南星街道
	类型二	户籍	1	上城区本地户口
		居住地	3	清波街道
		年收入	2	5～10 万元(含 10 万)
	类型三	户籍	1	上城区本地户口
		居住地	4	紫阳街道
		居住时间	1 or 3	1 年及以下 or 3～8 年(含 8 年)
	类型四	户籍	2	上城区以外户口
		年收入	1	5 万元及以下
		居住地	2	小营街道
	类型五	户籍	2	上城区以外户口
		年收入	2 or 6	5～10 万元(含 10 万) or 50 万以上

（二）体育健身需求清单

根据上文已建立的社区公共文化需求模型（决策树模型），导入体育健身的相关样本数据，得出影响体育健身需求的相关影响属性，并根据有效的属性重新预测调优，形成体育健身的需求清单（见表7-11）。

表7-11　体育健身的影响因素

等级	字段	测量	重要性	值
√	1	户籍	名义	重要	1.0
√	2	居住地	名义	重要	0.999
√	3	文化程度	名义	重要	0.999
√	4	职业	名义	重要	0.997
√	5	居住时间	名义	重要	0.995
√	6	年收入	名义	重要	0.994
	7	年龄	名义	一般重要	0.905
	8	婚姻状况	名义	不重要	0.86
	9	性别	名义	不重要	0.311
	10	政治面貌	名义	不重要	0.19

根据表7-11，可知户籍、居住地、文化程度、职业、居住时间和年收入这六个属性对公众体育健身的影响最大，而年龄这一属性对公众体育健身的影响一般，婚姻状况、性别和政治面貌这三个属性对公众体育健身的影响较小。因此，在挖掘公众体育健身方面的需求时，主要考虑影响较大的六个因素。

根据以上影响因素，列出体育健身的需求清单（详见表7-12）。

表7-12　体育健身需求清单

需求类型	类型	问卷属性	选项	属性内容
非常需要 体育健身	类型一	职业	1	机关事业单位人员
		文化程度	1 or 3 or 6	小学及以下 or 高中/中专 or 研究生及以上
	类型二	职业	2	企业人员
		居住地	2	小营街道
		户籍	1	上城区本地户口
	类型三	职业	2	企业人员
		居住地	3 or 4	清波街道 or 紫阳街道
	类型四	职业	3	社区工作人员
		文化程度	5	大学本科
		户籍	1 or 3	上城区本地户口 or 境外人士

续表

需求程度	类型	问卷属性	选项	属性内容
非常需要体育健身	类型五	职业	3	社区工作人员
		文化程度	6	研究生及以上
	类型六	职业	4	个体工商业者
		居住地	2 or 5	小营街道 or 望江街道
	类型七	职业	7	自由职业者
比较需要体育健身	类型一	职业	1	机关事业单位人员
		文化程度	2 or 5	初中 or 大学本科
	类型二	职业	2	企业人员
		居住地	1 or 5	湖滨街道 or 望江街道
	类型三	职业	2	企业人员
		居住地	2	小营街道
		户籍	2 or 3	上城区以外户口 or 境外人士
	类型四	职业	3	社区工作人员
		文化程度	5	大学本科
		户籍	2	上城区以外户口
	类型五	职业	4	个体工商业者
		居住地	1 or 6	湖滨街道 or 南星街道
	类型六	职业	7	自由职业者

(三)文学艺术需求清单

根据上文已建立的社区公共文化需求模型(决策树模型),导入文学艺术的相关样本数据,得出影响文学艺术需求的相关影响属性,并根据有效的属性重新预测调优,形成文学艺术的需求清单(详见表 7-13)。

表 7-13　文学艺术的影响因素

等级	字段	测量	重要性	值
√	1	户籍	名义	重要	1.0
√	2	政治面貌	名义	重要	0.999
√	3	年龄	名义	重要	0.993
√	4	文化程度	名义	重要	0.993
√	5	居住地	名义	重要	0.984
	6	职业	名义	不重要	0.942
	7	年收入	名义	不重要	0.941
	8	居住时间	名义	不重要	0.896
	9	性别	名义	不重要	0.675
	10	婚姻状况	名义	不重要	0.43

根据表 7-14,可知户籍、政治面貌、年龄、文化程度和居住地这五个属性对公众文学艺术的影响最大,而职业、年收入、居住时间、性别和婚姻状况这五个属性对公众文学艺术的影响较小。因此,在挖掘公众文学艺术方面的需求时,主要考虑影响较大的五个因素。

表 7-14 文学艺术需求清单

需求类型	类型	问卷属性	选项	属性内容
非常需要文学艺术	类型一	户籍	1	上城区户口
		文化程度	2	初中
		政治面貌	4 or 5	无党派人士 or 群众
	类型二	户籍	1	上城区户口
		文化程度	3	高中/中专
		居住地	2	小营街道
	类型三	户籍	1	上城区户口
		文化程度	5	大学本科
		政治面貌	1	中共党员
		年龄	1 or 5 or 7 or 2 or 6	20 以下 or 51~60 岁 or 71 岁及以上 or 21~30 岁 or 61~70 岁
	类型四	户籍	1	上城区户口
		文化程度	5	大学本科
		政治面貌	1	中共党员
		年龄	3	年龄 31~40 岁
		居住地	5	望江街道
	类型五	户籍	1	上城区户口
		文化程度	5	大学本科
		政治面貌	5	群众
		年龄	3	31~40 岁
		居住地	2	小营街道
	类型六	户籍	2	上城区以外户口
		年龄	2	21~30 岁
		文化程度	1 or 4	小学及以下 or 大专
	类型七	户籍	2	上城区以外户口
		年龄	2	21~30 岁
		文化程度	5	大学本科
		政治面貌	1 or 4	中共党员 or 无党派人士
	类型八	户籍	2	上城区以外户口
		年龄	4	41~50 岁

续表

需求程度	类型	问卷属性	选项	属性内容
比较需要文学艺术	类型一	户籍	1	上城区户口
		文化程度	2	初中
		政治面貌	1 or 2	中共党员 or 民主党派
	类型二	户籍	1	上城区户口
		文化程度	3	高中/中专
		居住地	1 or 5 or 6	湖滨街道 or 望江街道 or 南星街道
	类型三	户籍	1	上城区户口
		文化程度	5	大学本科
		政治面貌	1	中共党员
		年龄	3	31~40 岁
		居住地	2	小营街道
	类型四	户籍	1	上城区户口
		文化程度	5	大学本科
		政治面貌	2 or 3	民主党派 or 共青团员
	类型五	户籍	1	上城区户口
		文化程度	5	大学本科
		政治面貌	5	群众
		年龄	3	31~40 岁
		居住地	1 or 6	湖滨街道 or 南星街道
	类型六	户籍	2	上城区以外户口
		年龄	2	21~30 岁
		文化程度	5	大学本科
		政治面貌	5	群众
	类型七	户籍	2	上城区以外户口
		年龄	2	21~30 岁
		文化程度	6	研究生及以上
	类型八	户籍	2	上城区以外户口
		年龄	5	51~60 岁
		政治面貌	1	中共党员

（四）风景旅游需求清单

根据上文已建立的社区公共文化需求模型（决策树模型），导入风景旅游的相关样本数据，得出影响风景旅游需求的相关影响属性，并根据有效的属性重新预测调优，形成风景旅游的需求清单(见表 7-15)。

表 7-15　风景旅游的影响因素

等级	字段	测量	重要性	值
✓	1	居住地	名义	重要	1.0
✓	2	居住时间	名义	重要	1.0
✓	3	户籍	名义	重要	0.999
✓	4	年龄	名义	重要	0.998
	5	婚姻状况	名义	一般重要	0.947
	6	文化程度	名义	不重要	0.881
	7	职业	名义	不重要	0.88
	8	性别	名义	不重要	0.73
	9	年收入	名义	不重要	0.723
	10	政治面貌	名义	不重要	0.27

根据表 7-15,可知居住地、居住时间、户籍和年龄这四个属性对公众风景旅游的影响最大,而婚姻状况这一属性对公众风景旅游的影响一般,文化程度、职业、性别、年收入和政治面貌这五个属性对公众风景旅游的影响较小。因此,在挖掘公众风景旅游方面的需求时,主要考虑影响较大的四个因素(见表 7-16)。

表 7-16　风景旅游需求清单

需求类型	类型	问卷属性	选项	属性内容
非常需要风景旅游	类型一	居住地	1	湖滨街道
		居住时间	4	8 年以上
	类型二	居住地	2	小营街道
		户籍	1 or 3	上城区本地户口 or 境外人士
	类型三	居住地	3	清波街道
		居住时间	4	8 年以上
	类型四	居住地	4	紫阳街道
		年龄	2	21～30 岁
		居住时间	4	8 年以上
	类型五	居住地	4	紫阳街道
		年龄	3	31～40 岁
		户籍	2	上城区以外户口
	类型六	居住地	4	紫阳街道
		年龄	4	41～50 岁
	类型七	居住地	6	南星街道
		户籍	3	境外人士

需求程度	类型	问卷属性	选项	属性内容
比较需要风景旅游	类型一	居住地	1	湖滨街道
		居住时间	2 or 3	1~3年(含3年) or 3~8年(含8年)
	类型二	居住地	2	小营街道
		户籍	2	上城区以外户口
	类型三	居住地	4	紫阳街道
		年龄	1 or 6	20岁及以下 or 61~70岁
	类型四	居住地	4	紫阳街道
		年龄	2	21~30岁
		居住时间	3	3~8年(含8年)
	类型五	居住地	4	紫阳街道
		年龄	3	31~40岁
		户籍	3	境外人士
	类型六	居住地	6	南星街道
		户籍	1	上城区本地户口

(五)基本公共教育需求清单

根据上文已建立的社区公共文化需求模型(决策树模型),导入基本公共教育的相关样本数据,得出影响基本公共教育需求的相关影响属性,并根据有效的属性重新预测调优,形成基本公共教育的需求清单(见表7-17)。

表 7-17　基本公共教育的影响因素

	等级	字段	测量	重要性	值
√	1	居住地	名义	重要	1.0
√	2	户籍	名义	重要	0.997
√	3	职业	名义	重要	0.985
√	4	居住时间	名义	重要	0.981
√	5	婚姻状况	名义	重要	0.964
√	6	年收入	名义	重要	0.959
	7	年龄	名义	不重要	0.882
	8	政治面貌	名义	不重要	0.877
	9	文化程度	名义	不重要	0.844
	10	性别	名义	不重要	0.612

根据表7-17,可知居住地、户籍、职业、居住时间、婚姻状况和年收入这六个属性对公众

基本公共教育的影响最大,而年龄、政治面貌、文化程度和性别这五个属性对公众基本公共教育的影响较小。因此,在挖掘公众基本公共教育方面的需求时,主要考虑影响较大的三个因素(见表7-18)。

表7-18　基本公共教育需求清单

需求类型	类型	问卷属性	选项	属性内容
非常需要基本公共教育	类型一	居住地	1	湖滨街道
		职业	1	机关事业单位人员
	类型二	居住地	1	湖滨街道
		职业	6	离退休人员
		户籍	1	上城区本地户口
	类型三	居住地	4	紫阳街道
		职业	1 or 2 or 6 or 7	机关事业单位人员 or 企业人员 or 离退休人员 or 无业(失业)人员
	类型四	居住地	5	望江街道
		职业	2 or 4 or 6 or 7	企业人员 or 个体工商业者 or 离退休人员 or 自由职业者
比较需要基本公共教育	类型一	居住地	1	湖滨街道
		职业	2 or 3 or 4	企业人员 or 社区工作人员 or 个体工商业者
	类型二	居住地	1	湖滨街道
		职业	8	无业(失业)人员
	类型三	居住地	4	紫阳街道
		职业	3	社区工作人员
		户籍	1 or 3	上城区本地户口 or 境外人士
	类型四	居住地	4	紫阳街道
		职业	7	自由职业者
	类型五	居住地	5	望江街道
		职业	1 or 3 or 5 or 8	机关事业单位人员 or 社区工作人员 or 在校学生 or 无业(失业)人员

第四节　基于决策树的社区公共文化需求挖掘结果展示与对策建议

一、结论

表7-7、表7-10、表7-12、表7-14和表7-16分别表示公众的属性对传统文化、营养保健、

体育健身、文学艺术、风景旅游的影响程度。根据上述表格的影响因素,算出居住地、户籍、职业等10大公众属性对传统文化等的影响程度(见表7-19)。

表 7-19 公众属性对公共文化的影响程度

属性	传统文化	营养保健	体育健身	文学艺术	风景旅游	基本公共教育	平均得分
户籍	1	1	1	1	1	0.997	0.9995
居住地	1	1	0.999	1	0.984	1	0.997167
职业	0.82	1	0.997	0.82	0.942	0.985	0.927333
文化程度	0.998	0.764	0.999	0.998	0.881	0.844	0.914
居住时间	0.719	1	0.995	0.719	0.896	0.981	0.885
年收入	0.586	1	0.994	0.586	0.941	0.959	0.844333
婚姻状况	0.633	0.917	0.86	0.633	0.43	0.964	0.7395
政治面貌	0.792	0.632	0.19	0.792	0.999	0.877	0.713667
年龄	0.119	0.637	0.905	0.119	0.993	0.882	0.609167
性别	0.176	0.469	0.311	0.176	0.675	0.612	0.403167

根据表7-19,我们可以得出,在杭州市上城区的公众属性中,户籍和居住地对公众的公共文化需求影响最大,分别为0.9995和0.997167。因此在接下来分析上城区公众公共文化需求时,主要分析这两个属性(见表7-20)。

表 7-20 上城区社区居民对公共文化需求列表

居住地	户籍属性	传统文化	营养保健	体育健身	文学艺术	风景旅游	基本公共教育
湖滨街道	上城区户口	非常需要	比较需要		比较需要		非常需要
	上城区以外户口	非常需要					
	境外人士						
小营街道	上城区户口	非常需要	非常需要	非常需要	非常需要	非常需要	
	上城区以外户口	非常需要	比较需要	比较需要		比较需要	
	境外人士						
清波街道	上城区户口	非常需要	非常需要				
	上城区以外户口						
	境外人士						
紫阳街道	上城区户口	非常需要	非常需要				比较需要
	上城区以外户口		非常需要			非常需要	
	境外人士					比较需要	比较需要
望江街道	上城区户口	非常需要			非常需要		
	上城区以外户口	非常需要	非常需要				
	境外人士						

续表

居住地	户籍属性	传统文化	营养保健	体育健身	文学艺术	风景旅游	基本公共教育
南星街道	上城区户口	比较需要	比较需要		比较需要	比较需要	
	上城区以外户口		非常需要				
	境外人士						非常需要

从表 7-20 可以得出不同街道与户籍的上城区居民对六大公共文化的不同需求。结果表示,上城区居民对传统文化和营养保健的需求最大,文学艺术和风景旅游其次,对基本公共教育和体育健身的需求最低。出现上述情况的原因,一方面是居民可能对某一公共文化的需求本身非常强烈。例如,随着人们生活条件和医疗条件的逐渐改善,人们开始更加注重自身的健康状况,特别是中老年人更加注重养生,因此居民对营养保健的需求显得十分强烈。另外一方面,可能是现有的文化供给不能满足居民的需求,因此居民对这一类的公共文化也表现出较为强烈的渴望。例如,由于近几年政府较为注重城市的经济发展,忽略了传统文化的建设,社区对传统文化的供给较少,无法满足社区居民对这一公共文化的需求,因此反而增强了居民对传统文化的需求意愿。

根据表 7-20 的需求意愿结果,上城区政府可以根据社区居民不同的需求以及需求程度,更加合理科学地调配社会公共文化资源。政府部门可以加强传统文化和营养保健的这两方面公共文化的建设,以满足社区居民的强烈需求。

二、对策建议

(一)树立需求导向的供给理念

我国政府部门长期实施自上而下的供给模式,即政府部门提供什么公共文化服务,公众就接受什么。这样的方式导致政府部门提供的一些公共文化服务并不能满足公众需求,造成了社会文化资源的浪费。同时,一些真正的公众文化需求却得不到满足,造成民众对政府满意度下降[1]。有些政府部门在服务意识上没有跟上时代发展的脚步,以为提供公共文化服务不过是建造一些图书馆,与现代科学技术联系不大,因而较少研究科技能够给政府带来的变化。政府部门应当转变观念,调整文化供给导向,围绕公众的真实需求,制定切实可行的供给政策。同时"紧随时代步伐,创新服务方式",抓住时代的机遇为社会大众提供更好的服务。

(二)表达自身的需求意愿

公民参与是推动公共服务创新和提升政府治理能力不可忽视的力量。[2] 要了解公众的文化需求不能仅仅依靠政府,政府应作为主导,充分发挥文化市场的协助作用,引导各式各样的社会组织进行参与,让公众能更加顺畅方便地表达其自身的文化需求。公众本身也应当提升自己参与表达的热情,维护自己表达需求的权利,增强自身的主人翁意识。同时,政

---

① 潘娟. 基于农民需求导向的农村公共文化服务供给研究[D]. 武汉:华中师范大学,2014.

② 胡税根,齐胤植. 大数据驱动的公共服务需求精准管理:内涵特征、分析框架与实现路径[J]. 理论探讨,2022(01):77-85+2.

府也可以通过宣传教育,培养公众表达需求的能力和质量。公众积极主动的参与能为政府决策提供更好的依据,从而有效地提升政府的公共文化服务供给质量。

(三)畅通需求表达渠道

政府是否能有效地回应公众表达的文化需求是影响公众表达的重要影响因素。因此,形成"自下而上"的公共文化需求反馈的机制,可以帮助政府部门科学合理地分配社会资源,能更好地帮助政府部门建立以需求为导向的机制①。首先,要保证社区居民公共文化需求表达渠道的通畅。社区居委会作为社区居民公共文化需求表达的代言人,应加强与居民的良性互动,承担起传达居民需求意愿的职责,并向上级反映。其次,要提升社区居民自身的综合素质。随着社区居民综合素质的提升,其权利意识和政治意识也会随之提高,社区居民会更加热情地参与其中。

(四)拓宽需求表达机制

除保障原有的需求表达通道之外,还可以通过互联网媒体等舆论方式表达公众需求。随着互联网的普及,通过网络交流、信息传播等方式可以动员群众的广泛参与。且互联网这种表达渠道成本低廉,程序简单,还可以匿名操作,能较大地推动公众参与的积极性。政府可以通过网络为社区居民建立一个重要的表达信息的平台,同时可以发挥新闻媒体等社会组织的表达作用。新闻媒体可以深入挖掘公共文化服务中存在的不足,为弱势群体发声,传达他们合理的诉求。新闻媒体等社会组织可以成为监督政府,反映民生的重要渠道②。报纸杂志、媒体互联网等能更加有效地帮助社区居民发声,提升居民的话语权,使政府更加关注居民反映出来的公共文化需求③。

(五)针对需求多样化创新供给方式

挖掘公共文化需求的最终目的就是提高政府提供公共文化服务的水平。值得注意的是,政府及时有效的响应和反馈也能影响社区居民公共文化需求表达的意愿。政府应当根据需求识别的结果,结合当地本身的文化资源,智慧决策,精准服务,提高使用效率,提高服务能力。根据民众的公共文化需求,采取个性化推送的方式,形成 O2O 模式下的多种公共文化资源推送模式,通过公共文化相关的网站、视频、BBS、E-mail、微博、短信平台、社交网络等多种线上途径以及线下公共文化活动,进行服务和信息推送;在宣传推广能力方面,可以结合大数据分析的需求识别结果,在社区举行特定文化活动,利用网络、短信、电子屏幕、APP、微博、邮件等多途径进行宣传推广,将不同文化活动与具体人群对接。

---

① 翁列恩,钱勇晨. 我国公共文化服务需求反馈模式研究[J]. 文化艺术研究,2014(02):20-26.

② 刘卿卿,陶辛. 农村社区居民公共文化需求意愿表达的实证研究——以山东省某农村社区为例[J]. 学理论,2015(04):201-202.

③ 刘敬严. 完善文化需求表达推进公共文化服务健康发展[J]. 石家庄铁道大学学报(社会科学版),2012(02):56-58+63.

第八章　公共文化科技服务供需匹配能力建设应用研究

第一节　相关理论基础

一、相关概念界定

(一)社区文化

"社区"是个外来词,在我国古代社会里,只有"社"和"区"的概念,却没有讲两个字合称的"社区"的概念。根据罗竹风主编的《汉语大辞典》和陈宝良所著的《中国的社与会》一书中的研究,在中国传统语境中"社"代表的意思,大致有以下几种解释:(1)指称古代的土地神;(2)指称古代祭祀土地神的坛;(3)指古代乡村基层行政单位;(4)指信仰相同、志趣相投者结合在一起的社会团体。① "区"在我国古代也有几种含义:(1)隐匿的意思;(2)指有一定界限的地方或区域;(3)指住宅或小屋。② 从上述初步的梳理中可以发现,中国传统语境中的"社"和"区"的含义与当前对"社区"的理解还有一定的差距。"区"的区域性不仅是地理特征的区域,也是蕴含着资源特征的区域,"区"是社区政治人的实现形态。可见,我国古代的"社"和"区"的概念中实际已经包含了一定程度的社区内涵。③ "社区"单就词汇而言来源于拉丁语,意为"共有之物"和"伙伴"。"社区"的概念最早由德国社会学家滕尼斯作为社会学专用术语在 1887 年出版的《共同体与社会》(Gemainschaft und Gesellschaft)一书提出。他指出,社区是一种建立在感情、依恋和内心倾向基础上的社会生活共同体,是由同质人口组成的价值观念相同、关系紧密、守望相助的生活共同体。④ 而本书所指的"社区"的概念采用程能启关于"社区"的界定,社区是指"由街道办事处行使管理职权的社区,他是能够满足居民基本生活以及社会需求的一种最小空间单位和概念功能单位的微型社区"。⑤

巫志南指出,社区文化是指社区居民在长期的社会生产和生活过程中所产生和形成的,并为社区居民分享的思想价值观念和行为规范。相对一般的社会文化来说,社区文化是一种带有区域性特征的亚文化,是一定地域内的人们所创造的共同社会文化财富。⑥

---

① 陈宝良. 中国的社与会[M]. 杭州:浙江人民出版社,1996:1-5.
② 罗竹风. 汉语大词典(第七卷)[Z]. 上海:汉语大词典出版社,1991:831.
③ 罗建平."社区"探源[J]. 华东理工大学学报(社会科学版),2009(2).
④ [德]滕尼斯. 共同体与社会[M]. 北京:商务印书馆,1999:53.
⑤ 塞洁,温平川等. 社区信息化建设与发展范例[M]. 北京:人民邮政出版社,2008:124.
⑥ 巫志南. 社区公共文化服务[M]. 北京:北京师范大学出版社,2012:1.

但是社区文化包含两方面的概念,有广义和狭义的社区文化之分。广义的社区文化指的是在特定区域的社区居民经过长时间的物质文化和精神文化的积淀形成的,二者综合对社区居民的道德、思想、行为以及人格的发展变化产生巨大影响的文化方面包括传统文化、体育健身、营养保健、文学教育等方面。狭义的社区文化指的是由特定区域内居民的特定行为而产生的一系列现象,包括人们的生活生产方式,也包含了这一区域内居民的价值观、习俗、审美和娱乐方式。

(二)社区公共文化服务体系

公共文化服务体系是指能够满足基层社区人民群众日益增长的精神文化需求以及公共文化利益,向社区居民提供涵盖多个层面的公共文化服务和公共文化产品,包括但不限于文化基础设施建设、文化市场监管、文化活动开展、文化相关政策法规制定等。李景源在2007年关于公共文化服务体系的定义为:"以非政府、非营利的相关社会组织为外围的遍布城乡的文化服务节点和网络体系,以免费的方式向人们提供一系列基础性的文化服务……是为了使广大公众能够享受现代文化,从而保障广大公众被法律赋予的基本文化权益得以实现。"①

《中共中央关于全面深化改革若干重大问题的决定》对公共文化服务体系建设提出了新的要求,即构建现代公共文化服务体系。《决定》指出要"针对公共文化服务体系建设,构建和运用相应的协调机制,全面推动服务设施网络的合理建设,进一步规范和完善基本公共文化服务,使其更加标准化以及均等化。运用竞争机制,保障和促进公共文化服务朝着社会化的方向不断发展。对公共文化服务体系进行建设的过程中,应积极鼓励和吸纳社会力量,从而加快文化非营利组织的建设速度,并保障其建设质量"②。

结合学者观点和决定内容,本研究认为,社区公共文化服务体系主要涵盖了四方面的内容:一是设施建设,是社区开展各类文化活动的场所;二是资源供给,包括资金与政策支持、资源共享等;三是队伍建设,提升社区公共文化服务的组织能力和服务能力;四是资金保障。在建设该体系的过程中,要着眼群众的基本公共文化需求,量体裁衣,建设一个供需相对平衡的有机体系。

二、相关文献综述

(一)国外社区公共文化服务研究现状

国外许多国家和地区有一套较为健全的公共文化服务体系,规范化和制度化发展是社区公共文化服务在全球其他发达国家和地区的进展趋势。在理论研究方面,国外对社区公共文化服务的研究主要是延续着学者们对公共文化服务的研究,主要集中在以下三个方面:

第一,"公共"概念与社区公共文化提供方面。

最早在20世纪50年代,德裔思想家汉娜·阿伦特(Hannah Arendt)提出,"公共"的概念就如我们共同生活在世界上,一个物质世界处在共同拥有他的人中,这就像一张桌子四周围绕着人群。这世界像一个中介物质,把人们联系起来又把人们分开。③ 后来这一概念又

---

① 李景源,陈威. 中国公共文化服务发展报告[M]. 北京:社会科学文献出版社,2009.
② 中共中央关于全面深化改革若干重大问题的决定[Z]. 中国共产党第十八届中央委员会第三次全体会议通过决议,2013.
③ Arendt H. The Human Condition[M]. University of Chicago Press,2013.

被德国思想家哈贝马斯(Jürgen Habermas)赋予了新的内涵。哈贝马斯认为,"公共"或"公共领域"是一种理想状态,它具有两种基本特征,一是介于公共权力与私人领域之间,可以让尽可能多的人参与与表达;二是公共性和批判是公共领域的基本原则,公众可以自由平等地表达、探讨甚至碰撞。早期的公共空间逐渐由艺术沿向社会的维度发展。① 詹姆斯·M.布坎南(James M. Buchanan)提出了经典理论——俱乐部理论,该理论将某一社区(community)视作一个俱乐部。② 该理论研究的角度是实现某一社区范围内的成员最佳规模,一方面,现有社区内居民所承担的成本(cost)随着新成员的不断加入而降低,从这一角度来说社区是欢迎新成员的加入;但是另一方面,新加入成员也令这一社区拥挤不堪,有限的服务供应满足不了大家的需求,从这个角度社区是排斥新成员的加入。所以这一社区范围内成员的最佳规模是新加入居民所带来的边际成本等于因新加入居民而节省的边际成本。

第二,关于社区理论和社区公共文化服务的相关理论研究。

首先是关于社区理论的研究。美国学者 R. S. 林德(Robert S. Lynd)夫妇最先对社区以小镇的视角进行了阐释研究,他们对社区以及不同社区之间的相互关系进行了描述。在1929 年出版的《米德尔敦:当代美国文化研究》一书中,他们结合定性与定量的方法,首次对某一特性形态的社区进行动态综合研究。③ 其次是关于社区文化理论的研究。美国社会学家桑德斯(Carl Saunders)对社区文化有着最为典型的定义,他指出,社区文化存在于整个社区范围内的语言文化、个人信仰、社会记号以及程式规章之中,它无所不在。④ 英国学者马林诺夫斯基(Malinowski)将社区文化理解为"包括人们闲暇时游戏活动在内的人类传统习俗的沿袭"⑤。

第三,社区公共文化服务相关体系与制度研究。

美国知名学者罗伯特·B.登哈特(Robert B. Denhardt)等人合著了《新公共服务:服务而不是掌舵》,该书提出了新公共服务体系关注人和人的权力,不仅仅注重类似"企业"重视的经济效率,它有更加民主性的义务和特质。⑥ 道格拉斯·诺斯(Douglass C. North)把文化作为理解经济变迁的基础,文化为人类社会提供结构性的信念、技术和制度。⑦ "文化提供了降低不确定的人造结构,文化能够在创新性方面提供越来越丰富的理论,使社会能够更

---

① Habermas J. Strukturwandel der Öffentlichkeit: Untersuchungen zu einer Kategorie der bürgerlichen Gesellschaft; mit einem Vorwort zur Neuauflage 1990 [M]. Strukturwandel der Öffentlichkeit: Untersuchungen zu einer Kategorie der bürgerlichen Gesellschaft; mit einem Vorwort zur Neuauflage 1990. Suhrkamp, 1990.

② Kaiser A. James M. Buchanan/Gordon Tullock, The Calculus of Consent. Logical Foundations of Constitutional Democracy, Ann Arbor 1962[M]. VS Verlag für Sozialwissenschaften, 2007.

③ [美]R. S. 林德,H. M. 林德. 米德尔敦:当代美国文化研究. 盛学文等译[M]. 北京:商务印书馆,1999.

④ 桑德斯著. 社区论[M]. 徐振译. 台北:黎明文化事业股份有限公司,1982:94-95.

⑤ Malinowski. The Sexual Life of Savages in North-western Melanesia: an Ethnographic Account of Courtship, Marriage, and Family Life Among the Native of the Trobriand Islands, Britosh New Guninea [M]. Routledge and Paul, 1957.

⑥ [美]珍妮·V.登哈特,罗伯特·B.登哈特. 新公共服务:服务而不是掌舵人[M]. 北京:中国人民大学出版社,2004:6.

⑦ 道格拉斯·诺斯. 理解经济变迁过程[M]. 北京:中国人民大学出版社,2008.

好地生存发展。"①阿弗纳·格雷夫(Avner Greif),从博弈论和社会学的角度进行历史比较分析,提出文化能够摆脱路径依赖,对于破除阻碍社会制度发展桎梏方面有积极的作用。②

(二)国内对社区公共文化服务的研究

始于对社区文化和公共文化服务体系建设的模式研究,来源于两方面:一是基于理论推导的理论模式;二是基于基层实践汇总的经验典型。我国知名的社会学家吴文藻在1920年就开始了对社区文化的相关研究。随着改革开放的进一步深入,学界对社区文化的研究也同样得到深入进行。高占祥③提出了"共识、共建、共办、共荣、共享"的社区文化建设基本思路。谢晶仁④强调了社区精神文化建设对社区管理的重要性,并在此基础上构建了社区文化的基本理论,讨论追溯了社区文化的建设与发展历程。社区文化的建设与研究逐渐得到了不同领域专家与学者的关注与重视。多位学者从社区公共文化服务的意义、社区文化体系建设情况、公共文化绩效评估体系和社区公共文化服务体系建设的路径选择几个方面进行了研究。

1. 对社区公共文化服务的意义与内涵分析

关于公共文化服务的概念争辩,主要围绕公共文化服务的"公共性"展开,学界主要有两种声音。一类是经济学式的界定,另一类是管理学式的定义。陈威⑤认为公共文化服务就是以满足社区居民基本体育文化需求为目的,着眼于提高全民公共文化素质和精神生活水平。周晓丽、毛寿龙⑥基于社会效益和资源配置理论对社区公共文化服务进行定义。夏国锋、吴理财⑦认为基于经济学式的认识往往会造成误解,将社区公共文化服务简单认为是由政府等公共部门向公众免费提供的文化产品。管理学派认为,社区公共文化服务的内涵除去政府投资的公益事业外,还应包括服务水平提升、服务产品创新以及体制机制的创新等⑧。即便是管理学派的定义仍是将政府作为公共文化供给的唯一主体,人们认识到还是要将政府、市场和其他社会力量联合在一起,通过多元供给的方式来提高公共文化服务的供给能力⑨。杜立婕⑩、张亚雄⑪和张礼建⑫等学者概述了社区文化体系的现代化对推进社会进步和和谐社会的重要性。

2. 社区公共文化服务建设现状及服务方式创新研究

社区公共文化服务体系建设是文化建设的重要内容,其运行所需的制度支持受到我国

① 吴文藻.文化表格文明[J].社会学界,1939(10).
② 徐永祥.社区发展论[M].上海:华东理工大学出版社,2000:54.
③ 高占祥.论社区文化[M].北京:文化艺术出版社,1994.
④ 谢晶仁.论社区文化建设新论[M].北京:中央文献出版社,2007.
⑤ 陈威.公共文化服务体系研究[M].深圳:深圳报业集团出版社,2006.
⑥ 周晓丽,毛寿龙.论我国公共文化服务及其模式选择[J].江苏社会科学,2008(1).
⑦ 夏国锋,吴理财.公共文化服务体系研究述评[J].理论与改革,2011(01):156-160.
⑧ 公共文化服务系列报道之二:让文化阳关普照大众[EB/OL].http://hxd.wenming.cn/whtzgg/2010-05/13/content-118240.htm.2010-5-3.
⑨ 黄波.多元供给机制下公共文化服务的主体困境及出路[J].青海师范大学学报(哲学社会科学版),2018,40(03):53-58.
⑩ 杜立婕.城市社区文化建设与社会主义和谐社会的构建[J].求实,2006(3):59-63.
⑪ 张亚雄.社区文化的和谐是建设和谐社区的关键[J].高等教育与学术研究,2008(6):140-143.
⑫ 张礼建,李佳家.论社区文化与和谐社会建设的关系[J].重庆大学学报(社会科学版),2005(6):38-40.

文化体制改革与发展的大环境的制约与影响。陈立旭①详细梳理了浙江省改革开放以来文化体制改革发展的实践脉络,指出浙江社区公共文化事业历经从政府全包全揽的文化事业发展方式,改变为放手给市场,将文化部门不加区分的推向市场,以市场化方式向社区居民提供公共文化服务,通过对不同性质的文化事业进行分类指导、并且鼓励其分类发展,实现了社区公共文化服务体系的现代化转变。在公共文化服务体系建设实践中,浙江省宁波市通过开放市场解决群众的文化需求,通过政府财政补贴、直接投入等方式支撑社区文化需求。青岛市创建了城市文化事业和文化产品两大体系,吸纳社会力量广泛参与文化建设,形成规范的公共文化服务建设机制。陕西省通过出台两馆管理办法,在社区公共文化服务基础设施建设和人才队伍管理上实现了突破。② 基于现有实践,在我国城市和农村社区公共文化服务供给方面,顾金孚③结合社区文化服务的实践,将我国社区的公共文化产品归纳为三种类型,即公共文化产品的私人供给、公共文化产品的俱乐部供给和公共文化产品的私人产品化三种市场化模式。李少惠④在此基础上总结了三种农村公共文化服务供给的社会化模式,即政府主导型公共文化供给、合作协同型公共文化供给和社会化主题主导型公共文化供给。

巫志南⑤提出现代社区公共文化体制与服务创新的逻辑起点是"从人民群众基本文化权益出发",创新应该从四个方面的内容出发,包含社区公共文化服务体系的服务与生产供给、基础设施建设管理、社区公共文化流通和投融资。政府主导的公共文化服务领域和社会公众广泛参与的文化事业建设渠道的打通是社区公共文化繁荣创新的两翼。

3. 对公共文化服务的绩效评估与指标体系构建

学术界对公共文化服务水平的评估主要研究集中在三个方面:一是胡税根⑥、杨泽喜⑦、焦德武⑧、徐清泉⑨、毛少莹⑩等学者罗列的公共文化服务绩效评估指标体系的建构应该坚持的原则;二是胡税根⑪、向勇⑫等学者归纳的公共文化绩效评估的影响因素与评价维度的

① 陈立旭. 从传统"文化事业"到"公共文化服务体系"浙江重构公共文化发展模式的过程[J]. 中共宁波市党校学报,2008(6).

② 对话:构建公共文化服务体系——"构建公共文化服务体系"研讨会举行[N]. 中国文化报,2005-04-28.

③ 顾金孚. 农村公共文化服务市场化的途径与模式研究[J]. 学术论坛,2009(5).

④ 李少惠,王苗. 农村公共文化服务供给社会化的模式构建[J]. 国家行政学院学报,2010(2).

⑤ 巫志南. 现代服务性公共文化体制创新研究[J]. 华中师范大学学报(人文社会科学版),2008(4).

⑥ 胡税根,李娇娜. 我国公共文化服务发展的价值、绩效与机制优化[J]. 中共杭州市委党校学报,2012(02):4.

⑦ 杨泽喜,陈继林. 国家公共文化服务体系价值分层论[J]. 湖北行政学院学报,2014(01):75-79.

⑧ 焦德武. 公共文化服务体系的绩效评价[J]. 安徽农业大学学报(社会科学版),2011(01):47-52.

⑨ 徐清泉. 公共文化服务评估研究:现状、需求及要素[J]. 毛泽东邓小平理论研究,2012(08):57-62+115.

⑩ 毛少莹. 公共文化服务绩效指标体系若干基本问题思考[A]. 北京:社会科学文献出版社,2012.

⑪ 胡税根,李幼芸. 省级文化行政部门公共文化服务绩效评估研究[J]. 中共浙江省委党校学报,2015(01):26.

⑫ 向勇,喻文益. 公共文化服务绩效评估的模型研究与政策建议[J]. 现代经济探讨,2008(01):21-24.

选择;三是李少惠[①]、张楠[②]等学者提出的公共文化服务评价模型的建构。

4. 社区公共文化服务体系建设的路径选择

邓慈武[③]提出社区图书馆在社区公共文化服务体系的建设中有指导性的作用,应极力倡导社区文化的传播;欧建华[④]、李昱[⑤]等人在文章中指出应通过在社区建立以图书馆舍为中心的公共文化服务站点,推进社区公共文化资源的共建共享,以点带面,推进社区公共文化体系的建设。曹志来[⑥]、王大为[⑦]指出应坚持以政府为主导,发挥公共文化的公益性和社会教育功能。但是基于市场失灵理论,国内学者徐玲[⑧]、陈志强[⑨]提出可以借助第三方和NGO的社会资源来承担社区公共文化的供给,发挥政府之外的资源补充作用。这两种观点各执一词,都有合理之处,在二者之外,有一种较为综合的声音蒋晓丽[⑩]、周晓丽[⑪]、李少惠[⑫]、朱旭光[⑬]坚持国家公共服务机制与市场化相结合,完善我国社区公共文化服务体系。傅才武[⑭]提出了传统文化事业体系与现代社区公共文化服务体系之间存在功能性和结构性差异,要借用新公共服务理论来突破传统公共文化服务体系建设的难题,实现理论创新和体制创新。

国内外学术界对于社区公共文化服务的研究和文献成果相对较少,对社区,尤其是针对流动人口、青少年群体和老龄人口集中的城市社区的公共文化服务体系水平研究匮乏。国内学者的研究基本在国外相关研究文献的基础上结合我国公共文化的实际情况进行探索。多数的文献研究理论较为空泛,多以定性讨论为主。利用模型分析和实证案例分析的少之又少。本研究拟从分析社区公共文化服务的内涵以及对社区公共文化的内容分类给予明确定义,建立社区公共文化服务要素体系,基于供需匹配模型,期望通过有效的数学模型和方法对社区公共文化服务现状进行科学的测度解读,并相应地提出针对性对策建议。

本章基于供给和需求主体的偏好行为,以需求层次理论为指引,以利益群体分化理论、新公共服务和新公共管理理论为导向构建公共文化服务供需匹配模型,为社区公共文化服

① 李少惠,王苗. 农村公共文化服务供给社会化的模式构建[J]. 国家行政学院学报,2010(02):44-48.

② 张楠. 纵横结构的公共文化服务体系模型建构[J]. 浙江社会科学,2012(03).

③ 邓慈武. 社区图书馆与社区文化建设[J]. 湖南文理学院学报(社会科学版),2005(1):104-106.

④ 欧建华. 整合文化资源构建县级图书馆公共文化服务体系[J]. 图书馆理论与实践,2011(01).

⑤ 李昱. 构建图书馆公共服务体系 推进文化信息资源共建共享[J]. 大理学院学报,2007(S1):107-108+116.

⑥ 曹志来. 发展农村公共文化事业应以政府为主导[J]. 东北财经大学学报,2006(5).

⑦ 王大为. 公共文化服务的基本特征与现代政府的文化责任[J]. 齐齐哈尔师范高等专科学校学报,2007.

⑧ 徐玲. 发挥非政府组织在统筹城乡公共文化建设中的作用[EB/OL]. http://www.bjqyg.com/magazine/detail.aspx? ID=188. 2009-9-2.

⑨ 陈志强. 非政府组织在构建公共文化服务体系中的作用[J]. 北京观察,2008(3).

⑩ 蒋晓丽,石磊. 公益与市场:公共文化建设的路径选择[J]. 广州大学学报(社会科学版),2006(08):65-69.

⑪ 周晓丽,毛寿龙. 论我国公共文化服务及其模式选择[J]. 江苏社会科学,2008(1).

⑫ 李少惠,王苗. 农村公共文化服务供给社会化的模式构建[J]. 国家行政学院学报,2010(2).

⑬ 朱旭光,郭晶. 双重失灵与公共文化服务体系建设[J]. 经济论坛,2010(3).

⑭ 傅才武. 当代公共文化服务体系建设与传统文化事业体系的转型[J]. 江汉论坛,2012(01):134-140.

务精准服务能力建设提供理论基础。从不同的社区公共文化服务受众主体的角度得出不同的供需匹配方案,供需匹配要素应以受众需求与满意度为出发点,以信息对称为保障前提,建立公共文化服务的精准服务机制,进而实现供需高效对接并增进整体满意度。

第二节 社区公共文化服务供需匹配要素体系设计与模型构建

一、社区公共文化服务供需匹配要素体系设计

（一）社区公共文化服务的内容划分

《文化部"十二五"时期公共文化服务体系建设实施纲要》规定了作为基本文化权益的公共文化基本内涵,包括保障人民群众看电视、听广播、读书看报、进行公共文化鉴赏和参与公共文化活动等基本文化权益。2015年,国家发布《关于加快构建现代公共文化服务体系的意见》,根据不同利益主体将公共文化服务的内容进行界定,其中涵盖民族民间文化资源、公益性文化艺术培训、广播电视、公共文化设施建设、文体活动等。国家对公共文化服务的划分主要是依据基础性、普遍性和渐进性三个原则,"基本文化服务"并不能满足公民所有的文化需求,"基本文化服务"满足的是社会的公共文化需求,"基本文化服务"的服务内容和标准、覆盖范围和优先级是随着社会文化发展水平的提高而动态发展的。

（二）社区公共文化供给需求匹配要素体系设计思路

社区公共文化服务过程是个多方面多因素的组合,其评价的要素体系涉及组织建设、设施保障和资金支持多个方面。本书基于上城区的公共文化服务现状,对巫志南和马斯洛等国内外学者提出的因素进行摘选总结,提出社区公共文化服务要素体系,主要包括传统文化、文学艺术、体育健身、营养保健、基本公共教育和风景旅游等要素。

1. 要素的甄选原则

社区公共文化服务供需水平的研究应遵循包括四个方面的原则:第一,公益性。社区公共文化服务旨在保障和实现人民群众的基本文化权益,具有非常明确的社会公益性,这就决定了社区公共文化服务要以追求社会效益的最大化、体现国家和社会的公共利益为主。第二,丰富性。社区公共文化服务除了主要满足社区居民最基本的文化需求之外,还应涵盖时代的特征,满足居民的其他需求。随着经济社会的发展,社区公共文化服务重点满足社区人民群众读书看报、从事公共艺术鉴赏、参与公共文化活动等基本需要,其他进阶享受型的需求可以通过更广泛的文化市场来满足,比如居民对体育锻炼、营养健身和风景旅游的需求等。第三,均等性。缩小城乡之间、地区之间的差距。第四,便利性。便利性是衡量社区公共文化服务品质的重要标准之一,也是保障居民公共文化基本权益的重要体现。

此外,应考虑从社区公共文化的队伍建设、设施建设和服务保障三个方面来衡量社区整体的公共文化服务供需平衡水平。

2. 要素的甄选方法

（1）文献研究法

通过梳理社区公共文化服务的重点文献,结合上城区当地的社区公共服务供需状态,寻

找三级要素的设计灵感。

蔡丰明[①]等学者提到社区公共文化服务的外延,指出社区公共文化服务主要是指社区公共文化服务所包含的各种具体项目活动与条件保障,为社区民众提供文艺表演、教育培训、科普普法、健身康复、休闲娱乐等各类公益性的服务,以及为广大社区民众提供开展各类活动的场地、设施、人员等。与社区公共文化服务相关的内容还包括各种旨在突出文化价值理念引导的公共信息发布、主流文化传播活动,以及各种帮助社区群众提高综合素质与生产生活技能的相关文化活动。另有学者按照物质和精神两方面将社区公共文化服务分为三块内容:其一是社区环境文化服务。社区环境文化是社区整体公共文化的基础部分,要使社区精神文明具象,就必须要将人文环境和社区自然环境相结合。具体来说包含社区的绿化情况,自然容貌,休闲设施和空气质量。例如专为残障人士设置的便利通道,体现了社区以人为本的社区精神文化。其二是社区行为文化。行为文化也被称为活动文化,是文化层次的重要结构要素,行为文化是人们在日常生活中做出的能够促进社区文化发展的行为。其三是社区精神文化服务,上述涉及的环境与行为都是社区精神文化的外现。

李世敏[②]从公共文化服务效能提升的角度提出了社区公共文化服务的三个涉及维度。维度一是社区居民基本文化需求的满足性服务。维度二是社区公共服务要能够引导社区居民发展积极健康的生活方式。大众文化往往是消费欲望的产物,刺激感官的快餐式文化扭曲公众的生活态度与方式。不同于国外有宗教规约的精神限制,国内无神论的氛围更需要公共文化承担价值引领的作用。维度三是塑造文化政治认同。社区公共文化是体现集体文化传承和加强文化凝聚力的一种重要渠道,能够激发文化认同和文化凝聚力。

巫志南[③]将社区公共文化服务的内容进行了明确分类。第一,读书阅报服务,这也是全社会社区群众最依赖也最重要的文化消费方式;第二,公共文化信息服务,是利用先进的互联网、物联网等信息技术条件在社区一级进行公共文化服务的一种形式;第三,公共文化艺术鉴赏服务,社区层面的文化艺术鉴赏形式也应多元丰富,例如青岛的"群众文化大讲堂"和上海市闸北区临汾街道的"东方社区剧场"和"曲艺室";第四,公共文化活动组织,在社区层面,这类活动表现为文艺演出、活动竞赛和教育培训等;第五,群众自娱自乐活动扶持,这类服务是在居民个性意识的增强和独立人格形成之后,个体的自我表现欲望增强并希望通过参与文艺活动来实现个人价值,例如江苏徐州泉山区的群众文化活动和吉林省长春市的社区文化巡演。

(2)专家咨询法

对于涉及社会学等领域的方方面面,我们充分利用浙江大学和浙江大学公共管理学院的人才资源与交叉的学科背景,组织政治学、传播学、社会学、管理学、行政学、计算机科学等各学科的专家围绕供需水平要素选取进行了多次论证探讨,确定从三个方面来形成最终的要素方案,即从年龄梯度、利益分化和需求层次的角度设计社区公共文化服务的要素方案。

年龄是生物重要的特征之一,也是影响国家实施人口政策、迁移就业政策、经济结构调整和供给侧改革的重要参考依据。多位经济学、人口学和社会学学者做了年龄与消费需求

①　巫志南. 社区公共文化服务[M]. 北京:北京师范大学出版社,2012:28.

②　李世敏. 公共文化服务效能提升的三个维度及其定位[J]. 图书馆理论与实践,2015(09):10-13.

③　巫志南. 社区公共文化服务[M]. 北京:北京师范大学出版社,2012:40.

之间的相关性研究。1973 年，人口学家 Sunndbarg 提出了人口构成学说，揭示了人口年龄结构和人口增长之间的关系，其将人口按照年龄层进行了划分，分别为增长型结构、稳定型结构和缩减型结构。根据不同年龄层次，可以将人的需求分为幼儿需求、青年需求、中年需求和老年需求。见图 8-1。

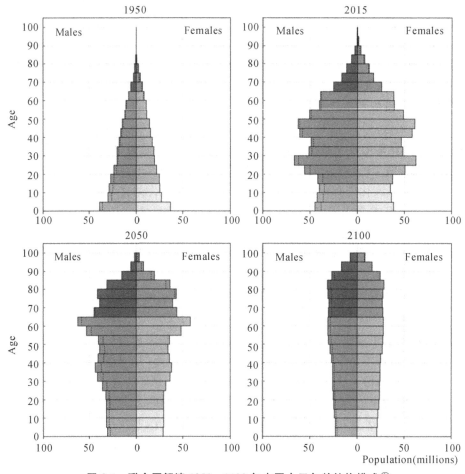

图 8-1　联合国解读 1950—2100 年中国人口年龄结构模式①

人们因资源获得方式、时机和数量的差异而产生不同的利益群体，利益群体的划分直接地影响了社会构成。人们根据资源的不同如坐标般在社会体系中给予自己定位，不同的定位构成了社会结构，在此基础上，形成了相应的社会群体。相同社会群体内部形成了群体的特殊利益，在这种群体利益的驱使下，使得群体内部在相关议题上观点趋同、取向趋同。在改革开放之前，国内社会结构相对单一，社会人的资源供给基本上通过行政权力集中配给。改革开放之后，社会结构发生了翻天覆地的变化，分工细化、利益群体出现、社会群体分化。在这个快速变革的过程中，弱势群体的利益如何表达？不同群体的社区公共文化服务需求是否得到满足？需求供给是否均衡？这些问题日渐显著。

①　United Nations. Department of Economic and Social Affairs. Population Division. World Population Prospects：The 2015 Revision[M]. UN，2015.

根据马斯洛的需求层次理论,人的需求促使行为动机的产生[①]。需求从低到高依次为生存需求、安全需求、社会需求、尊重需求和自我实现的需求。惯常来讲,需要先满足基础的生存需求和安全需求而后刺激和触发更高级的需求。布鲁姆伯格(Brumberg)和莫迪利亚(Modgliani)在1954年对人口结构和消费需求进行研究,提出了生命阶段理论。处于不同生命阶段的人口,如青少年人口,老龄人口和劳动适龄人口,其需求结构和消费水平都是不同的。伴随着年龄增长和收入水平的提升,人的需求不断地由简单到复杂,由低层次的需求上升到高层次的需求。我国学者黄靖[②]也从流动人口的角度论述了城市基础设施配置与人口结构的协调关系。根据黄杉[③]等学者的研究,城区公共文化服务的供给与日益多元化的居民需求之间的矛盾显得日益突出,随着需求阶段由高到低的发展,供给程度也逐渐走低。需求曲线在低级需求阶段的满意度基于供给的充足而高,但是显现出对低级需求的高级化趋势;需求的高峰爆发在中级需求阶段,集中在旅游和健身锻炼等方面;高级需求并不集中,主要表现在文学鉴赏等方面。见图8-2。

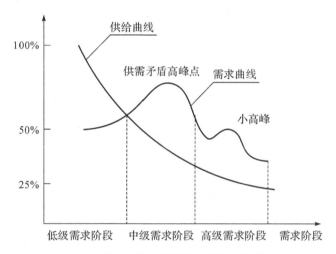

图 8-2　公共文化服务供给—需求曲线现状

3. 社区公共文化服务要素体系构建

据此,本研究根据年龄梯度变迁的特征结合需求层次变迁提出社区公共文化服务主要涉及三大方面的服务,第一类是满足社区居民基本要求的生存型需求,主要包括低级文化需求阶段的基本公共教育和营养保健;第二类是满足社区居民中级文化需求的发展型需求,主要包括体育健身和风景旅游服务两块内容;第三类是满足社区居民高级文化需求的享受型需求,指的是传统文化服务和文学艺术鉴赏类服务。构建后社区公共文化服务要素体系如表8-1,共包含6个一级社区公共文化要素,26个三级社区公共文化要素。

————————————

①　Trivedi A J, Mehta A. Maslow's Hierarchy of Needs-Theory of Human Motivation[J]. International Journal of Research in all Subjects in Multi Languages,2019,7(6):38-41.

②　黄靖,刘盛和. 城市基础设施如何适应不同类型流动人口的需求分析[J]. 武汉科技大学学报,2005(4):284-287.

③　黄杉,张越,华晨,汤婧婕. 开发区公共服务供需问题研究[J]. 城市规划,2012(02):16-23+36.

表 8-1　社区公共文化服务要素体系

一级要素	简记	二级要素(准则层)	三级要素	简记
传统文化	P1	队伍建设(组织体系)	传统文化传承	P1-1
		设施建设(资源体系)	文化展示场所	P1-2
		服务保障(业务体系)	传统文化宣传介绍	P1-3
			传统文化活动	P1-4
文学艺术	P2	队伍建设(组织体系)	学习阅读场所	P2-1
		设施建设(资源体系)	艺术表演场所	P2-2
		服务保障(业务体系)	艺术服务项目	P2-3
			获取文学艺术渠道	P2-4
体育健身	P3	设施建设(资源体系)	群众体育场所	P3-1
			群众健身设施	P3-2
		服务保障(业务体系)	群众体育服务	P3-3
			群众体育活动	P3-4
营养保健	P4	队伍建设(组织体系)	保健医生水平	P4-1
		设施建设(资源体系)	营养保健环境	P4-2
			医疗检查设备	P4-3
		服务保障(业务体系)	就近获得保健服务	P4-4
			营养健康知识宣传	P4-5
			健康养生培训活动	P4-6
基本公共教育	P5	队伍建设(组织体系)	老年教育组织	P5-1
		设施建设(资源体系)	公共教育设施配置	P5-2
		服务保障(业务体系)	党建、红色教育	P5-3
			师资人员水平	P5-4
风景旅游	P6	设施建设(资源体系)	旅游设施配置	P6-1
		服务保障(业务体系)	景区安全	P6-2
			景区卫生	P6-3
			交通便捷	P6-4

二、社区公共文化服务供需匹配模型构建

学界在分析公共产品的需求与供给之间关系时常用的方法为描述统计分析方法,但是仅仅以此作为定性分析的参考值,并不能给出精确的匹配计量数值。本研究从理性人的假设出发构建社区公共文化需求与供给的匹配模型,以匹配度与环境变量的二维要素衡量社区公共文化供需匹配。

（一）变量解释及模型建立

建模前先给出如下变量解释：

1.社区公共文化供需匹配度，指人们所享受到的社区公共文化服务和产品的供给力度与实际需求之间的满足程度。

计算公式如下：$\lambda_{ij} = \cos(\theta_{ij} - 45°)$，其中 $\theta_{ij} \in [0°, 90°]$

$$\cos\theta_{ij} = \frac{x_{ij}^d}{\sqrt{(x_{ij}^d)^2 + (x_{ij}^s)^2}}$$

$$\lambda_i = \frac{1}{N_i}\sum_{j=1}^{N_i}\lambda_{ij}$$

x_{ij}^d 代表公众 j（属于样本集 J）对 i 项公共文化服务要素的需求，x_{ij}^s 分别表示 j 对第 i 项公共文化服务的供给满足度。在整个坐标图谱中，以需求为横轴，供给为纵轴，研究将社区公共文化供需坐标表示为（需求，供给）。N_i 为第 i 项要素的有效样本数。匹配度取值在 $\left[\frac{\sqrt{2}}{2}, 1\right]$ 之间。

2.匹配环境 φ_{ij}：用 1、-1 标识。当社区公共文化的供给大于社区公共文化的需求时，匹配环境变量记为 -1，此时表明社区居民认为需求得到过多满足，供给出现冗余现象，相应的政府要削减此项服务事项的开支，转移此项社区公共文化的供给力度；当社区公共文化的供给小于或者等于需求时，匹配环境变量记为 1，此时政府应该加大此项社区公共文化的供给力度。公式如下：

$$\varphi_{ij} = \begin{cases} 1 & \theta_{ij} \leqslant 45° \\ -1 & \theta_{ij} > 45° \end{cases}$$

$$\varphi_i = \begin{cases} 1 & \dfrac{1}{N_i}\sum_{j=1}^{N_i}\varphi_{ij} \geqslant 0 \\ -1 & \dfrac{1}{N_i}\sum_{j=1}^{N_i}\varphi_{ij} < 0 \end{cases}$$

在供给需求坐标轴构成的坐标系中，处于直线 $y=x$ 以下的区域，即斜率为 1 与需求坐标轴构成区域中的点，环境变量均为 1；处于直线 $y=x$ 以上的区域，即斜率大于 1 与供给坐标纵轴所构成区域之间的点，环境变量记为 -1。

3.社区公共文化供需匹配 $(\lambda_{ij}, \varphi_{ij})$，社区公共文化的实际供给力度与社区公共文化需求之间的差异情况，用社区公共文化供需匹配度与环境变量的二维向量表示。

4.完美社区公共文化供需匹配，即公众实际享受到的社区公共文化的支持力度与实际的社区公共文化需求一致，在数值上为社区公共文化供需匹配度为 1，环境变量为 1。

（二）模型基本性质阐释

社区公共文化供需匹配模型存在四种基本性质（如图 8-3），如下：

性质 1：社区公共文化服务供给完美匹配，即供给匹配值的点落在直线 $Y=X$ 上，即公共文化的供应等于需求。

通过匹配模型可以得出，B、C 两点匹配度为 1，同时环境变量为 1，此时，我们称处于 B、C 状态下的供需为完美供需匹配，此时社区居民享受到的社区公共文化支持力度（供给）完

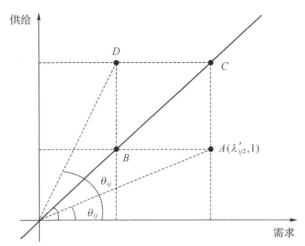

图 8-3　社区公共文化供需匹配模型的四种性质

美满足自身所需的社区公共文化需求。

　　性质 2：同一社区公共文化需求或供给水平下，社区公共文化需求与供给的差值越大，社区公共文化供需匹配度越小；反之亦然。

　　假设存在两点 $E(x_1,y_1)$、$F(x_2,y_2)$，匹配度分别为 λ_E，λ_F。$|y_2-x_2|>|y_1-x_1|$，不妨令 $y_2>y_1$，$y_2>x_2$，$x_1=x_2$。则

$$\tan\theta_F-\tan\theta_E=\frac{y_2}{x_2}-\frac{y_1}{x_1}=\frac{y_2-y_1}{x_1}>0$$

$$\theta_F>\theta_E>45°\Rightarrow\cos(\theta_F-45°)<\cos(\theta_E-45°)\Rightarrow\lambda_F<\lambda_E$$

　　即同一社区公共文化需求或供给水平下，社区公共文化需求与供给的差值越大，供需匹配度越小；反之，亦然。在图中见 A、B 两点：社区公共文化的供给力度均为 x_{ij}^s，社区公共文化对此功能的需求差异值越大，其公共文化供需匹配度越小（如 A 点所示）；见图中 B、D 两点，社区公共文化的需求均为 x_{ij}^d，社区公共文化对此功能的供给力度差异值越大，其公共文化供需匹配度越小（如 D 点所示）；

　　性质 3：以 $y=x$ 为对称的非完美匹配值，社区公共文化服务供需匹配度相同，不同在于其环境变量不同（-1 和 1）。

　　以 A、D 两点为例，A、D 关于直线 $y=x$ 对称。由对称性可知 $\theta_{ij}+\theta'_{ij}=90$，由余弦定理可得：$\cos(\theta_{ij}-45°)=\cos(\theta'_{ij}-45°)$。即 A、D 两点的社区公共文化供需匹配度相同。但 A 点的需求大于供给，环境变量为 1；D 点的需求小于供给，环境变量为 -1。

　　性质 4：若非完美匹配，社区公共文化需求与供给的差值相同时，社区公共文化供给（或需求）值越大，公共文化供需匹配度越高。

　　假设两点 $E(x_1,y_1)$、$F(x_2,y_2)$，匹配度分别为 λ_E、λ_F。$|y_2-x_2|>|y_1-x_1|$，不妨令 $y_2>y_1$，$y_2>x_2$，$y_1>x_1$。则

$$\tan\theta_E=\frac{y_1}{x_1}=\frac{y_2-x_2+x_1}{x_1}=\frac{y_2-x_2}{x_1}+1>\frac{y_2-x_2}{x_2}+1=\frac{y_2}{x_2}=\tan\theta_F>1$$

$$\theta_E>\theta_F>45°\Rightarrow\cos(\theta_E-45°)<\cos(\theta_F-45°)\Rightarrow\lambda_E<\lambda_F$$

　　由此可得，当社区公共文化需求与供给的差值相同时，社区公共文化供给（或需求）值越大，公共文化供需匹配度越高。

第三节 社区公共文化服务供需匹配模型实证分析

一、社区公共文化服务水平调查研究设计

(一)抽样计划

针对上城区社区公共文化服务要素体系设计问卷,问卷调查由若干具有不同特征层次组成的上城区社区民众作为总体样本,并根据各街道的常住人口数量,实施分层抽样。在样本选取过程中,要充分考虑样本的均等性,按照以下人口的特征(性别、年龄、是否常住人口等)设定抽样比例。

1. 性别分布(见表 8-2)

表 8-2 不同性别的样本量配置要求①

性别	比例
男	51%
女	49%

2. 常住人口与流动人口分布(见表 8-3)

表 8-3 常住人口与流动人口的样本量配置要求②

类别	比例
常住人口	90%
流动人口	10%

3. 年龄分布(见表 8-4)

表 8-4 不同年龄阶段的样本量配置要求③

年龄段	比例
18~25 岁	5%
26~35 岁	16%
36~45 岁	28%
46~55 岁	23%
55~60 岁	15%
60 岁以上	13%

---

① 数据来源:国家统计局开展的"中国 2010 年全国人口普查"数据。
② 数据来源:根据国家统计局开展的"中国 2010 年全国人口普查"数据并结合本项目修正。
③ 数据来源:60 岁以上比例分布来源自国家统计局开展的"中国 2010 年全国人口普查"数据,18~60岁各年龄段比例分别根据本项目需要设置。

（二）问卷设计与样本情况

本研究从 2016 年 6 月开始进行问卷调查,在确定样本抽样准则后,通过实地走访、上城区座谈会等共发放问卷 810 份,回收问卷 720 份,剔除无效问卷后,其中有效问卷 437 份,有效问卷回收率为 60.69%。表 8-5 是调查对象的问卷样本分布情况:

表 8-5　样本基本分布情况

样本分类		频数(人)	占比(%)
性别	男	224	51.3
	女	213	48.7
年龄	20 岁及以下	22	5.0
	21~30 岁	61	14.0
	31~40 岁	83	19.0
	41~50 岁	92	21.1
	51~60 岁	101	23.1
	61 岁及以上	78	17.8
婚姻状况	已婚	298	68.3
	未婚	126	28.9
	离异	12	2.8
文化程度	小学及以下	11	2.5
	初中	74	17.0
	高中/中专	77	17.7
	大专	72	16.5
	大学本科	168	38.5
	研究生及以上	34	7.8
居住地	湖滨街道	69	15.8
	清波街道	75	17.2
	小营街道	18	4.1
	望江街道	97	22.2
	南星街道	92	21.1
	紫阳街道	85	19.5
户籍情况	上城区本地户口	355	81.2
	上城区以外户口	75	17.2
	境外人士	7	1.6
在上城区居住时间	半年及以下	57	13.1
	半年~3 年	46	10.6
	3~8 年	63	14.4
	8 年以上	270	61.5

二、数据收集与样本检验

(一)样本与有效性分析

问卷调查主体为杭州市上城区社区居民,重点了解该区域不同类型居民在社区生活中享受到各类公共文化服务的力度,以及社区居民对公共文化服务的实际需求。问卷均采用李克特五点式量表,1 代表获得社区公共文化服务满意度或实际需求最小,5 代表最大。

为确保样本代表性与数据可靠性,样本选取主要以清波街道、湖滨街道、小营街道、紫阳街道、南星街道和望江街道为主,并选取代表性社区进行实地座谈。调研样本包含不同年龄阶段、不同户籍属地、不同文化程度和收入水平的居民,主要反映以流动人口、老龄人口和青少年群体为主体的上城区社区公共文化服务的发展现状,样本具有代表性。

(二)量表信度与效度检验

对调查数据我们采用 SPSS20.0 系统进行统计分析,并用目前社会科学研究最常使用的克隆巴赫系数(Cronbach's α)进行了信度检验(见表 8-6)。一般而言,Cronbach 系数的值在 0 到 1 之间。当计算出的 Cronbach 系数值即 α 值小于 0.35 时,对应数据的可靠性相当低;若介于 0.35 与 0.7 之间,则尚可接受;若大于 0.7,则可靠性相当高。

表 8-6　信度检验

Cronbach's α	Spearman-Brown 信度	信度	累计解释方差 (%)
0.881	0.823	0.791	81.235

此次调查问卷对上城区社区公共文化服务情况进行需求与满意度评估,并对问卷中的数据进行信度检验。由表 8-6 可知,六类一级社区公共文化服务要素的量表 Cronbach 系数值是 0.881,可以说明其可靠性相当高。在进行效度检验时,一般考虑问卷的内容和结构效度。首先,问卷侧重了解社区公共文化服务供给与需求,经过文献研究法和专家咨询法构建了供需匹配要素体系,研究体系受到专家认可。其次,结构效度的检验如表8-7:各一级公共文化服务要素均通过相关性检验。并且,27 个三级供需要素通过显著性检验(5%水平),表明问卷具有很好的结构效度。

表 8-7　结构效度检验

服务供给	Pearson 相关性	服务供给	Pearson 相关性	服务需求	Pearson 相关性	服务需求	Pearson 相关性
		P1-1	0.268*			P1-1	0.332**
P1	0.318**	P1-2	0.221*	P1	0.432**	P1-2	0.283*
		P1-3	0.192			P1-3	0.182
		P1-4	0.238*			P1-4	0.289*

续表

服务供给	Pearson 相关性	服务供给	Pearson 相关性	服务需求	Pearson 相关性	服务需求	Pearson 相关性
P2	0.421**	P2-1	0.281**	P2	0.388**	P2-1	0.353**
		P2-2	0.289**			P2-2	0.382**
		P2-3	0.378**			P2-3	0.422**
		P2-4	0.309**			P2-4	0.378**
P3	0.380**	P3-1	0.228	P3	0.517**	P3-1	0.255*
		P3-2	0.382**			P3-2	0.278*
		P3-3	0.317**			P3-3	0.389**
		P3-4	0.267*			P3-4	0.185
P4	0.271*	P4-1	0.277*	P4	0.380*	P4-1	0.223
		P4-2	0.271			P4-2	0.398**
		P4-3	0.303**			P4-3	0.392**
		P4-4	0.289*			P4-4	0.402**
		P4-5	0.284*			P4-5	0.289*
		P4-6	0.301*			P4-6	0.273*
P5	0.378**	P5-1	0.388**	P5	0.477**	P5-1	0.419**
		P5-2	0.363**			P5-2	0.388**
		P5-3	0.332**			P5-3	0.392**
		P5-4	0.350*			P5-4	0.304**
P6	0.339**	P6-1	0.198	P6	0.409**	P6-1	0.298*
		P6-2	0.355**			P6-2	0.335**
		P6-3	0.208*			P6-3	0.404**
		P6-4	0.359**			P6-4	0.301**

三、基于匹配模型的上城区社区公共文化服务供需定量分析

本研究采用社区公共文化供需匹配模型分析各类社区公共文化服务的供需匹配程度，如表8-8所示。

表8-8　一级公共文化服务要素匹配情况

	传统文化	文学艺术	体育健身	营养保健	基本公共教育	风景旅游
	(0.8101,1)	(0.8693,1)	(0.8134,1)	(0.8509,1)	(0.9027,1)	(0.9117,1)
男性	(0.8021,1)	(0.8396,1)	(0.7785,1)	(0.8934,1)	(0.9165,1)	(0.8936,1)
女性	(0.7908,1)	(0.8526,1)	(0.8012,1)	(0.8013,1)	(0.8832,1)	(0.9218,1)

续表

	传统文化	文学艺术	体育健身	营养保健	基本公共教育	风景旅游
本地户口	(0.7713,1)	(0.8927,1)	(0.8022,1)	(0.8529,1)	(0.9283,1)	(0.9038,1)
流动人口	(0.8216,1)	(0.8567,1)	(0.7925,1)	(0.8128,1)	(0.8019,1)	(0.9169,1)
青少年	(0.9122,1)	(0.8229,1)	(0.9013,1)	(0.9134,1)	(0.8924,−1)	(0.9369,1)
老龄人群	(0.7923,1)	(0.8010,1)	(0.7893,1)	(0.7811,1)	(0.9353,−1)	(0.8916,1)
劳动适龄人群	(0.8232,1)	(0.8926,1)	(0.8014,1)	(0.8234,1)	(0.9008,1)	(0.9322,1)
湖滨	(0.7919,1)	(0.8396,1)	(0.8839,1)	(0.8865,1)	(0.8939,−1)	(0.9442,1)
清波	(0.8506,1)	(0.8979,1)	(0.7892,1)	(0.8423,1)	(0.9116,1)	(0.9120,1)
小营	(0.8424,1)	(0.9247,1)	(0.7835,1)	(0.9026,1)	(0.9233,1)	(0.9236,1)
望江	(0.8009,1)	(0.8890,1)	(0.7919,1)	(0.8876,1)	(0.8936,1)	(0.9009,1)
南星	(0.7818,1)	(0.9126,1)	(0.8218,1)	(0.8324,1)	(0.9318,1)	(0.8916,1)
紫阳	(0.7504,1)	(0.8793,1)	(0.8375,1)	(0.8322,1)	(0.9223,1)	(0.8836,1)

　　研究结果表明,以传统文化、文学艺术、体育健身、营养保健、基本公共教育和风景旅游为代表的社区公共文化服务供需匹配度在0.81以上,综合来讲,上城区社区公共文化服务的供需较为均衡。此中,风景旅游类要素的供需匹配度最高,达到0.9117。供需匹配度由高到低依次为风景旅游、基本公共教育、文学艺术、营养保健、体育健身和传统文化。

　　从数据分析的结果来看,风景旅游匹配度非常高,判断是由于在G20筹备期间,市政对于市容市貌整治、景区交通配备以及安全管控方面的工作非常到位,在感知上对社区居民的影响较大。此外,考虑到杭州本身属于知名旅游城市,旅游资源丰富发达,基础设施整体上来讲齐整完善,较为成熟。体育健身与传统文化类要素的匹配度最低,究其原因来说,主要有伴随互联网在服务提供方面对便捷性的巨大冲击,人民生活水平的逐步提高,个体对于生存型需求之上的发展型需求表达呈现井喷式的增长。如何利用更加先进的技术,结合传统的文化和与人民生活息息相关的体育锻炼,为民众提供更加个性化的服务。而较之智慧旅游、互联网出行等相对前沿的领域,如何利用科技手段使传统文化焕新。同时,人口的不断流入,老年人口的快速增长,都对这种趋势提出了多元的需求,一时间应对迥异的需求,政府的服务很难全部满足。

表 8-9　上城区社区公共服务三级要素供需匹配度①

	男性	女性	本地户口	流动人口	青少年	老龄人群	劳动适龄人群	湖滨	清波	小营	望江	南星	紫阳
P1-1	0.8152	0.8001	0.7892	0.8223	0.9029	0.8271	0.8139	0.7827	0.8509	0.8419	0.8119	0.8223	0.8082
P1-2	0.7923	0.8192	0.7712	0.8201	0.9113	0.8247	0.8228	0.8029	0.8502	0.8302	0.8201	0.8428	0.7913
P1-3	0.7629	0.7782	0.7902	0.8219	0.8929	0.7736	0.8247	0.8291	0.8512	0.8372	0.7989	0.7892	0.7728
P1-4	0.8201	0.7993	0.8093	0.8192	0.9283	0.7827	0.9107	0.7892	0.8506	0.8309	0.8223	0.8412	0.7902

① 环境变量为−1的情况在数据右上角标识为"—"。

续表

	男性	女性	本地户口	流动人口	青少年	老龄人群	劳动适龄人群	湖滨	清波	小营	望江	南星	紫阳
P2-1	0.8192	0.8792	0.9202	0.8602	0.8219	0.7982	0.9281	0.8192	0.8928	0.9117	0.8792	0.9005	0.8817
P2-2	0.8184	0.8402	0.8938	0.8625	0.8209	0.8192	0.8783	0.8293	0.9028	0.9192	0.8692	0.8923	0.8602
P2-3	0.8399	0.8363	0.9028	0.8402	0.8382	0.7895	0.8872	0.8238	0.8917	0.9166	0.8981	0.9119	0.8923
P2-4	0.8401	0.8438	0.8892	0.8442	0.8492	0.7862	0.9018	0.8242	0.9028	0.9203	0.8235	0.9029	0.8701
P3-1	0.7672	0.7984	0.7982	0.7892	0.9192	0.7928	0.7927	0.8703	0.7918	0.7792	0.8045	0.8428	0.8392
P3-2	0.7893	0.8192	0.7983	0.7912	0.8929	0.7918	0.8193	0.8812	0.7818	0.8028	0.7824	0.8109	0.8301
P3-3	0.8023	0.8073	0.8102	0.7886	0.9147	0.7791	0.8017	0.8792	0.8092	0.8172	0.8034	0.9013	0.8299
P3-4	0.8102	0.7823	0.8291	0.7794	0.9045	0.7903	0.8192	0.8192	0.7813	0.7683	0.8012	0.8292	0.8109
P4-1	0.8917	0.8011	0.8602	0.8092	0.9127	0.8192	0.7894	0.8703	0.8528	0.9192	0.8682	0.8429	0.8291
P4-2	0.8829	0.8134	0.8728	0.8097	0.9264	0.8092	0.8328	0.8702	0.8418	0.9046	0.8723	0.8583	0.8102
P4-3	0.8913	0.8382	0.8412	0.8117	0.9494	0.8104	0.8275	0.8923	0.8422	0.8902	0.8662	0.8193	0.8292
P4-4	0.8997	0.7983	0.8449	0.8201	0.884	0.8037	0.8302	0.8915	0.8302	0.8827	0.8902	0.8325	0.8211
P4-5	0.8891	0.8208	0.8492	0.7829	0.8537	0.8102	0.8298	0.8901	0.82384	0.9102	0.8629	0.8492	0.8302
P4-6	0.8934	0.8007	0.8481	0.8392	0.9347	0.7728	0.8116	0.8904	0.8407	0.9011	0.8682	0.8319	0.8312
P5-1	0.9091	0.8762	0.9108	0.8105	0.8827	0.922	0.8852	0.8821	0.9001	0.9023	0.8919	0.9293	0.9172
P5-2	0.9277	0.8931	0.9301	0.8109	0.901⁻	0.930⁻	0.9101	0.8882	0.9097	0.9284	0.8816	0.9208	0.9118
P5-3	0.922	0.8933	0.9119	0.8139	0.904⁻	0.941⁻	0.9109	0.9013	0.9017	0.9223	0.8892	0.9287	0.9197
P5-4	0.9335⁻	0.9482	0.9211	0.9162	0.8812	0.9095	0.9328⁻	0.9139	0.9282	0.9005	0.9321	0.9011	0.8993
P6-1	0.8819	0.911	0.9112	0.9109	0.9213	0.8819	0.9201	0.9245	0.904	0.9116	0.8992	0.8909	0.8913
P6-2	0.9014	0.9192	0.9062	0.9292	0.9221	0.9017	0.9312	0.9353	0.903	0.9203	0.8927	0.8903	0.8792
P6-3	0.9112	0.9082	0.9102	0.8934	0.9273	0.8902	0.9235	0.9393	0.873	0.9219	0.9123	0.8862	0.9013
P6-4	0.8834	0.9182	0.9024	0.9003	0.9195	0.8956	0.9136	0.9325	0.911	0.9014	0.8978	0.8729	0.8629

　　通过社区公共文化服务供需匹配模型,得出一级公共文化服务要素匹配情况表8-9。从性别角度来讲,对男性来说,基本公共教育、风景旅游和营养保健的供需匹配度较高,而传统文化和体育健身的匹配度较低;对女性而言,风景旅游、基本公共教育和文学艺术的匹配度较高。从户籍状况来说,上城区本地居民认为基本公共教育的供需匹配度最高,营养保健、体育健身和传统文化的匹配度较低;上城区以外人口(流动人口)认为,体育健身服务的供给与需求匹配度较低。从年龄梯度方面来讲,老龄人口认为基本公共教育服务的供需较为均衡,而营养保健方面的匹配程度较低;青少年恰相反,青少年调研群体认为,风景旅游、营养保健和传统文化服务的需求供给匹配度较高,而文学艺术的供给与需求较不匹配;劳动适龄人口①与

---

　　①　劳动适龄人口指,20～60岁人群。

男性群体的意见基本一致,风景旅游、基本公共教育和文学艺术的供需匹配度较高,而传统文化和体育健身的匹配度较低。从上城区不同区块的划分上看,湖滨街道社区居民对社区公共文化服务供需匹配度由高至低排序依次为风景旅游、基本公共教育、营养保健、体育健身、文学艺术和传统文化;清波街道社区居民对社区公共文化服务供需匹配度由高至低排序依次为风景旅游、基本公共教育、文学艺术、传统文化、营养保健和体育健身;望江街道社区居民对社区公共文化服务供需匹配度由高至低排序依次为风景旅游、基本公共教育、文学艺术、营养保健、传统文化和体育健身;小营街道社区居民对社区公共文化服务供需匹配度由高至低排序依次为文学艺术、风景旅游、基本公共教育、营养保健、传统文化、体育健身;紫阳街道社区居民对社区公共文化服务供需匹配度由高至低排序依次为基本公共教育、风景旅游、文学艺术、体育健身、营养保健、传统文化;南星街道社区居民对社区公共文化服务供需匹配度由高至低排序依次为基本公共教育、文学艺术、风景旅游、营养保健、体育健身、传统文化。

从数据可知,上城区在提供社区公共文化服务时,充分结合了本区区情和不同类型人群的多元化需求,但仍有供需不匹配的情况出现,如针对青少年人口进行传统文化教育和营养保健的支持;但是在针对老龄人口和流动人口方面,应加大针对性的保健性服务和丰富业余活动,确保身心健康的体育健康类服务的供给。

结合上城区社区公共服务一级和三级要素供需匹配度,二者之间呈现高度管理线下关联性(见图8-4)。

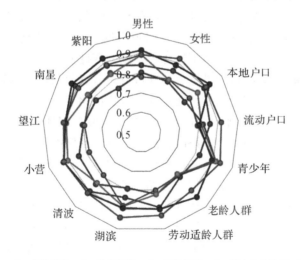

图8-4　各群体对社区公共文化服务一级要素的供需匹配值

总体上来看,不同年龄梯度的人群在享受风景旅游和基本公共教育服务方面,无论是组织建设、服务支持还是设施建设方面的需求都得到较好的供给满足,这体现在社区居民对公共教育设施配置、师资人员水平、老年教育组织、旅游设施配置、景区安全、景区卫生和景区交通便捷方面的需求程度和满意程度表现出较为一致的情况。根据表8-9,数据显示无论是按照收入、性别还是年龄梯度划分,不同群体对 P5-2(0.9277;0.8931;0.9301;0.901;0.930)、P6-1(0.8819;0.911;0.9112;0.9109;)、P6-2(0.9014;0.9192;0.9062;0.9292)、P6-

3(0.9112;0.9082;0.9102;0.8934;0.9273)和P6-4(0.9182;0.9024;0.9003;0.9195)服务的供给需求匹配的感知趋势表现出趋同的一致性,表明不同群体在基本公共教育和风景旅游方面受到的需求影响因素相对趋同,并且供给状况良好。此外,从社区居民的感知角度说,除了青年群体和老年群体对基本公共教育服务的公共教育设施配置及师资人员水平的需求小于供给外,其余社区公共文化二级要素的供给水平均未达到居民需求要求。产生差异的原因在于,对于青少年群体,在学区的背景下,接触基础教育的资源处于偏高水平,导致感知上供给大于需求;对于老龄人群,由于年龄阶段需求异化的缘故,导致老龄人群对需求的重点关注在营养保健和文化艺术等方面,基本公共教育的需求处于低级层次的需求,较易得到供给满足。

第四节　社区公共文化服务供需匹配水平结果展示与对策建议

一、上城区社区公共文化服务存在的问题分析

通过收集已有的各项数据结果分析,本研究归纳了社区公共文化服务工作和实践经验与理论总结中存在的问题。

第一,载体创新不足,文化与科技融合程度仍然较弱。随着经济的高速发展,近几年上城区社区公共文化设施不断建成并面向社区群众免费开放。但是由于社区文化服务体系缺乏科技与文化融合意识,没有很好地利用杭州现有网络和科技资源,多数图书馆,馆内资源尤以文字标签为主,缺少音像及其他可视化的领域的深度开发。不少去过博物馆、美术馆的社区居民抱怨社区展览"太枯燥""没意思",这造成展览资源的浪费,以及公众参与热情的下降。社区公共文化设施"成摆设",公共文化资源被边缘化。公共文化的传播缺乏创新,文化与科技的融合不顺。信息共享平台、在线交互平台、群众反馈评价机制等有助于提高公共文化服务效能。企业、中介组织、个人等社会力量,尤以在互联网、云计算行业有优势的社会力量的支撑不足,缺乏文化惠民和科技共建意识,个性化社区公共文化匮乏。

第二,绝大多数的社区公共文化服务供给小于需求。在社区公共文化服务一级要素供需匹配方面,基本上供给侧和需求侧达到了一定的均衡,但除了风景旅游和基本公共教育服务的供给基本满足社区居民需求以外,其他社区公共文化服务一级要素的供给均不满足社区居民的自身文化需求,尤其是传统文化(0.8101)。在二级要素方面,除了男性对P5-6(师资人员水平),老龄和青年群体对P5-3(公共教育设施配置)、P5-4(党建、红色教育)服务享受到的供给力度小于自身相应的文化需求之外,其余社区居民自身需要的文化需求均不能够得到供给的完全满足。主要体现在流动人口、劳动适龄群体和老龄人口对P1-1(传统文化传承)、P1-2(文化展示场所)、P1-3(传统文化宣传介绍)、P2-2(艺术表演场所)、P2-3(艺术服务项目)、P2-4(获取文学艺术渠道)、P3-1(群众体育场所)、P3-2(群众健身设施)、P3-3(群众体育服务)、P3-4(群众体育活动)、P4-6(健康养生培训活动)所获得的服务供给小于自身文化需求。

第三,社区公共文化服务的差异化供给较弱,不同梯度供给需求匹配度较低。各年龄梯度、各收入水平、户籍状况和上城区各区域均对传统文化、营养保健和体育健身服务方面供需均衡状况的感知较低,认为在传统文化、营养保健和体育健身服务领域,供给水平低于居

民的需求。同时，不同性别、不同年龄梯度和不同户籍的群体在文学艺术、体育健身、营养保健和基本公共教育服务方面的供需匹配值差异较大。

根据图 8-5、8-6、8-7，从性别角度分析，其中男性对社区公共文化服务三级要素的匹配度均在 0.76 以上，对基本公共教育三级要素的匹配度最高，在 0.90 以上。其中，对 P5-4（师资人员水平）服务的供需匹配度最高，达到 0.9335。女性对社区公共文化服务三级要素的匹配度均在 0.778 以上，对风景旅游三级要素的匹配度最高，在 0.90 以上。女性也是对 P5-4（师资人员水平）服务的供需匹配度最高，达到 0.9482。针对户籍状况而言，上城区本地户口居民对社区公共文化服务三级要素的匹配度均在 0.75 以上，对基本公共教育三级要素的匹配

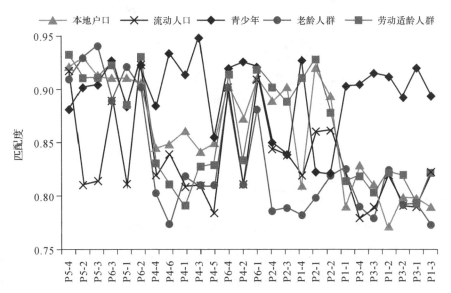

图 8-5　各人群对社区公共文化服务三级要素的供需匹配值

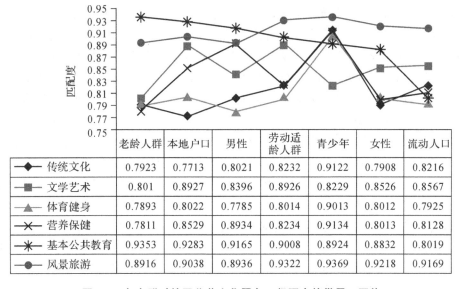

	老龄人群	本地户口	男性	劳动适龄人群	青少年	女性	流动人口
传统文化	0.7923	0.7713	0.8021	0.8232	0.9122	0.7908	0.8216
文学艺术	0.801	0.8927	0.8396	0.8926	0.8229	0.8526	0.8567
体育健身	0.7893	0.8022	0.7785	0.8014	0.9013	0.8012	0.7925
营养保健	0.7811	0.8529	0.8934	0.8234	0.9134	0.8013	0.8128
基本公共教育	0.9353	0.9283	0.9165	0.9008	0.8924	0.8832	0.8019
风景旅游	0.8916	0.9038	0.8936	0.9322	0.9369	0.9218	0.9169

图 8-6　各人群对社区公共文化服务一级要素的供需匹配值

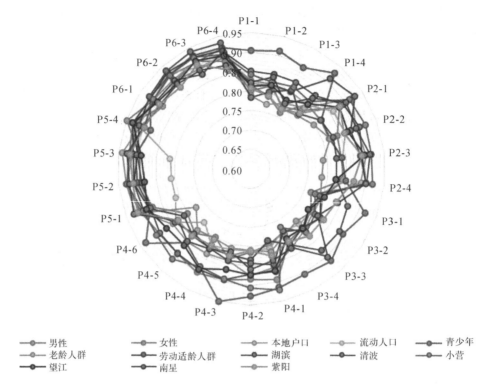

图 8-7　各人群对社区公共文化服务三级要素的供需匹配值

度最高,在 0.90 以上;对 P5-2(公共教育设施配置)服务的供需匹配度最高,达到 0.9301;对 P1-2(传统文化展示场所)的供需匹配度最低,为 0.7712。居住在上城区半年以上的流动人口对社区公共文化服务三级要素的匹配度均在 0.77 以上,对风景旅游服务三级要素的匹配度最高,在 0.88 以上;对 P6-2(景区安全)服务的供需匹配度最高,达到 0.9292;对 P3-4(群众体育服务)的供需匹配度最低,为 0.7794。其中最为值得注意的现象是,流动人口群体对于除师资水平(0.9162)以外的基本公共教育三级要素的匹配度明显低于其他群体,分别为0.8109、0.8105、0.8139。其中的原因主要归因于流动人口的子女不能够完全享受当地教育资源,尤其是受到户籍制度的桎梏,在子女入学等方面存在双轨制的情况,这进而导致了流动人口群体对教育资源需求与供给之间不平衡的评价出现。从年龄梯度来讲,青少年群体对社区公共文化服务三级要素的匹配度较高,在 0.82 以上。对营养保健服务三级要素的匹配度最高,对 P4-3(医疗检查设备)和 P4-6(健康养生培训活动)服务的供需匹配度最高,达到 0.9494 和 0.9347;对 P2-2(艺术表演场所)和 P2-1(学习阅读场所)的供需匹配度最低,为0.8209 和 0.8219。没有好的阅读学习场所是青少年群体最明显的感知。这也是青少年群体与其他群体出现匹配度差异的地方。青少年在互联网阅读和影视文化的影响下,能够走出家门阅读的机会正在消减,国民阅读调查报告显示,青少年图书阅读率不足 85%,包含教辅与教材在内的年青少年人均阅读量不足 10 本,与发达国家相差明显。老龄人口对社区公共文化服务三级要素的匹配度均在 0.77 以上,对基本公共教育服务三级要素的匹配度最高;对 P5-3(党建、红色教育)服务的供需匹配度最高,达到 0.9410;对 P4-6(健康养生培训活动)和 P1-3(传统文化宣传介绍)的供需匹配度最低,为 0.7728 和 0.7736。这一匹配度的差异主要体现在老龄人群对营养保健和业余生活的差异化需求没有得到良好地供给。

二、提升公共文化科技服务精准服务能力的对策建议

(一)坚持社区公共文化需求导向,实现公共文化服务的差异化供给

经济发展、媒介进步和娱乐化的趋势使得不同群体对文化的需求愈加多元化和复杂化,这就为公共文化的供给提出难题,不仅要从数量上增加,更要考虑从质量上提升。从国家层面上看,文化氛围营造了一个国家的精神气质,更影响国民的凝聚力与文化自信;从社会层面而言,不同区域与社区文化的交流融合是价值观塑造与民族向心力锻造的重要途径;从个人层面看,文化对于个人的修养与发展起到了举足轻重的作用。从顶层设计的视角,结合群众的感知反馈,对现有的社区公共文化服务供需不均的情况进行修正、纠偏,达到对公共文化体系的有力补充和逐步完善。百里不同俗,千里不同风。不同群体的基本文化需求是分层次的,差异化特征根据年龄、户籍甚至收入水平的不同而愈加明显。文化的供给如果忽略群众的差异化需求,缺少居民的认可就会造成社会文化资源的配给错位和浪费。如何制定更加具有针对性的文化供给方案满足群众的多元化公共文化诉求是公共文化供给方的能力建设的核心。利用社区公共文化服务供需匹配模型,测度实际的公共文化供给对特定群体的供给与支持力度,藉此对现有的社区公共文化资源和政策进行修正与再设计,对于匹配度较低的公共文化服务,若供给大于社区居民需求,则考虑从服务的质量与有效性方面进行精简和筛选;若供给小于社区居民需求,则考虑从服务的丰富性和服务人群范围方面进行扩展和考量,只有充分考虑需求的供给才是有效供给[①]。要想最大化发挥公共文化效能,只有切实考虑需求与供给的平衡,立足于不同背景的差异化文化需求进行供给与需求侧改革,才能够提升一个城市的整体文化软实力,进而构建现代公共文化服务体系。

(二)突出公共文化科技支撑作用,实现科技与文化融合

运用信息技术转型升级传统的公共文化产业,能够以更新颖的形式展示社区文化积淀,融合现代科技,实现社区文化的焕新。充分运用互联网、物联网、云计算、数据挖掘等信息技术,大力推进"智慧公共文化"和"智慧社区"建设。利用科技的力量,使物理资源和信息资源得到系统化整合和深度开发激活,让社区居民在信息获取、文化吸纳和文化创造的整个过程中都能感受到智慧科技带来的全新服务体验。其一,运用互联网技术,推进社区公共化资源单项生产供给转变为多向、交互式供给。运用互联网技术改变传统社区的公共文化信息获取途径,提高公共文化获取的透明度以及时效性,有效促进公共文化资源供给方式从单纯产品供给转变为信息产品与要素供给相结合,从单一"授人以鱼"的给予转变为"授人以渔"的能力支持相结合,从社区群众被动接受转变为自主选择。其二,运用互联网技术,推动社区公共文化资源共享,打通社区公共文化服务的各环节壁垒,提高社区公共文化服务的运行效率及丰富程度。运用互联网技术推动社区公共文化服务在全国范围内的均等化,逐步消除不同年龄层次、收入层次人群的信息鸿沟,缩小公共文化服务内容差距。其三,"云计算"技术应用对于改进社区公共文化硬件设施利用方式具有革命性作用,可以在专业技术服务机

① 陈晓晖,姚舜禹.高质量供给与高质量需求有效对接是供给侧改革之旨归[J].当代经济管理,2022,44(08):17-22.

构的支持下,大大提高资源利用效率和即时服务效能。在此基础上有效简化各社区硬件设施配置,节约成本、优化内部资源管理。"云计算"技术应用对于改进社区公共化资源采集和传输运行方式,具有突破性作用。可以在一定的技术规范支持下实现公共文化资源的随时随地采集、传输、整理和筛选,大大提高公共文化资源建设效能。"云计算"技术应用对于提高社区公共文化服务体系的管理运行效率具有前瞻性作用,不仅有助于推进基础设备的继承利用,也有助于完善管理信息的采集、反馈以及及时状况评估等。

(三)优化投入结构,用标准化和精细化思路来设计和开展公共文化服务工作

公共文化服务工作需要多类投入资源的整体性的配合,其基本意义在于区分不同类型的资源投入对于实际产出和社会效益的影响。这也就是说并非所有类型的资源投入均是"多多益善"的,而是需要以具体的公共文化服务目标和需求为导向来评估哪类资源是必要的,以及这些必要资源该如何配合投入使用,在前一个阶段的工作中需要运用到"公众导向"的思想与方法来进行最优化的研判,其中要综合多方主体的意见和实际需求,而确定资源配置使用阶段,需要运用到协同化的思想来确定资源的优化配置策略以实现成本最优与效率、效益最佳的结合。但是两阶段的工作思路均需要以标准化的思想进行统筹,即在优化公共文化服务投入资源的工作之前需要制定一套权责一致、供给程序条理分明、供给方法科学得当的标准,并以此作为指导。系统化的研究与实践工作,有助于保障公共文化服务活动实现长久发展。

(四)完善社区公共文化秩序,提升文化管理服务水平

把加强新兴文化阵地监管作为社区公共文化市场管理的重点领域,把加强队伍机制建设、监督机制建设、行业自律建设作为文化市场管理的重要手段,探索建立根植于社区文化市场发展的管理体系和服务机制。按照"责任清单"的要求,创新管理方法,在提供文化市场信息服务、推动转型升级等方面拓展新机制;通过调研,及时发布上城区文化市场发展报告,掌握文化市场动态,为市场管理者、投资者提供决策和参考信息。深化行政审批制度改革,营造公平市场环境。按照部门"权力清单"的要求,继续深化行政审批制度改革,建立健全公开、平等、有序的准入机制,为营造良好的文化市场环境打好基础。进一步完善行政审批工作机制。积极推进行政审批"一张网",不断提高审批效率,不断优化审批流程,建立全流程公开审批信息机制,确保审批公开、透明、易操作。加强行政许可事中事后监管工作要求,采取有力措施,严格落实事中事后监管。加强行业协会建设,充分发挥文化市场行业协会作用。指导文化市场行业协会创新体制机制,培育社会组织和市场主体自我管理、自我发展的能力,充分调动和发挥其功能作用,形成社会与政府的有效合力,通过厘清政府与市场的职能边界,引导文化行业协会承担相应的管理职责,共同推进文化市场的繁荣和发展。

(五)细化社区公共文化分类,完善社区公共文化服务供需匹配评估

首先,要对社区公共文化的内容分类进行更为精细的分类,考虑从更为广义的文化范围来保障社区公共文化服务的供需平衡。其次,在公共文化供需匹配评估时要着重解决"由谁来评估"的问题,克服单一主体所带来的不必要误差以及主观性,引入多元评估主体从而实现从不同视角出发对公共文化的供需匹配程度进行合理评估,尤其是要考虑对高校学者和社区公共文化服务的直接受益主体进行评估。最后,坚持规范、严格、合理的评估过程,评估过程的规范程度是减少评估误差的主要依据。

第九章　公共文化科技服务资源挖掘能力建设应用研究

第一节　相关理论基础

一、公共产品理论

公共产品理论滥觞于对政府职能"公共性"问题的争论,最早可追溯到英国政治学家霍布斯[①]。他认为,国家既由群体授予信任,那么它就有责任保卫国家的安全和人民的和平,也有义务担负起提供个人享用但无法由个人生产的公共产品的责任[②]。其后,休谟的"搭便车"理论已有公共产品理论的核心内涵,即人本性利己,当共同需要某种物品并共同参与该物品的生产时,不可避免地会有人"搭便车",这就需要一个相对客观公正的机构(政府)来居中调节[③]。继休谟之后,斯密对公共产品和私人物品进行了区别,并从政府职能的分类、公共产品的供给方式等角度作出了解释[④]。

二战后,受滞胀等恶性经济形势的影响,学者纷纷从市场失灵的角度考量公共产品理论。萨缪尔森首提"公共产品"这一概念。他认为,公共产品的特征是物品不会由于某个人的消费而损耗他人的消费权益[⑤]。萨氏认为,市场经济中的不完全竞争、外部性效应等导致生产或消费效率低下,市场失灵必须通过政府提供公共产品的方式干预调节,因该方式具有提高市场效率、稳定经济和实现社会平等的三重功效。受萨氏的启发,马斯格雷夫明确了公共产品的两种属性即消费上的非排他性和非竞争性[⑥]。斯蒂格利茨进一步论述,公共产品的非竞争性是指某物品的使用者并不干扰其他人同时使用该物品;非排他性是指没有人能够阻止某人使用该物品,换而言之,就是人人都能使用该物品[⑦]。

随着政府供给公共产品的模式出现很多的弊病,人们越来越向市场注目,开始思考由市场提供公共物品的可行性。布坎南跳出传统争论物品公有还是私有属性的固化思维,认为

---

① 刘佳丽,谢地.西方公共产品理论回顾、反思与前瞻——兼论我国公共产品民营化与政府监管改革[J].河北经贸大学学报,2015(05):11-17.

② 霍布斯.利维坦[M].北京:中国社会科学出版社,2007:267.

③ 休谟.人性论[M].北京:商务印书馆,1997:525.

④ 亚当·斯密.论国民与国家的财富[M].北京:光明日报出版社,2006:220.

⑤ 任广乾,王昌明.公共产品的多元化供给模式及影响分析[J].发展,2006(11):95-96.

⑥ 马斯格雷夫.财政理论与实践(第5版)[M].北京:中国财政经济出版社,2010.

⑦ 斯蒂格利茨.经济学[M].北京:中国人民大学出版社,2000:140.

决定公共产品性质的是其提供流程而非物品自身作为消费品的特征①。德姆塞茨区别了集体物品和公共物品两个概念，指出具有非排他性的是集体物品②。奥尔森虽不赞同德姆塞茨的区分，但他认为，一个集团的公共物品在另一个集团可能就是私有的③。"政府失灵"观点的赞成者认为，市场通常能以出乎人们常理预料之外的方式有效应对公共产品的外部性。他们援引科斯的"灯塔"理论，认为公共产品和私人物品并不泾渭分明。

市场机制的不断完善驱使着越来越多的民间力量参与到公共产品的供给，形成了由政府单一供给到公民、私营及第三部门共同参与的局面④。随着新公共管理和新公共服务运动如火如荼地进行，政府和市场的关系正在被重塑，公共产品理论正在经历新一轮的重构期。但是纵观公共产品理论的演变历程，其对公民权利的保护、对政府权力的警惕、对政府和市场边界的审慎这一基本精神并没有被动摇。

二、新公共管理理论

20世纪七八十年代，西方各国相继出现了严重的政府危机，整个公共管理界无论是实务界或是理论界，都在积极求变。作为这场改革运动的旗帜和标语，新公共管理无疑是一条摆脱困境的新路，公共部门尤其是政府部门变革的时代大幕徐徐拉开。

"新公共管理"是对政府改革运动的总结与概括⑤。胡德首先使用"新公共管理"的概念用于概括经合组织国家20世纪80年代行政改革运动的相似之处，并认为新公共管理有五个方面的特征：责任明确；绩效导向；分权结构；引入私人企业管理工具；市场竞争导向⑥。

新公共管理实质上是在公共部门应用管理主义⑦。波利特认为，新公共管理发端于古典管理理论，强调在公共部门应用商业管理的理论、手段和方法⑧。康门则从官僚行政体制改革的角度阐明他对新公共管理的看法：新公共管理是强调管理价值的后官僚制度⑨。基科特认为，新公共管理是一种强调企业管理、顾客导向，鼓励市场竞争的管理主义⑩。国内学者毛寿龙认为，新公共管理的含义主要是政府一改遵循旧官僚体制通过集权、责任制和监管来提高行政效率的做法，而是采取企业式的管理方法并倡导竞争⑪。休斯认为新公共管理有六个特点：(1)重视结果实现；(2)组织应采用灵活度更高的形式；(3)组织的目标坚定，

① Buchanan JM. An Economic Theory of Clubs[J]. Economica. 1965,32(125):1-14.

② 哈罗德·德姆塞茨.所有权、控制与企业：论经济活动的组织[M].北京：经济科学出版社,1999：115.

③ OLSON, M. The Logic of Collective Action[M]. Cambridge,Mass：Harvard Press, 1965.

④ 周燕.国外公共物品多元化供给观念的演进及启示[A].中国科学学与科技政策研究会.首届中国科技政策与管理学术研讨会2005年论文集(下)[C].中国科学学与科技政策研究会,2005:9.

⑤ 陈天祥.新公共管理：政府再造的理论与实践[M].北京：中国人民大学出版社,2007:16.

⑥ Hood,Christopher, A Public Management for All Seasons. Public Administration,1991 vol. 69 (Spring).

⑦ 程样国,韩艺.国际新公共管理浪潮与行政改革[M].北京：人民出版社,2007:43-44.

⑧ 程样国,韩艺.新视野,大思考——新公共管理与中国行政体制改革[J].行政与法(吉林省行政学院学报),2004(08):3-6.

⑨ Common,Richard K. Convergence and Transfer：A Review of the Globalization of New Public Management[J]. The International Journal of Public Setor Management,1998,11(6)：440-450.

⑩ 宋世明等.西方国家行政改革述评[M].北京：国家行政学院出版社,1998:265.

⑪ 毛寿龙,李梅,陈幽泓.西方政府的治道变革[M].北京：中国人民大学出版社,1998:300.

计划明确；(4)管理者并不是中立的而是带有党派色彩；(5)政府职能接受市场的考验；(6)政府职能在不断减少①。"新公共管理"在奥斯本和盖布勒看来，则是"企业家政府"，它具有十大基本内核：(1)政府是政策制定者，而不只是服务提供者；(2)授权型政府应下放公共服务的所有权和管理权；(3)竞争机制应伴随着公共服务的始终；(4)政府应改革人事制度；(5)政府应重视业绩，并按效果决策；(6)政府应重点满足顾客的需要；(7)节省资源，提高绩效是政府的责任；(8)政府的能力在于预防社会问题而非被动治理；(9)等级制的政府要让位于协商与合作；(10)政府借助市场力量促成自身变革②。波斯顿这样描述新公共管理的特征：它强调的是管理而不是政策；从看重控制投入转为看重产出和结果；管理权下放；官僚机构职能的精简；提高公共服务的竞争化水平；优先公共服务外包等③。

作为理论范式的新公共管理理论有多样化的解读，归纳而言，它有以下五个核心内容：第一，政府要实现"掌舵"和"划桨"的分离，即政府的政策制定职能与其管理职能分离；第二，分权化管理，破除韦伯式科层制的管理方式，使管理者摆脱附赘悬疣的官僚礼仪，提高政府的活力和效率；第三，效仿市场建立竞争机制，市场化运作公共物品的供给，通过市场竞争模式提高效率，降低成本；第四，强调结果导向，结果比过程更重要，公民不关注政府做了什么，而只关心政府帮助公民得到了什么，业绩至上而非流程正确，刻板的程序不一定能产生公民满意的结果；第五，强调顾客导向，政府要视公民为顾客，满足顾客的需求是政府活动的责任与义务④。

三、新公共服务理论

20世纪90年代初，一股批评新公共管理理论的风气弥漫开来。不满于新公共管理理论标榜的企业家政府形象，也为了反省将政府视为企业付出的代价，一批公共行政学者建立了新公共服务理论。

新公共服务是关于强调公民在政府治理体系中居于中心地位的一类公共行政理论，以公民为中心、为公民服务是公共服务型政府的主要价值取向⑤。正如登哈特所强调的："公务员的重要作用是帮助公民表达和实现共同的利益，而不是试图控制社会前进的方向。"⑥公民利益是政府公共文化服务的出发点和落脚点，"为了公民的方便"成了政府行为的基本准绳。

新公共服务理论包括以下七个核心内容：(1)服务的政府，而不是"掌舵"的政府。在公民积极参与的社会中，帮助公民表达并满足其共同利益是公务人员日益重要的职能定位；行政官员不直接提供公共物品，而是扮演协调者、沟通者和裁判员。(2)公共利益是行政的目标。新公共服务理论认为，行政人员要建立基于共享利益和共享责任的集体目标，在建立目标和实现目标的过程中要特别保障平等对话和公众协商。(3)政府要加强战略规划和民主

① 休斯.公共管理导论(第二版)[M].北京：中国人民大学出版社,2001:62.
② 奥斯本,盖布勒.改革政府：企业家精神如何改革着公共部门[M].上海：上海译文出版社,2006:1-210.
③ 陈国权,曾军荣.经济理性与新公共管理[J].浙江大学学报(人文社会科学版),2005(02):64-71.
④ 陈天祥.不仅仅是"评估"：治理范式转型下的政府绩效评估[J].公共管理研究,2008(00):218-228.
⑤ 珍妮特·登哈特,罗伯特·登哈特.新公共服务：服务,而不是掌舵[M].北京：中国人民大学出版社,2010:5.
⑥ 鲁萍.老龄化背景下的上海城市居家养老服务问题研究[D].上海：上海师范大学,2012.

建设。政府政策执行关注的是公民参与和社区建设,通过广泛的共同协作达成共识,满足公众的需要,并能为争取公民权发声。(4)把公民不仅仅视为顾客。公共利益不是个人利益的堆积,而是一种共同的价值观。政府不仅仅要对"顾客"的需要作出回应,更是要寻求与他们建立信任与合作关系。对公民的服务不仅仅是达成某种结果,更应考虑是否公平、公正和持续的效果。(5)责任并不简单。行政人员应关注宪法和法律、职业标准、社区价值观念以及公民利益而不单是市场,且他们应对这些复杂的因素负责。(6)人比效率更应被重视。分享领导权并不会导致叛乱,反而能得到公民的相互尊重;承认、支持和报偿公民及行政人员的公共服务动机,公共服务才会更成功。(7)相较于企业家精神,公民权和公共服务更重要。政府的所有者非行政人员而是公民;政府不仅要授权,更要突破将自身定位为企业家的思维,承担起社会治理参与者的责任与担当①。

尽管新公共服务理论对新公共管理理论进行反思批评,但并不意味着新公共管理理论一无是处。相反地,新公共服务理论本质上是对新公共管理理论的继承和发扬,它尝试扫除企业家政府理论与生俱有的私利性弊病,提出更关注公民权益的公共管理实践理论,从这个意义上说,新公共服务理论代表了一种价值追求,更代表了时代的发展趋势。

第二节　公共文化资源挖掘绩效评估指标体系的构建

对公共文化资源挖掘绩效的评估,其目的是了解上城区公共文化资源整合的现状,与杭州市其他区县对比有何发展的优势和劣势,力求精准地找出病因所在,推动提高上城区公共文化资源挖掘的能力和效率,加强上城区公共文化服务能力,最终是为了满足人民群众日益增长的公共文化需求。

一、指标体系的设计目的、原则与模型

（一）指标体系的设计目的

计划导向的绩效评估活动首先必须明确评估的基本目标。在此基础上,确定评估的对象并进行目标的分解和细化,最后针对细化的具体目标设计出可直接衡量的具体评估指标。因而,指标体系设计前的目标分析,可以说是整个评估过程最基础性、全局性的工作。总体而言,对上城区公共文化资源挖掘绩效评估的指标体系构建,其基本要求如下:第一,公共文化资源对于公共文化服务而言具有基础性的地位,对公共文化资源挖掘绩效进行评估的目的是更好地满足群众的公共文化需求;第二,评估对象上,公共文化资源突出表现为各类软硬件资源;第三,从资源的角度,对各类文化机构的绩效评估主要遵循"投入—产出—效果"的理论模型,并借鉴"4E"评价方法进行指标体系构建工作;第四,从评估可操作的角度看,按文化形式划分的公共文化资源类型不适合进行指标量化评估。因此,本书将从各类软硬件资源角度,根据上述目标和对象设计出可实际操作、可执行的评估指标。

① 珍妮特·登哈特,罗伯特·登哈特.新公共服务:服务,而不是掌舵[M].北京:中国人民大学出版社,2010:5.

（二）指标体系的设计原则

绩效评估活动要做到科学、客观、公正和严肃，否则评估将失去其意义。因此，在绩效评估之前，应对评估主要指标的设计原则作一说明，并在整合设计过程中严格遵照设计原则。SMART 原则是常见的指标设计原则，本书也将主要遵循该原则进行指标设计。具体而言：

第一，指标设计要遵循具体性（Specific）。指标的设计必须要根据实际的研究目的，要有针对性，不能过于泛泛，不能追求所谓的大而全；此外，指标必须是细化的，不能过于宏观。第二，指标设计要遵循可衡量性（Measurable）。每个指标都应是可量化和可测度的，从而才能实现指标数据的唯一性。第三，指标设计要遵循可获得性的（Attainable）。设计得再完美的指标体系，如果其中的某些数据无法获得，那么整个评估都将付之泡影，因此，科学的指标体系在设计时，必须多方查证，确保能够通过各类统计方法获得数据。第四，指标设计要遵循相关性（Realistic）。设计出来的指标体系，必须能最大限度体现评估对象的特性，能够充分达到评估目的。第五，指标设计要符合时限性（Time-bound）。指标设计必须要根据研究目的，在可获得的情况下选择相应时段的数据。此外，从系统论的角度看，指标设计还要符合系统性。从纵向看，指标体系内部应满足内部层级逻辑清晰；从横向上看，指标的内涵是唯一的，各指标是互斥的。

总之，任何评估原则的运用，其目的都是为了实现评估方法的科学和有效，实现评估结果的客观公正。

（三）指标体系的构建模型

本章指标体系的构建主要基于"投入—过程—产出—效果"模型和"4E"绩效评估方法。因"过程"往往是持续动态的难以测定，本书根据研究需要，该模型适当修改为"投入—产出—效果"。本章对"4E"评估方法的运用贯穿整个评估的始终，不作具体区分。第一，"投入"角度主要分成"人力投入""财力投入"和"设施建设"三类。"人力投入"指各类从业人员数量、从业人员中专业技术人才占比等指标；"财力投入"主要指各类财政收入、支出、补贴、费用等财务指标；"设施建设"主要是指各类文化场所房屋建设、设施设备等指标。第二，"产出"角度主要分为"产品资源"和"活动资源"两类。"产品资源"是指因各类投入而产生的各种文化服务资源和产品；"活动资源"指因各类投入而产生的各种形式的文化活动。第三，"效果"角度主要分为"参与度"和"满意度"两类。"参与度"指公民参与各类文化活动、使用文化资源的参与感；"满意度"则指公民参与这些文化活动的获得感。

以上评估模型维度构建的基本逻辑是：人力投入是公共文化服务的前提。首先，文化本就是人类活动的产物，如果没有人类活动，自然也无法产生文化；其次，公共文化服务的主要提供者是以文化事业管理和从业人员为代表的一批社会人。财力投入是公共文化服务的基本保障。如果没有相应的财力支持，公共文化服务的质量和效益将得不到充分保障。公共文化设施则是公共文化服务体的载体，没有相应的设施，公共文化服务也无法开展。公共文化产品和活动既作为一种资源，也是投入产生的效果。没有足够的内容资源支撑，就有可能造成人力、财力和设施的闲置与浪费；同时，在投入的作用下，优秀的文化产品和活动才可能被创作、传播和发展。公共文化服务最终的服务对象是公众，公众的参与感和满意感是衡量服务质量的准绳。因而，在"效果"类维度，本书选取"参与度"和"满意度"两个维度来体现公共文化服务绩效评估的公民导向。

二、指标体系的构建

(一)指标体系的初步构建

由于本研究主要是对杭州市区县一级区域的文化资源挖掘绩效进行评估,主要是对上城区的评估,必然涉及区域对比。研究者查阅多方资料,发现这方面的公开统计资料非常之少,且存在各地统计口径不一、统计项目不一致的问题,这为本研究在数据获取上带来了难度。因此,研究者不得不舍弃大量可能纳入评估体系的指标,依据指标体系的设计原则,基于评估的理论模型,主要从《浙江省文化文物统计年鉴》、各区县统计年鉴、各地政府门户网站、各地统计信息网站等途径获取客观数据,综合考量,初步设计出评估的指标体系(见表9-1)。指标体系共有一级指标3项,分别为"投入"类、"产出"类和"效果"类;二级指标7项,分别为"人力投入""财力投入""设施建设""产品资源""活动资源""参与度"和"满意度";具体的三级指标共77项。

表 9-1　公共文化资源挖掘绩效评估初步指标体系(77 项)

一级指标	二级指标	序号	三级指标
投入类	人力投入	A01	公共图书馆从业人员数(人)
		A02	每万人公共图书馆从业人员数(人)
		A03	公共图书馆从业人员中专业技术人才占比(%)
		A04	文化馆从业人员数(人)
		A05	每万人文化馆从业人员数(人)
		A06	文化馆从业人员中专业技术人才占比(%)
		A07	文化站从业人员数(人)
		A08	每万人文化站从业人员数(人)
		A09	博物馆(纪念馆)从业人员数(人)
		A10	每万人博物馆(纪念馆)从业人员数(人)
		A11	博物馆(纪念馆)从业人员中专业技术人才占比(%)
		A12	省级非物质文化遗产传承人与学徒人数之比(%)
		A13	每万人艺术表演团队数(个)
		A14	普通中小学每一名专任教师负担学生数(人)
	财力投入	B01	人均图书馆新增藏量购置费(元)
		B02	人均图书馆新增数据资源购置费(元)
		B03	人均图书馆购书专项经费(元)
		B04	人均文化馆业务活动专项经费(元)
		B05	人均文化馆财政补贴收入(元)
		B06	人均文化站财政补贴收入(元)
		B07	学前教育生均公用经费(元)
		B08	教育财政支出占总支出之比(%)

续表

一级指标	二级指标	序号	三级指标
投入类	设施建设	C01	每万人公共图书馆(含分馆)数量(个)
		C02	每万人公共图书馆实际使用公房建筑面积(平方米)
		C03	人均使用图书馆书库面积(平方米)
		C04	人均使用图书馆阅览室面积(平方米)
		C05	每万人图书馆阅览室座席数(个)
		C06	每万人公共图书馆电子阅览室终端数(台)
		C07	每万人文化馆实际使用房屋建筑面积(平方米)
		C08	人均使用文化馆业务用房面积(平方米)
		C09	每万人文化馆计算机台数(台)
		C10	每万人文化站数量(个)
		C11	每万人文化站文化活动用房面积(平方米)
		C12	每万人文化站计算机台数(台)
		C13	每万人非遗博物馆展示及演出面积(平方米)
		C14	每万人博物馆(纪念馆)实际使用房屋建筑面积(平方米)
		C15	人均体育设施面积(平方米)
		C16	每万人全民健身点数量(个)
		C17	义务教育生均校舍建筑面积(平方米)
产出类	产品资源	D01	人均公共图书馆图书藏量(册)
		D02	人均公共图书馆本年新增藏量(册/件)
		D03	人均公共图书馆网站访问量(次)
		D04	人均文化站藏书量(册)
		D05	各级文物保护单位数(个)
		D06	各级非物质文化遗产数(个)
		D07	人均博物馆(纪念馆)藏品数(件/套)
	活动资源	E01	公共图书馆组织各类讲座次数(次)
		E02	公共图书馆举办培训班个数(个)
		E03	公共图书馆举办展览次数(次)
		E04	平均每个文化馆组织文艺活动次数(次)
		E05	平均每个文化馆为农民工组织文艺活动专场数(次)
		E06	文化馆举办训练班班次(次)
		E07	文化馆举办展览个数(个)
		E08	文化馆组织各类理论研讨会和讲座次数(次)
		E09	文化馆馆办演出场次(场)
		E10	文化站组织文艺活动次数(次)
		E11	文化站举办训练班班次(次)
		E12	非遗保护中心举办展览数(场)
		E13	业务文艺团队演出场次(场)

续表

一级指标	二级指标	序号	三级指标
效果类	参与度	F01	公共图书馆平均每场讲座参加人次(人)
		F02	公共图书馆平均每场展览参观人次(人)
		F03	公共图书馆平均每场培训参加人次(人)
		F04	文化馆平均每场训练班培训人次(人)
		F05	文化馆平均每个展览参观人次(人)
		F06	文化馆平均每个理论研讨会和讲座参加人次(人)
		F07	平均每个文化站参观人次(人)
		F08	文化站平均每场文艺活动参加人次(人)
		F09	文化站平均每次培训班培训人次(人)
		F10	非遗保护中心平均每场展览参观人次(人)
		F11	博物馆(纪念馆)参观人次中未成年人占比(%)
	满意度	G01	对人力投入类资源的满意度
		G02	对财力投入类资源的满意度
		G03	对设施建设类资源的满意度
		G04	对产品类资源的满意度
		G05	对活动类资源的满意度
		G06	对文化活动参与感的满意度
		G07	对文化资源的总体满意度

(二)指标体系的实证筛选

1.指标的隶属度分析

本章借鉴国内外权威专家学者和研究机构的相关研究,结合研究需要,建构了初步的评估指标体系,但该体系指标数量相对较多,整体较为烦琐,仍需科学地筛选以剔除重要程度较低的指标,保障研究效率的最大化。本研究使用隶属度分析进行指标筛选。通过隶属度分析,剔除无效的和相对次要的指标。隶属度分析前,还需检验指标体系的整体信度状况。

信度分析又称可靠性分析(Reliability Analysis),主要有内在可靠性和外在可靠性两种测量方式。常见的是内在可靠性测量,其主要原理是检验测量的是不是同个概念以及数据的一致性程度。本研究使用克隆巴赫(Cronbach α)系数检测信度,该系数的公式是:

$$\alpha = \frac{k}{k-1}\left[1 - \frac{\sum_{i=1}^{k}\mathrm{VAR}(i)}{\mathrm{VAR}}\right] \tag{9.1}$$

其中,k 为指标总项数,$\mathrm{VAR}(i)$ 为第 i 个指标的方差,VAR 为全部评价总得分的方差。从公式(9.1)可以看出,Cronbach α 可靠性系数测量各指标得分间的一致性,数值通常在(0,1)区间内,且呈正向性(见表 9-2)。一般而言,可靠性系数在 0.60~0.65 被认为不可信;

0.65～0.70 为可接受;0.70～0.80 表示较好;0.80 以上表明非常好。经测算,该指标体系 Cronbach α 的值为 0.741(见表 9-3),高于 0.70,表明本次针对公共文化资源挖掘绩效评估初步指标筛选的专家调查问卷内部信度较高。

表 9-2　Cronbach α 系数分析结果

		N	占比(%)
	有效	46	100.0
案例	已排除[a]	0	0.0
	总计	46	100.0

a. 在此程序中基于所有变量的列表方式删除。

表 9-3　可靠性统计量

Cronbach's α	项数
0.741	77

　　紧接着,本研究将对初步指标体系进行隶属度分析。根据隶属度分析的基本原理,把每个指标视为指标集合中的单一元素,即可进行隶属度分析,其基本公式是:

$$P_i = \frac{L_i}{n} \tag{9.2}$$

　　对该公式的理解是:若有 n 位专家参与单一指标的重要性程度评价,假如有 L_i 位专家认为第 i 个指标 X_i "相对重要",则该指标的隶属度记作 P_i。隶属度属正向数值,即 P_i 的数值越大则表明该指标的隶属度越高,在指标体系中的重要程度也越高,反之则说明该指标的重要程度较低,应予以剔除[①]。

　　限于时间精力,同时为提高问卷分析效率,本研究使用与隶属度分析近似的"平均值"法来进行指标筛选。研究选取了部分从事公共管理研究的专家学者、高校在读硕博研究生和部分从事公共服务实践活动的公共部门工作人员共 46 人进行指标的重要性程度评价,共发放问卷 50 份,有效回收 46 份,回收率达 92%。具体评分规则是:被调查者必须对指标的重要性程度作出单一评价;选择"相对重要"的则相应指标加 1 分,选择"相对不重要"则分数不作改变,整个评价过程不赋负分。

　　考虑到数据采集等技术问题,本研究欲将最终三级指标控制在 30～35 项左右,因此在发放问卷时,即已建议被调查者适度控制"相对重要"的指标数据,但并不作强制规定。经测算,本轮隶属度分析各指标的隶属度及排名分布如下(见表 9-4):

表 9-4　初步指标体系的隶属度分析结果与排名

指标序号	三级指标	隶属度	排名
F08	文化站平均每场文艺活动参加人次(人)	0.957	1
F10	非遗保护中心平均每场展览参观人次(人)	0.891	2

① 戴学清,柏雪梅.基床系数的确定方法综述[J].山西建筑,2011(08):52-53.

续表

指标序号	三级指标	隶属度	排名
E09	文化馆馆办演出场次（场）	0.870	3
B08	教育财政支出占总支出之比（%）	0.870	4
D01	人均公共图书馆图书藏量（册）	0.870	5
A08	每万人文化站从业人员数（人）	0.848	6
B01	人均图书馆新增藏量购置费（元）	0.848	7
B06	人均文化站财政补贴收入（元）	0.848	8
D02	人均公共图书馆本年新增藏量（册/件）	0.848	9
D04	人均文化站藏书量（册）	0.848	10
F06	文化馆平均每个理论研讨会和讲座参加人次（人）	0.848	11
A12	省级非物质文化遗产传承人与学徒人数之比（%）	0.826	12
C07	每万人文化馆实际使用房屋建筑面积（平方米）	0.826	13
A14	普通中小学每一名专任教师负担学生数（人）	0.804	14
C05	每万人图书馆阅览室坐席数（个）	0.804	15
G07	对文化资源的总体满意度	0.804	16
C11	每万人文化站文化活动用房面积（平方米）	0.783	17
B03	人均图书馆购书专项经费（元）	0.783	18
G01	对人力投入类资源的满意度	0.783	19
C06	每万人公共图书馆电子阅览室终端数（台）	0.783	20
C09	每万人文化馆计算机台数（台）	0.783	21
F05	文化馆平均每个展览参观人次（人）	0.783	22
A03	公共图书馆从业人员中专业技术人才占比（%）	0.761	23
E12	非遗保护中心举办展览数（场）	0.761	24
A06	文化馆从业人员中专业技术人才占比（%）	0.739	25
D07	人均博物馆（纪念馆）藏品数（件/套）	0.739	26
C10	每万人文化站数量（个）	0.739	27
E10	文化站组织文艺活动次数（次）	0.739	28
F11	博物馆（纪念馆）参观人次中未成年人占比（%）	0.739	29
F01	公共图书馆平均每场讲座参加人次（人）	0.739	30
G05	对活动类资源的满意度	0.739	31
A11	博物馆（纪念馆）从业人员中专业技术人才占比（%）	0.717	32
C03	人均使用图书馆书库面积（平方米）	0.717	33
C13	每万人非遗博物馆展示及演出面积（平方米）	0.717	34
F09	文化站平均每次培训班培训人次（人）	0.717	35

指标序号	三级指标	隶属度	排名
G06	对文化活动参与感的满意度	0.717	36
C15	人均体育设施面积（平方米）	0.696	37
D05	各级文物保护单位数（个）	0.696	38
E05	平均每个文化馆为农民工组织文艺活动专场数（次）	0.696	39
B04	人均文化馆业务活动专项经费（元）	0.696	40
C16	每万人全民健身点数量（个）	0.696	41
G03	对设施建设类资源的满意度	0.696	42
G04	对产品类资源的满意度	0.696	43
A02	每万人公共图书馆从业人员数（人）	0.674	44
A10	每万人博物馆（纪念馆）从业人员数（人）	0.674	45
B02	人均图书馆新增数据资源购置费（元）	0.674	46
C12	每万人文化站计算机台数（台）	0.674	47
E06	文化馆举办训练班班次（次）	0.674	48
B05	人均文化馆财政补贴收入（元）	0.674	49
E13	业余文艺团队演出场次（场）	0.674	50
E02	公共图书馆举办培训班个数（个）	0.652	51
A09	博物馆（纪念馆）从业人员数（人）	0.630	52
C02	每万人公共图书馆实际使用公房建筑面积（平方米）	0.630	53
E01	公共图书馆组织各类讲座次数（次）	0.630	54
F02	公共图书馆平均每场展览参观人次（人）	0.630	55
E08	文化馆组织各类理论研讨会和讲座次数（次）	0.630	56
F07	平均每个文化站参观人次（人）	0.630	57
G02	对财力投入类资源的满意度	0.630	58
A01	公共图书馆从业人员数（人）	0.609	59
C01	每万人公共图书馆（含分馆）数量（个）	0.609	60
E04	平均每个文化馆组织文艺活动次数（次）	0.609	61
C17	义务教育生均校舍建筑面积（平方米）	0.587	62
C14	每万人博物馆（纪念馆）实际使用房屋建筑面积（平方米）	0.587	63
D03	人均公共图书馆网站访问量（次）	0.587	64
E07	文化馆举办展览个数（个）	0.587	65
E03	公共图书馆举办展览次数（次）	0.587	66
C04	人均使用图书馆阅览室面积（平方米）	0.565	67

续表

指标序号	三级指标	隶属度	排名
C08	人均使用文化馆业务用房面积(平方米)	0.565	68
A05	每万人文化馆从业人员数(人)	0.565	69
D06	各级非物质文化遗产数(个)	0.565	70
E11	文化站举办训练班班次(次)	0.543	71
F03	公共图书馆平均每场培训参加人次(人)	0.543	72
F04	文化馆平均每场训练班培训人次(人)	0.543	73
A07	文化站从业人员数(人)	0.522	74
B07	学前教育生均公用经费(元)	0.522	75
A13	每万人艺术表演团队数(个)	0.478	76
A04	文化馆从业人员数(人)	0.370	77

根据隶属度分析结果来看,隶属度在 0.9 及以上的指标有 1 项,0.8 及以上的指标有 16 项,0.7 及以上的指标有 36 项,0.6 及以上的指标有 61 项,余下 16 项指标的隶属度低于 0.6。因此,根据既定的保留 30~35 项左右指标的目标,本研究剔除了隶属度在 0.7 以下的 40 项指标,保留了 0.7 及以上的 36 项指标。特别需要注意的是,本研究初步构建的指标体系中含有 7 项满意度指标,满意度指标虽然重要,但是短期内本研究难以获得可信度较高的数据。因此,本研究暂时将隶属度前 36 项中的 4 项满意度指标剔除,最终得到首轮筛选后的公共文化资源绩效评估指标体系如下(见表 9-5):

表 9-5　首轮筛选后的评估指标体系(32 项)

一级指标	二级指标	旧序号	新序号	三级指标
投入类	人力投入	A03	A01	公共图书馆从业人员中专业技术人才占比(%)
		A06	A02	文化馆从业人员中专业技术人才占比(%)
		A08	A03	每万人文化站从业人员数(人)
		A11	A04	博物馆(纪念馆)从业人员中专业技术人才占比(%)
		A12	A05	省级非物质文化遗产传承人与学徒人数之比(%)
		A14	A06	普通中小学每一名专任教师负担学生数(人)
	财力投入	B01	B01	人均图书馆新增藏量购置费(元)
		B03	B02	人均图书馆购书专项经费(元)
		B06	B03	人均文化站财政补贴收入(元)
		B08	B04	教育财政支出占总支出之比(%)
	设施建设	C03	C01	每万人使用图书馆书库面积(平方米)
		C05	C02	每万人图书馆阅览室座席数(个)
		C06	C03	每万人公共图书馆电子阅览室终端数(台)

续表

一级指标	二级指标	旧序号	新序号	三级指标
投入类	设施建设	C07	C04	每万人文化馆实际使用房屋建筑面积(平方米)
		C09	C05	每万人文化馆计算机台数(台)
		C10	C06	每万人文化站数量(个)
		C11	C07	每万人文化站文化活动用房面积(平方米)
		C13	C08	每万人非遗博物馆展示及演出面积(平方米)
产出类	产品资源	D01	D01	人均公共图书馆图书藏量(册)
		D02	D02	人均公共图书馆本年新增藏量(册/件)
		D04	D03	人均文化站藏书量(册)
		D07	D04	每万人博物馆(纪念馆)藏品数(件/套)
	活动资源	E07	E01	文化馆举办展览个数(个)
		E09	E02	文化馆馆办演出场次(场)
		E10	E03	文化站组织文艺活动次数(次)
		E12	E04	非遗保护中心举办展览数(场)
效果类	参与度	F01	F01	公共图书馆平均每场讲座参加人次(人)
		F06	F02	文化馆平均每个理论研讨会和讲座参加人次(人)
		F08	F03	文化站平均每场文艺活动参加人次(人)
		F09	F04	文化站平均每次培训班培训人次(人)
		F10	F05	非遗保护中心平均每场展览参观人次(人)
		F11	F06	博物馆(纪念馆)参观人次中未成年人占比(%)

2.指标的相关性分析

经过隶属度分析保留下来的指标重要程度相对较高,能更好地体现评估目的。但是,这些指标相互之间是否存在相关性,即不同的指标是否会重复评价同一项内容,这就需要研究者进一步地测量指标间的相关性程度。

相关分析是常用的测量指标间相关性程度的定量分析工具。一般而言,用样本相关系数 r 推断总体相关系数 ζ,两者呈现以下关系[①]:

当 $r\in(0,1)$,表明两个变量呈线性正相关,以 0.3 和 0.8 为界,相关程度分为轻、中、高度;当 $r=1$,两者呈完全线性正相关;当 $r\in(-1,0)$,两个变量呈线性负相关,以 -0.3 和 -0.8 为界,相关程度分为轻、中、高度;当 $r=-1$,两者呈完全线性负相关;当 $r=0$ 时,两者无相关关系。

此外,即使获知样本相关系数,必要时也需要采用假设检验进行统计推断。本研究不涉

① 刘笑霞.我国政府绩效评价理论框架之构建——基于公共受托责任理论的分析[M].厦门:厦门大学出版社,2011:162.

及假设检验,故不再赘述。

需要注意的是,在指标数据计算之前,尚需对数据进行无量纲化处理,以使得数据能在同一维度上对比有意义,因本研究第一轮筛选后保留的指标均为正项序指标,故无需进行数据的无量纲化处理。

常用的相关系数有 Pearson 简单相关系数、Spearman 等级相关系数和 Kendall's tua-b 一致性相关系数,本书采用 Pearson 简单相关系数,该系数主要适用于测量定距变量间的线性相关关系,其公式如下:

$$r = \frac{\sum_{i=1}^{n}(x_i - \bar{x})(y_i - \bar{y})}{\sqrt{\sum_{i=1}^{n}(x_i - \bar{x})^2 \sum_{i=1}^{n}(y_i - \bar{y})^2}} \tag{9.3}$$

其中,n 为样本容量。

本研究对各指标数据进行 Pearson 相关系数分析,结果如表 9-6 所示:

表 9-6 较高相关性的指标和相关系数

指标1	指标2	相关系数
A01 公共图书馆从业人员中专业技术人才占比(%)	C05 每万人文化馆计算机台数(台)	0.855
A01 公共图书馆从业人员中专业技术人才占比(%)	F01 公共图书馆平均每场讲座参加人次(人)	0.897
A01 公共图书馆从业人员中专业技术人才占比(%)	F03 文化站平均每场文艺活动参加人次(人)	0.850
A01 公共图书馆从业人员中专业技术人才占比(%)	F04 文化站平均每次培训班培训人次(人)	0.919
B01 人均图书馆新增藏量购置费(元)	B03 人均文化站财政补贴收入(元)	0.844
B01 人均图书馆新增藏量购置费(元)	C01 每万人使用图书馆书库面积(平方米)	0.919
B01 人均图书馆新增藏量购置费(元)	C06 每万人文化站数量(个)	0.891
C06 每万人文化站数量(个)	B01 人均图书馆新增藏量购置费(元)	0.891
C06 每万人文化站数量(个)	B02 人均图书馆购书专项经费(元)	0.832
C06 每万人文化站数量(个)	B03 人均文化站财政补贴收入(元)	0.913
D01 人均公共图书馆图书藏量(册)	D02 人均公共图书馆本年新增藏量(册、件)	0.992
E03 文化站组织文艺活动次数(次)	C01 每万人使用图书馆书库面积(平方米)	0.848
E03 文化站组织文艺活动次数(次)	E01 文化馆举办展览个数(个)	0.850
E03 文化站组织文艺活动次数(次)	F03 文化站平均每场文艺活动参加人次(人)	0.871
E04 非遗保护中心举办展览数(场)	F05 非遗保护中心平均每场展览参观人次(人)	0.923

　　本研究按照 0.8 的临界值，将 A01、B02、C05、C06、D01、E03、E04、F04 等 8 项指标予以剔除，保留了剩余 24 项指标，得到了公共文化资源整合绩效评估第三轮指标体系（表 9-7）。

表 9-7　相关性评价后的第三轮评估指标体系（24 项）

一级指标	二级指标	旧序号	新序号	三级指标
投入类	人力投入	A02	A01	文化馆从业人员中专业技术人才占比（%）
		A03	A02	每万人文化站从业人员数（人）
		A04	A03	博物馆（纪念馆）从业人员中专业技术人才占比（%）
		A05	A04	省级非物质文化遗产传承人与学徒人数之比（%）
		A06	A05	普通中小学每一名专任教师负担学生数（人）
	财力投入	B01	B01	人均图书馆新增藏量购置费（元）
		B03	B02	人均文化站财政补贴收入（元）
		B04	B03	教育财政支出占总支出之比（%）
	设施建设	C01	C01	每万人使用图书馆书库面积（平方米）
		C02	C02	每万人图书馆阅览室座席数（个）
		C03	C03	每万人公共图书馆电子阅览室终端数（台）
		C04	C04	每万人文化馆实际使用房屋建筑面积（平方米）
		C07	C05	每万人文化站文化活动用房面积（平方米）
		C08	C06	每万人非遗博物馆展示及演出面积（平方米）
产出类	产品资源	D02	D01	人均公共图书馆本年新增藏量（册/件）
		D03	D02	人均文化站藏书量（册）
		D04	D03	每万人博物馆（纪念馆）藏品数（件/套）
	活动资源	E01	E01	文化馆举办展览个数（个）
		E02	E02	文化馆馆办演出场次（场）
效果类	参与度	F01	F01	公共图书馆平均每场讲座参加人次（人）
		F02	F02	文化馆平均每个理论研讨会和讲座参加人次（人）
		F03	F03	文化站平均每场文艺活动参加人次（人）
		F05	F04	非遗保护中心平均每场展览参观人次（人）
		F06	F05	博物馆（纪念馆）参观人次中未成年人占比（%）

　　3. 指标的变异系数分析

　　变异系数又称变差系数，用于衡量各指标样本数据的变异程度。变异系数可以消除测量尺度差异对数据的影响，其文字表达为标准差与平均数的比值，记作 C.V，其算术公式为：

$$C.V = \frac{\sqrt{\dfrac{\sum\limits_{i=1}^{n}(X_i - \overline{x})}{n}}}{\overline{x}}$$

（9.4）

本研究各指标均值、标准差和变异系数数值如下(见表 9-8):

表 9-8　各指标均值、标准差和变异系数

指标序号(相关分析后)	σ	$\bar{x}$	C. V
A01	0.230	0.849	0.271
A02	0.358	1.031	0.347
A03	0.237	0.265	0.895
A04	6.484	5.542	1.170
A05	0.009	0.073	0.129
B01	1.101	1.971	0.559
B02	29.937	30.216	0.991
B03	0.058	0.205	0.282
C01	4.818	8.330	0.578
C02	22.413	18.270	1.227
C03	1.764	1.553	1.136
C04	40.454	73.178	0.553
C05	181.512	440.553	0.412
C06	149.850	117.925	1.271
D01	0.114	0.100	1.144
D02	0.123	0.323	0.380
D03	1187.078	474.208	2.503
E01	12.384	14.250	0.869
E02	48.060	83.833	0.573
F01	76.463	148.273	0.516
F02	159.121	193.040	0.824
F03	442.226	470.195	0.941
F04	2886.632	3393.684	0.851
F05	0.254	0.257	0.989

从以上数值看出,各指标变异程度较大。根据研究需要,本书将 C. V 临界值设为 0.3,将 C. V 值小于 0.3 的 A01、A05、B03 等 3 项指标予以剔除,最终得到了本研究的指标体系(见表 9-9)。

表 9-9　变差系数分析后的指标体系(21 项)

一级指标	二级指标	旧序号	新序号	三级指标
投入类	人力投入	A02	A01	每万人文化站从业人员数(人)
		A03	A02	博物馆(纪念馆)从业人员中专业技术人才占比(%)
		A04	A03	省级非物质文化遗产传承人与学徒人数之比(%)

一级指标	二级指标	旧序号	新序号	三级指标
投入类	财力投入	B01	B01	人均图书馆新增藏量购置费(元)
		B02	B02	人均文化站财政补贴收入(元)
	设施建设	C01	C01	每万人使用图书馆书库面积(平方米)
		C02	C02	每万人图书馆阅览室座席数(个)
		C03	C03	每万人公共图书馆电子阅览室终端数(台)
		C04	C04	每万人文化馆实际使用房屋建筑面积(平方米)
		C07	C05	每万人文化站文化活动用房面积(平方米)
		C08	C06	每万人非遗博物馆展示及演出面积(平方米)
产出类	产品资源	D02	D01	人均公共图书馆本年新增藏量(册/件)
		D03	D02	人均文化站藏书量(册)
		D04	D03	每万人博物馆(纪念馆)藏品数(件/套)
	活动资源	E01	E01	文化馆举办展览个数(个)
		E02	E02	文化馆馆办演出场次(场)
效果类	参与度	F01	F01	公共图书馆平均每场讲座参加人次(人)
		F02	F02	文化馆平均每个理论研讨会和讲座参加人次(人)
		F03	F03	文化站平均每场文艺活动参加人次(人)
		F05	F04	非遗保护中心平均每场展览参观人次(人)
		F06	F05	博物馆(纪念馆)参观人次中未成年人占比(%)

第三节　公共文化资源挖掘绩效评估的实证研究

一、指标权重的确定方法

经过三轮的指标筛选,本研究的指标体系由原 77 项精简到了 21 项。但是不同的指标其重要程度也不同,对整体绩效的作用不尽相同,这就需要研究者对指标进行相应的赋权。

常见的赋权方法有主观赋权法和客观赋权法两大类。主观赋权法并非只是依靠人的主观意愿来确定权重,而是由目标专家根据完善的评估工具,有步骤地对指标赋分的一种方法,如层次分析法、模糊评价法等。客观赋权法则根据指标间的相关关系或变异系数来确定指标的权重,如主成分分析法、灰色关联分析法等[①]。两种分析方法各有利弊,本章不作重

---

① 赖国毅,陈超.SPSS 17.0 常用功能与应用[M].北京:电子工业出版社,2010:209.

点介绍。这里,本研究选择了主成分分析法作为指标赋权的主要方法①。

本研究邀请 45 位从事公共管理研究的专家学者、高校在读硕博研究生和从事公共服务实践活动的公共部门工作人员对各个指标按照李克特量表五点评分法打分。赋分规则是:"非常重要"赋 5 分、"重要"赋 4 分、"一般"赋 3 分、"不太重要"赋 2 分、"不重要"赋 1 分。剔除无效问卷后,最终保留 39 份有效问卷。随后,运用 SPSS 20.0 软件进行主成分分析。

值得注意的是,本研究仅对三级指标进行主成分分析并赋权,这是因为三级指标的内涵相对独立,而一、二级指标在逻辑和内涵上往往有较大的争议,为避免此类烦恼,本文将一、二级指标的权重作各自三级指标权重加总处理。

设有 n 个原始变量,表示为 $x_1, x_2, \cdots, x_n, Y_1, Y_2, \cdots, Y_n$ 表示主成分后的变量,R 为变量之间的相关矩阵系数,根据主成分分析的要求则有:

$$\begin{cases} Y_1 = R_{11}x_1 + R_{12}x_2 + \cdots + R_{1k}x_k \\ Y_2 = R_{21}x_1 + R_{22}x_2 + \cdots + R_{2k}x_k \\ \quad\quad\quad\quad \cdots \\ Y_n = R_{n1}x_1 + R_{n2}x_2 + \cdots + R_{nk}x_k \end{cases} \tag{9.5}$$

SPSS 软件进行主成分分析无法直接得出相关矩阵系数,而是得到初始因子载荷,两者满足以下关系:

$$R_{nj} = \frac{f_{nj}}{\sqrt{\lambda_j}}, j = 1, 2, \cdots, k \tag{9.6}$$

随后,构造综合评价函数如下:

$$F_W = \sum_{j=1}^{k} \left(\frac{\lambda_j}{\zeta}\right) F_j = \alpha_1 x_1 + \alpha_2 x_2 + \cdots + \alpha_L x_n, \quad \xi = \lambda_1 + \lambda_2 + \cdots + \lambda_k \tag{9.7}$$

其中,$a_1, a_2, \cdots$ 即指标,$x_1, x_2, \cdots, x_n$ 在主成分中的综合重要度,其中,K 为专家人数,可得各指标得分综合值为:

$$V_{Wn} = \sum_{j=1}^{k} a_j P_{nj} \tag{9.8}$$

其中,P_{nj} 为专家打分值,可得各指标权重为:

$$x_n = V_{Wn} / \sum_{n=1}^{k} V_{un} \tag{9.9}$$

综合而言,权重确定过程如下(见图 9-1)②:

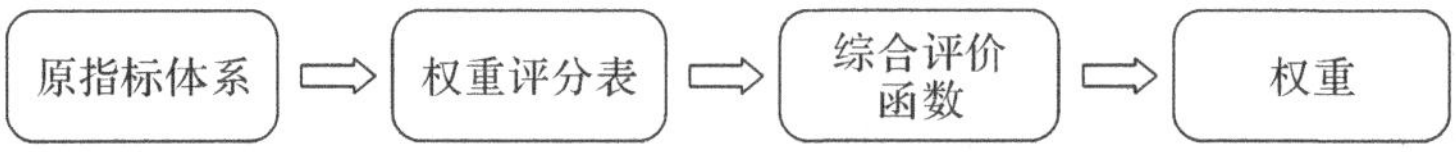

原指标体系 ⟹ 权重评分表 ⟹ 综合评价函数 ⟹ 权重

图 9-1　指标权重确定过程

主成分分析前首先应进行 KMO 和 Bartlett 检验,以检测变量之间相关的程度,判断是

---

① 韩小孩,张耀辉,孙福军,王少华. 基于主成分分析的指标权重确定方法[J]. 四川兵工学报,2012(10):124-126.

② 韩小孩,张耀辉,孙福军,王少华. 基于主成分分析的指标权重确定方法[J]. 四川兵工学报,2012(10):124-126.

否适合进行因子分析,结果如下(见表 9-10):

表 9-10　KMO 和 Bartlett 检验

取样足够度的 Kaiser-Meyer-Olkin 度量		0.686
Bartlett 的球形度检验	近似卡方	502.513
	df	210
	p	0.000

KMO 值为 0.686,结果不佳,但尚在可接受范围之内,比较适合进行因子分子;Bartlett 检验近似卡方值为 502.513,p 值为 0.000,达到显著性水平,可以进行主成分分析。

表 9-11 给出了主成分分析解释的总方差。

表 9-11　解释的总方差

成分	初始特征值			提取平方和载入			旋转平方和载入		
	合计	方差的%	累积%	合计	方差的%	累积%	合计	方差的%	累积%
1	6.699	31.899	31.899	6.699	31.899	31.899	3.420	16.287	16.287
2	2.935	13.978	45.877	2.935	13.978	45.877	3.162	15.055	31.342
3	2.158	10.275	56.152	2.158	10.275	56.152	3.060	14.573	45.916
4	1.494	7.116	63.268	1.494	7.116	63.268	2.464	11.731	57.647
5	1.200	5.714	68.982	1.200	5.714	68.982	1.709	8.136	65.783
6	1.024	4.878	73.859	1.024	4.878	73.859	1.696	8.076	73.859
7	0.913	4.347	78.206						
8	0.751	3.579	81.785						
9	0.678	3.229	85.014						
10	0.613	2.919	87.934						
11	0.511	2.432	90.366						
12	0.483	2.301	92.667						
13	0.357	1.700	94.367						
14	0.308	1.464	95.832						
15	0.253	1.207	97.039						
16	0.173	0.825	97.863						
17	0.161	0.768	98.631						
18	0.129	0.615	99.246						
19	0.089	0.426	99.672						
20	0.036	0.171	99.843						
21	0.033	0.157	100.000						

提取方法:主成分分析法。

从表 9-11 中可见,前 6 个主成分的特征值总和大于 1,方差累积率达到 73.859%,基本可以反映全部指标信息,因此可提取该 6 项指标参与权重计算。

碎石图直观地显示了保留前 6 个主成分的合理性(见图 9-2)。

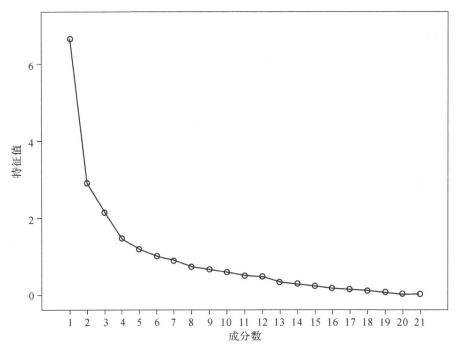

图 9-2　主成分分析碎石图

二、指标权重的计算

由上文可知,指标权重的确定需要三方面的数据信息:一是指标的相关矩阵系数;二是各主成分方差的贡献率;三是综合权重模型的归一化处理。

首先,计算各指标相关矩阵系数。由表 9-11 已知各主成分方差的贡献率 $\lambda_1,\lambda_2,\lambda_3,\cdots$分别为 6.699、2.935、2.158、1.494、1.200、1.024,表 9-12 给出了各指标旋转成份矩阵系数,由公式(9.6)可计算出 6 个主成分相关矩阵系数,并满足:

$$\begin{cases} Y_1 = 0.0823x_2 + 0.068x_2 + \cdots + 0.022x_{21} \\ Y_2 = -0.0689x_1 - 0.0642x_2 + \cdots + 0.2703x_{21} \\ \qquad \cdots \\ Y_6 = 0.2095x_1 + 0.7125x_2 + \cdots + 0.086x_{21} \end{cases}$$

表 9-12　旋转成分矩阵

	成分					
	1	2	3	4	5	6
A01 每万人文化站从业人员数(人)	0.213	−0.118	0.047	0.798	−0.100	0.212
A02 博物馆(纪念馆)从业人员中专业技术人才占(%)	0.176	−0.110	0.084	0.388	−0.038	0.721
A03 省级非物质文化遗产传承人与学徒人数之比(%)	0.031	0.148	0.100	0.825	−0.048	0.028

续表

	成分					
	1	2	3	4	5	6
B01 人均图书馆新增藏量购置费(元)	0.734	0.214	0.053	0.201	0.109	0.230
B02 人均文化站财政补贴收入(元)	0.870	−0.156	−0.163	0.084	−0.016	0.169
C01 每万人使用图书馆书库面积(平方米)	0.125	0.018	0.550	0.037	0.586	−0.075
C02 每万人图书馆阅览室座席数(个)	0.674	0.096	0.387	−0.044	0.340	−0.198
C03 每万人公共图书馆电子阅览室终端数(台)	0.417	0.208	0.459	−0.399	0.317	0.172
C04 每万人文化馆实际使用房屋建筑面积(平方米)	0.213	0.229	0.609	0.107	0.075	−0.581
C05 每万人文化站文化活动用房面积(平方米)	0.313	0.114	0.017	−0.127	0.876	−0.004
C06 每万人非遗博物馆展示及演出面积(平方米)	0.124	0.104	0.758	0.203	0.055	−0.166
D01 人均公共图书馆本年新增藏量(册/件)	0.595	0.536	0.247	−0.068	0.124	−0.090
D02 人均文化站藏书量(册)	0.573	0.467	0.256	0.237	−0.268	−0.017
D03 每万人博物馆(纪念馆)藏品数(件/套)	0.569	0.265	0.220	0.008	0.192	−0.378
E01 文化馆举办展览个数(个)	0.008	0.370	0.763	−0.146	−0.028	0.094
E02 文化馆馆办演出场次(场)	0.054	0.197	0.673	0.233	−0.066	0.333
F01 公共图书馆平均每场讲座参加人次(人)	0.154	0.800	0.219	−0.174	0.043	−0.154
F02 文化馆平均每个理论研讨会和讲座参加人次(人)	0.289	0.678	0.089	0.352	−0.060	0.247
F03 文化站平均每场文艺活动参加人次(人)	0.001	0.828	0.213	0.051	0.066	−0.100
F04 非遗保护中心平均每场展览参观人次(人))	0.355	0.402	0.073	0.300	0.261	0.485
F05 博物馆(纪念馆)参观人次中未成年人占比(%)	0.057	0.463	0.295	0.578	0.375	0.087

提取方法:主成分法。

旋转法:具有 Kaiser 标准化的四分旋转法[a]。

a. 旋转在 7 次迭代后收敛。

随后,将上述结果代入公式(9.7),该计算过程数据量大,较为烦琐,此处略去计算过程,得出以下结果:

$$F_w = \sum_{j=1}^{K}\left(\frac{\lambda_j}{\zeta}\right)F_j = 0.0966x_1 + 0.1001x_2 + 0.0944x_3 + 0.1897x_4 + 0.129x_5 + 0.1144x_6$$
$$+ 0.1674x_7 + 0.1382x_8 + 0.0943x_9 + \cdots + 0_1663x_{21}$$

可知，$\sum_{i}^{i=1}a_i = 2.8262$。因权重总和为1，因此必须进行权重的归一化处理，根据公式（9.9），可得各指标权重如下（表9-13）：

表 9-13　各指标权重

一级指标	二级指标	序号	三级指标	三级权重
投入类	人力投入	A01	每万人文化站从业人员数（人）	0.0342
		A02	博物馆（纪念馆）从业人员中专业技术人才占比（%）	0.0354
		A03	省级非物质文化遗产传承人与学徒人数之比（%）	0.0334
	财力投入	B01	人均图书馆新增藏量购置费（元）	0.0671
		B02	人均文化站财政补贴收入（元）	0.0457
	设施建设	C01	每万人使用图书馆书库面积（平方米）	0.0405
		C02	每万人图书馆阅览室座席数（个）	0.0592
		C03	每万人公共图书馆电子阅览室终端数（台）	0.0489
		C04	每万人文化馆实际使用房屋建筑面积（平方米）	0.0334
		C05	每万人文化站文化活动用房面积（平方米）	0.0418
		C06	每万人非遗博物馆展示及演出面积（平方米）	0.0400
产出类	产品资源	D01	人均公共图书馆本年新增藏量（册/件）	0.0635
		D02	人均文化站藏书量（册）	0.0602
		D03	每万人博物馆（纪念馆）藏品数（件/套）	0.0476
	活动资源	E01	文化馆举办展览个数（个）	0.0379
		E02	文化馆馆办演出场次（场）	0.0460
效果类	参与度	F01	公共图书馆平均每场讲座参加人次（人）	0.0404
		F02	文化馆平均每个理论研讨会和讲座参加人次（人）	0.0606
		F03	文化站平均每场文艺活动参加人次（人）	0.0403
		F04	非遗保护中心平均每场展览参观人次（人）	0.0652
		F05	博物馆（纪念馆）参观人次中未成年人占比（%）	0.0588

三、公共文化资源挖掘绩效评估

本研究对上城区公共文化资源挖掘绩效进行评估，需要采集杭州市多个市辖区的相关数据。绩效评估必然涉及对比，仅对单一区域的统计数据进行分析没有任何评估的意义。因此，本书通过《浙江省文化文物统计年鉴》、杭州市各市辖区统计年鉴、各区统计公报、政府网站等渠道，采集了本研究所需的客观数据进行绩效评估，并特别强调上城区在评估中所处的位置、优势及劣势。

绩效评估的方法为：对各标准化后的指标数据进行加权，计算出单一指标得分，并将各指标得分求和，得出某区公共文化资源整合绩效评估分数。

标准化处理常用 Z-score 标准分数法（Standard Score）[1]。其基本原理是：设有个样本数据，记为 R_{uv}（u 为样本数据，$u=1,2,\cdots,n$；v 为指标数，$v=1,2,\cdots,n$），σ 为样本数据的标准差，$\bar{x}$ 为样本数据的算术平均值，则有：

$$R_{uv} = \frac{R_{uv} - \bar{x}}{\sigma} \tag{9.10}$$

表 9-14 给出了各指标的 σ 和 $\bar{x}$ 值，在此基础上，可得杭州市 8 个市辖区公共文化资源整合绩效值，满足以下关系：

$$T_u = \sum_{i=1}^{n} \Omega_i Y_i \tag{9.11}$$

其中，Ω_i 为第 i 个指标的权重，Y_i 为第 i 个指标的绩效值。对于指标体系内部一、二、三级指标绩效值的计算，其原理相同，此处不再赘述。经测算，得到杭州市 8 个市辖区公共文化资源挖掘综合绩效值及排名如下（见表 9-14）：

表 9-14　杭州市 8 个市辖区综合绩效值及排名

序号	市辖区	投入类绩效值	产出类绩效值	效果类绩效值	综合绩效值
1	上城区	0.4123	0.1329	−0.1010	0.4443
2	下城区	−0.1070	−0.0248	−0.0830	−0.2149
3	江干区	−0.1362	−0.0163	0.0018	−0.1506
4	拱墅区	0.0048	−0.0756	0.1925	0.1218
5	西湖区	−0.2742	−0.0147	−0.0291	−0.3179
6	萧山区	0.2970	0.0393	0.0752	0.4115
7	余杭区	−0.1231	0.0129	−0.0135	−0.1237
8	富阳区	−0.0737	0.0968	−0.0737	−0.0198

图 9-3 直观地显示了各区一级指标的绩效值。可以看出，上城区和萧山区的综合绩效值，遥遥领先，而其他各区除拱墅区均为负绩效，整体绩效水平不佳。

图 9-4 展示了各区综合绩效值的排名。上城区以综合绩效值 0.4443 位居首位，萧山区以 0.4115 紧随其后，两区相较于其他各区遥遥领先。随后，拱墅区（0.1218）、富阳区（−0.0198）、余杭区（−0.1237）、江干区（−0.1506）分别位列第 3、4、5、6 位，主城区中的下城区（−0.2149）和西湖区（−0.3179）综合绩效表现不佳，排名垫底。在平均综合绩效值对比上，仅有上城区、萧山区和拱墅区高于平均水平，其余各区均低于平均值，尤其是下城区和西湖区，综合绩效值显著低于平均值，表明其公共文化资源挖掘绩效提升空间较大。在综合绩效标准差上，全市标准差为 0.284，位于 0 以上，表明全市总体情况较为均衡。

---

① 罗志忠，张丰焰.主成分分析法在公路网节点重要度指标权重分析中的应用[J].交通运输系统工程与信息，2005(06)：78-81.

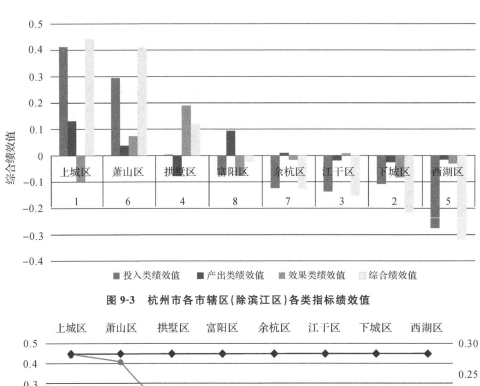

图 9-3 杭州市各市辖区（除滨江区）各类指标绩效值

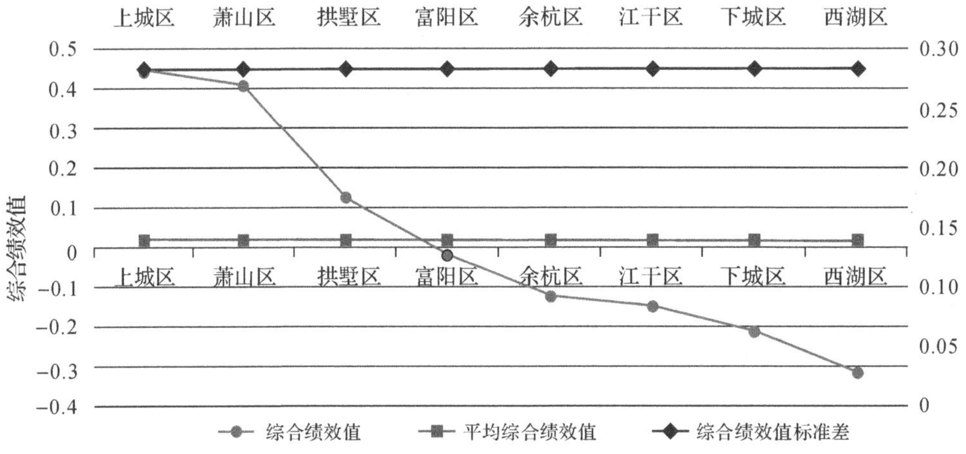

图 9-4 杭州市各市辖区（除滨江区）综合绩效值排名

关于各一类指标绩效值（见表 9-15），上城区在投入类和产出类绩效均位居第一，但在效果类绩效上则排名垫底，变化幅度较大，这对综合绩效值也产生影响。如上城区在效果类指标表现上更佳，则其综合绩效将更多地领先其他市区。这也说明，上城区在重视公共文化资源的投入和产出方面的同时，应更加重视公共文化服务的公民参与。

表 9-15 杭州市各市辖区（除滨江区）一类指标绩效值排名

序号	市辖区	投入类排名	产出类排名	效果类排名	综合绩效排名
1	上城区	1	1	8	1
2	下城区	5	7	7	7
3	江干区	7	6	3	6
4	拱墅区	3	8	1	3

序号	市辖区	投入类排名	产出类排名	效果类排名	综合绩效排名
5	西湖区	8	5	5	8
6	萧山区	2	3	2	2
7	余杭区	6	4	4	5
8	富阳区	4	2	6	4

关于各二类指标绩效值（见图9-5），上城区在财力投入、设施建设、产品资源等3项二类指标上表现出色，均位列第一名。尤其是设施建设指标绩效值显著高于其他7个市区，这与上城区作为杭州市中心城区拥有大量的博物馆、浙江省级图书馆、杭州市级图书馆、各类优质学校等文化设施有关。财力投入上，上城区作为文化资源丰富的市区，近年来在公共文化的财力投入上力度越来越大，绩效值直观地展示了这一点。产品资源上，上城区拥有各类非遗等文化资源，图书馆、图书馆藏量均很丰富，因而会有较好的绩效表现。但是，在人力投入、活动资源和参与度这3项二级指标上，上城区均为负绩效，且排名靠后。尤其是参与度指标上，上城区该项值排名垫底，表明公众参与公共文化服务的热情并不高，众多文化资源的投入和产出并没有产生应有的效果，也提醒了当地政府在未来的公共文化服务建设中，要特别重视公民参与。

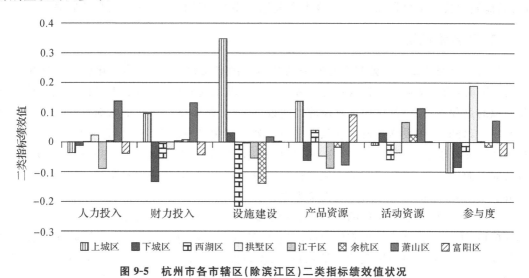

图9-5　杭州市各市辖区（除滨江区）二类指标绩效值状况

第四节　公共文化资源挖掘能力结果展示与对策建议

一、树立公共文化理念

公共文化资源挖掘的实践与成效，需要广大公共文化资源供给部门和机构、广大文化事业工作者牢固树立公共文化理念。

第一，要推动公共文化服务的价值观念从追求"形式""数量"及时向满足公众需求转变。在传统的公共文化服务中政府将公共文化资源的供给等同于公共文化服务的全部内容，只注重服务资源的投入，追求形式上的"齐""全"、设施是否先进等，而忽视这些文化资源的投入没有真正满足公众需求，由此造成文化设施建设盲目跟风、文化资源投入浪费严重，而公众对公共文化服务却并不满意的"吃力不讨好"的局面。目前，公共文化服务的供给部门和机构存在三种情况：一是"不作为"，守着文化资源的老底子，漠视公众需求，不思改革创新；二是"乱作为"，部分部门和机构在考核、政绩等方面存在竞争和压力，因而脱离公众实际，盲目提供公共文化服务；三是"慢作为"，公共服务部门虽想为公众谋福利，但在思想理念、行为方式等都与时代有较大的脱节，导致服务未达到应有的效果。因此，公共部门转变公共文化服务的价值追求迫在眉睫，应以扎扎实实的行动，以改革创新的努力和勇气，切实满足公众真正的文化资源需求。

第二，以公共文化资源利用效率最大化为目标，牢固树立效率意识。各部门应以满足群众需求、方便居民使用、减少资源浪费、提高服务效能作为工作的原则和出发点。上文提及，一些地方存在文化设施建设盲目跟风、文化资源投入浪费严重的情况，既是对公共资源的浪费，也是对公众利益的损害。新公共服务的理念要求公共服务注重效率，很大程度上是基于对公民权益的保护。因此，各部门、各单位要放高眼光，立足长远，树立服务全局意识，坚决贯彻执行全局化公共文化建设方略，建立全面联动的文化资源整合新格局。打通不同类型、部门、地域的公共文化资源壁垒，实现资源利用效率的最优化和公共文化服务的均等化①。

二、整合设施资源

公共文化服务设施是公共文化服务的载体。没有文化设施，公共文化服务自然也无法开展。同时，公共文化设施自身也是一种宝贵的公共文化资源。因此，上城区在整合公共文化资源的过程中，要特别重视文化设施的建设，同时必须坚持以下几个原则：

第一，公共文化设施建设必须供需平衡。公共文化设施建设的宗旨是满足公众最基本、最迫切的文化需求。切忌跟风建设，或建设华而不实，只追求表面形式，忽视内容的充实，造成公共资源的浪费，公众应有的文化权益反而得不到保障；应严格项目审批，举行听证会等，公开征集民意，动员社会力量参与设施方案设计等。

第二，着力建设更加实用的公共文化服务设施。一切以"便利群众"作为工作的出发点和突破口，加大重大文化工程实施力度，实施资源共享工程、流动文化设施建设、数字设施建设等，扩大公共文化设施资源的供给总量；积极建设公共文化数字化设施，如基于大数据的文化资源检索平台，将全区文化资源目录数字化、菜单化，公众可通过移动终端、有线网络等途径，根据个人需求，方便快速地获取相应的文化资源。

第三，设施建设向基层倾斜。上城区面积不大，人口集中，基层文化服务有先天的优势，应充分重视街道文化站、社会文化活动中心、各群众性文化团体在公共文化服务中的作用，重点建设一批基层文化设施，打造一批特色文化活动单位，扶持一批优秀民间文艺团体，实现公共文化的网格化治理。

---

① 李少惠,王婷.我国公共文化服务政策的价值识别及演进逻辑[J].图书馆,2019(09):18-26.

三、整合人才资源

公共文化服务人才队伍是公共文化服务的主要执行者,人员的道德素质、服务理念、行为方式等因素直接影响着公共文化服务的质量,公众对公共文化服务的直观感受也往往取决于服务人员的表现。因此,加强公共文化服务人才队伍建设至关重要。

第一,创新人才选拔机制。认真贯彻落实各级政府的人才政策方略,创新人才选拔机制,选出一批坚持先进文化前进方向、熟悉文化发展规律的优秀文化工作者。建立基层文化骨干培训、流动机制,提供文化从业人员的综合素质,推动文化工作者队伍"能上能下",充分发挥其作用。设立公共文化服务人才专项培养计划,积极探索与高校对接的人才引入机制[1]。注重基层文化站、业余文艺团队人员的培养,建立完善的培训制度,加大培训力度,实施从业资格制度,完善准入门槛。加大优秀人才引进力度,建立完善的配置政策和服务措施。加强对民间文化工作者的挖掘,提供一切便利协助其就业、培训、深造等。通过创新人才选拔机制,锻炼出一支真正懂文化、懂管理、敢创新、肯吃苦、有作为的新型公共文化服务人才队伍。

第二,加大公共文化服务志愿者队伍的建设力度。公共文化的繁荣离不开社会力量的广泛参与。上城区政府应通过组织文化志愿服务队伍,为公众提供文艺培训、公益演出、文化讲座等方式,号召社会力量积极参与提供公共文化服务[2]。政府应加强对公共文化服务志愿者队伍的政策引导,充分给予政策优惠,在法律和法规许可的条件下,充分保障志愿者队伍活动的自主权,并给予相应的奖励扶持。同时,政府应开拓与社会力量合作的渠道和方式,开诚布公,吸纳社会力量积极主动地投身公共文化服务的实践,共同为满足公众公共文化需求而不懈努力。

四、整合资金资源

整合公共文化服务财力资源,建立长效稳定的公共文化财力投入机制[3],是进一步提高公共文化服务能力的必要之举,也是公共文化发展的内在动力。

第一,探索建立以公共财政投入为主的,综合利用各类财税政策和各种社会生产要素和资本的公共文化服务资金投入机制。完善市场竞争机制,形成由政府和市场共同提供公共文化服务的有利局面,探索建立政府和市场的互动和交流机制。要深入调查研究,确保财政的投入与当地经济社会发展实际需求相匹配,及时调整财政预算,适时加大公共文化投入力度。

第二,设立专项文化基金。一是从文化资源的各个来源来看,要加大对非物质文化遗产保护、各级文保单位修缮、精品文化创作、民间文化资源挖掘等的资金支持力度。二是以特色专题文化为抓手,设立专项文化发展基金,如南宋皇城小镇建设专项基金、红色文化教育基地专项基金等,专款专用,严格规范资金的使用,并积极接受社会监督。

五、挖掘特色资源

上城区历史文化底蕴深厚,公共文化资源丰富。文化资源之于上城区的文化品牌是源

① 杨斌.农村现代公共文化服务体系建设:成就、问题与路径——基于西安市的调查[J].图书馆杂志,2019,38(11):30-36+20.

② 巫志南.为社会力量参与公共文化服务提供指引和路线图[N].中国财经报,2015-04-23(007).

③ 林怡.整合文化资源,构建公共文化服务体系[J].经济与社会发展,2008(06):129-131.

与水、根与叶的关系。进一步提高公共文化资源整合绩效,应在群众文化需求的基础上,进一步挖掘区内文化资源,丰富区内公共文化服务和产品的供给。具体而言:

第一,专题化挖掘特色文化资源。上城区历史文化悠久,更是中国七大古都之一所在地,皇城文化、医药文化、美术文化、商业文化、名人故居、红色教育等特色资源星罗棋布。要树立文化自信,发挥文化优势,挖掘上城元素。对这些文化资源的挖掘,应以专题挖掘为主,改变过去的一锅端、一起上、无差别、无侧重的开发挖掘模式。根据不同资源的特色,专项规划,探索出一条既体现特色,又有经济和社会效益的文化资源挖掘新路。如打造古皇城文化综合圈、医药文化综合圈、象山美院及艺术节文化共同体、不同历史时期名人故居时段游等,都将是可试行的文化资源挖掘、开发和保护的新路,对这些资源的统一规划、综合挖掘,也就是整合资源的过程,有利于实现资源整合整体综合效益更上一层楼。

第二,加强对文化遗产的保护和挖掘。利用好博物馆、非遗展示馆等文化设施资源,深入开展文化遗产的展示、宣传和推广。以举办特色主题活动为抓手,向公民推介文化遗产资源,努力唤起社会关注文化遗产、接受文化遗产、喜爱文化遗产的热潮。对于一些传统技艺类非物质文化遗产,除普遍的讲座等宣传方式,还可通过邀请市民体验等方式,加强传播展示,激发公众兴趣,扩大非遗知名度。此外,建立文化遗产定期挖掘筛查机制,搭建文化遗产待选资源库,及时了解一些隐匿于民间的文化遗产,及时排查。对一些传承困难的文化遗产,政府应根据实际予以各种形式的关心和支持,如设立专项资金,帮助民间传承人申报各级文化遗产名录,协助收徒、培训等。同时,积极探索文化与科技相融合以促进文化遗产保护和挖掘的新方式,通过创新技术手段,达到保护和挖掘文化资源的目的。

第三,加强对公共文化资源整合的相关法规、规定、办法制订。推动文化资源整合,实现供需对接需要体制机制上予以确定和支持。明确各类文化资源整合的总体要求、职责分工、工作目标及具体实施路径,强化宣传教育,实现公共文化资源整合有章可循,让各项整合措施"硬"起来。

六、加强绩效评估

公共文化服务绩效评估不仅是政府及文化行政部门落实责任、改进管理、提高效能的有效手段,还是公众表达利益和参与文化管理的重要途径和方法,直接关系着公共文化服务目标的实现[①]。全盘把握区域公共文化资源整合的状况,盘活各类文化资源,加强绩效评估并使之常态化,是一条可供选择的路径。具体而言:

第一,探索将公共文化资源挖掘绩效纳入到公共文化服务绩效评估体系的可能性,进而将之作为子类纳入到政府整体公共服务绩效评估。从"投入—产出—效果"的角度,兼顾"4E"评价方法设计指标体系,把理想中的模糊评价精准到量化评价,有助于科学考评,督促公共文化资源和服务供给部门树立服务意识、端正服务态度、注重过程和结果、提升服务效能、实现为民服务的价值导向,践行新公共服务的时代理念。

第二,探索建立公共文化资源挖掘绩效评估的常态机制。破除部门藩篱、机构限制,将公共文化资源供给部门和机构整合至一个综合平台,进行专块管理,树立"大文化"的管理理

---

① 何晓龙.国内学界农村公共文化服务供需失衡研究述评[J].国家图书馆学刊,2021,30(05):101-113.

念,破除体制机制障碍;积极借鉴其他地方公共文化资源挖掘实践的有益经验,建立文化资源整合的常态机制,使之政策化、制度化,必要时候以法规的形式确定,促使公共服务理念深入各级部门和机构之心。

第三,实施多元评估主体共同考评。为避免部门、机构利益影响考评结果,应探索多元评估主体共同参与机构,政府是当之不让的评估主体,但更应引入第三方评估机制,通过第三方评估,客观公正地找准短板,促进补短扬长和精准发力。同时,积极主动开放公众评议渠道,始终把群众的意见和建议作为鞭策评估工作的有力形式;公共文化资源整合的状况怎么样,群众说了算。探索公众满意度定期测评机制,建立社区居民、民意代表、民意监督员等定期访问座谈机制,倾听群众呼声、反映群众需求、及时发现问题、主动纠错矫偏,真正把公共文化资源绩效评估长效落实下去,为持续提升公共文化服务能力增砖添瓦。

第十章　公共文化科技服务绩效评估 能力建设应用研究

第一节　相关理论基础

一、公民文化权利理论

权利的意识与观念最早可追溯至西方启蒙运动时期。西方思想家洛克认为权利是人生而具有的,即"天赋人权"。马克思则认为权利是在特定的经济与文化下发展而来的,即从最初的习惯权利到后来的道德权利,再逐步演化成为现在的法定权利。在众多的权利之中,有一些权利是最基本的,是人所优先拥有的权利,即"人权"。公民权利理论中将人权划分为平等权、政治与自由权、经济与受教育权、人身自由权、特定人的权利等五类[①]。其中,受教育权即公民享有受教育和自由地进行文化创造、参与文化活动的权利。

作为一项基本人权,文化权利指的是每个人都有权利去享有平等的文化机会与公正的文化待遇,是人们自由参加文化生活、享受艺术和科学进行带来的福利、平等获取和享有公共文化服务的权利。[②] 具体来说,文化权利是普遍的,是超越种族、年龄、性别和身份界限而人人均可享有的。当前,随着"人本"意识的发展,文化权利也越来越得到国家的重视,也使得政府的文化职责进一步得以明确,政府有义务为公民提供基本的公共文化产品和服务,并且为公民提供更好的文化权益的环境。

二、政府绩效评估理论

政府绩效评估理论经历了漫长的发展演变时期。绩效评估最早可以追溯到 14 世纪复式记账的产生。20 世纪 30 年代以后,西方开始出现严格意义上的企业绩效评估。19 世纪初,纽约市政研究院在企业绩效评估的理论指导下,从效率、结果和条件三个角度对纽约市政府的活动进行了绩效评估,这是对政府进行绩效评估的首次尝试。20 世纪 50 年代以后,随着政府绩效评估实践的不断发展,不同的理论体系和评价方法开始涌现。在理论方面,比较有代表性的有以政府管理价值为考察视角的绩效评价、以政府运行过程为考察视角的绩效评价、以政府职能为考察视角的绩效评价等。在评价方法方面,比较典型的有"3E"评价

---

① 杨光斌.政治学导论[M].北京:中国人民大学出版社,2011:289-291.
② 孙刚,罗昊.乡村振兴背景下文化治理现代化的价值意蕴与政策路径[J].江汉论坛,2021(07):85-90.

法、标杆管理法和平衡计分卡法。"3E"评价法以成本节约为价值准则,指标体系包括经济、效率、效能三个指标,其优点是指标明确,有利于对政府进行财政控制,但缺点是指标较为单一。标杆管理法没有固定的指标体系,往往根据测评需要确定实际的指标,其优点是指标灵活、全面,缺点是随意性较强,易导致指标体系不明确。平衡计分卡主张长期与短期战略之间的平衡,主张在财务、顾客、内部业务和内部学习与创新四个领域内细化具体的指标体系。平衡记分卡法既注重现实结果、又兼顾长远发展的优点使其逐渐在政府绩效评估领域中得到广泛运用①。本书在研究中参考了政府绩效评估的理念、技术与方法,并且将之运用在对上城区公共文化科技服务能力建设的研究分析中。

三、治理理论

治理理论强调社会管理力量的多元化。它强调处于市场与政府之间的第三领域及相应第三部门管理社会的必要性,该理论认为公共部门中即将形成一种"公共治理"的新模式。在这种治理模式下,国家的角色将逐渐淡化,多元主体共同参与管理将逐步强化。其一,发挥重要作用的不仅是政府,第三方包括非营利组织、社区机构等也将都致力于种种社会问题及经济问题的解决,维持秩序、参加政治等,承担属于政府的一些职能。其二,对政府角色进行重新定位,认为政府在当前多元化的社会治理结构中应充当"元治理"的角色,不再单纯寻求管制、追求绝对最高的权威,而是要承担制定行为规则和提供规范化指导的责任。政府应充分放权,将权力逐渐还给社会、企业及市场,政府应把重点放在社会公共事务管理与公共服务职能上。其三,治理理论认为治理的目的就是达到善治,善治要求政府在治理公共事务时要保持公正、公开、公平,强调政府的回应性、协作性、责任性以及合法性。同时,治理理论还强调政府制定决策的公开透明,保证政府信息公开的范围、内容、程序以及方式,鼓励公民加入公共事务的讨论与管理中来,使公民都有资格发表意见,政治行动在平等互动中开展。

首先,治理理论中强调的公共管理事务治理主体多元化为公共文化服务绩效评估主体的多元化提供了理论引导。公共文化服务体系仅靠单一化的政府治理是不行的,也是力不从心的。政府应该担当"元治理"的角色,将社会多元力量整合到公共文化服务中来,发挥多元治理主体的优势,形成政府主导、文化企事业单位与社区及公民等共治的局面。其次,公共治理的最终目标是善治,就是要实现社会公共利益最大化。公共治理强调公民有权获得绩效评估的信息,每个公民都有权获得与自己切身利益相关的重要信息,从而使公民有充分的信息参与到公共文化服务供给以及文化服务评价过程,对其进行有效的监督,有效防止政府文化行政部门不作为、职能错位等问题。再次,治理理论的一个重要思想就是强调公民的满意度。因为,我国公共文化服务绩效评估也要重视公民对于公共文化服务的满意度,通过公民满意度的绩效评估建立政府与民众的沟通平台,畅通公民文化需求的利益表达渠道,使政府充分了解民众的需求,以更好地履行为民提供公共服务的责任,这与公共治理的本质相契合。

---

① 张小玲.国外政府绩效评估方法比较研究[J].软科学,2004(05):01-04.

第二节　公共文化科技服务绩效评估指标体系的构建

"十一五"以来,我国公共文化科技服务体系建设取得重要突破,"十二五"时期,我国公共文化科技服务体系建设取得重大进展。但我国公共文化科技服务总体水平不高,不能满足人民群众日益增长的精神文化需要,公共文化科技服务管理体制不够健全,体系建设不够完善。本研究将在"投入—产出"的理论模型基础上,力图构建一套科学合理的省级公共文化科技服务指标体系,以反映我国各省级行政单位公共文化科技服务的发展现状并为下一步政府公共文化科技服务工作的开展提供理论指导。公共文化科技服务能力的建设受制于诸多因素的影响,它的形成、发展和完善同样是在多种条件下发生的。因此,为进一步完善上城区公共文化科技服务能力建设,有必要对其进行影响因素分析。从现有文献的检索来看,尚未发现关于公共文化科技服务能力绩效评估方面的研究,但是学界关于绩效评估、公共文化服务绩效评估的研究较为丰富。例如叶继元指出,绩效评估体系应包括目的、主体、客体、指标、方法和制度这六大要素①。陈威指出,公共文化服务的绩效评估应从效率、效益、公平度三个方面进行考察②。蒋建梅认为对公共文化服务进行的绩效评价应该在内容上涵盖效益性、有效性、保障性三个方面③。李少惠、余君萍认为应该根据评价主体和评价对象的不同,分别设计出相应的评估指标体系④。毛少莹认为应从发展规模、政府投入、运作机制、社会参与和公众满意度五方面构建公共文化服务的指标体系。杨泽喜认为公共文化服务绩效评估应当以公民满意度为核心,兼顾公平与效率⑤。

绩效评估相关研究的发展为本研究对上城区的公共文化科技服务能力建设的绩效评估奠定了夯实的理论支撑。本研究借鉴了公共文化服务绩效评估的技术与方法,并将公民维度引入到实际的绩效评估过程中,以期对上城区能力建设方面的实际效果做出客观评价。

通过调查问卷和上城区历年统计数据分析,本研究总结出影响上城区公共文化科技服务能力建设的主要影响变量有:上城区居民人均 GDP、上城区人才引进数量、上城区专业人才拥有数、公共服务支出、科技资金投入、高等教育人数比例、文化馆人均建筑面积、博物馆人均建筑面积、美术馆人均展厅面积。

通过 SPSS20.0 统计分析软件对变量进行统计分析,找出主要影响因素,从而为完善上城区公共文化科技服务能力建设理清思路。本章节中使用的原始数据主要来源于《上城区统计年鉴》《杭州统计年鉴》和《浙江省统计年鉴》2006—2015 年的统计数据,部分数据由上城区国民经济和社会发展统计公报、上城区文广新局和科技局所提供的统计资料整理得到。此外,有些数据无法直接取得,而是经过复杂的推算所得。

---

① 叶继元.图书馆学期刊质量"全评价"探讨及启示[J].中国图书馆学报,2013(04):83-92.

② 陈威.公共文化服务体系研究[M].深圳:深圳报业集团出版社,2006:108-109.

③ 蒋建梅.政府公共文化服务体系绩效评价研究[J].上海行政学院学报,2008(07):60-65.

④ 李少惠,余君萍.公共治理视野下我国农村公共文化服务绩效评估研究[J].图书与情报,2009(06):52.

⑤ 杨泽喜.建构工具理性与价值理性契合的公共文化服务评估体系[J].中国地质大学学报(社会科学版),2012(01):132-136.

一、公共文化科技服务绩效评估的方法与价值取向

公共文化科技服务对于满足社会公众的文化需求具有重要作用,同时也是政府响应社会公众需求,履行自我职能,营造良好社会风气和文化氛围的一项重要工作。其涉及的内容庞杂,主体繁多,具体开展与项目实施中的过程性意义与结果性价值如何做到有效兼得,这要求评估者既能够从理论上建立起一套思路清晰、逻辑严密的评估方案和评价指标,在实践中磨合而形成一套评估体系,同时又能在评估方法具体运用与实施过程中密切关注到评估的现实价值,并不断根据现实需要对评估手段和测量工具进行调整。与传统意义上的政府绩效评估不同,公共文化科技服务绩效评估尽管主要是针对具有非排他性、非竞争性的公共物品,或具有两个特征之一的准公共物品的供给效率和社会效益进行评估,但从评估对象上来看,已经不仅仅是针对一个公共主体或私人主体,而是需要结合考察过程性的内容。这就导致了评估体系内部需要依据不同的价值取向兼顾不同主体的行为特征及其产出效应进行综合的评价。

公共文化科技服务绩效评估价值取向的关键在于两个环节,一个是指标的筛选环节,另一个是指标的权重确定环节。由于该领域涉及的主题和内容繁多,指标的初步设计和选择需要综合既有的研究和理论框架,依靠一定的价值取向进行操作(多项指标中的取舍问题是一个并列的二分问题)。在此之后,由于客观条件或指标本身属性的要求而开展的进一步筛选,同样需要理论和方法的支持和定位。而在指标权重确定的环节中,由于需要将定性与定量的方法结合起来,这就使得具体的公共文化科技服务绩效评估工作不同于纯粹客观评估的"输入—输出"循环,而是具有一定协调性,这种协调性对于严谨的绩效评估工作是一项极大的挑战,因为这需要研究者审慎地选择并抽取符合对指标的权重进行评估要求的受试样本,或者该领域的研究者与专家。在方法上,则需要借鉴德尔菲法(Delphi technique)中受试群体互不干扰("背靠背")和多次评估、综合考察的思想(多次之间的时间间隔的确定也同样是一个需要考虑的问题)。而从基本评估素材的要求上讲,则需要保证数据来源的客观性和评估方法的适当性。

二、公共文化科技服务指标体系设计原则

公共文化科技服务绩效评估工作是一项严谨而科学的学术工作,同时也是一项能够对实践工作产生指导价值的活动,因此必须在测评工具,尤其是核心指标的设计上满足一定的原则要求。

系统性原则。系统性原则要求在公共文化科技服务指标的设计环节必须从横向内容设计与纵向体系逻辑自洽的角度考虑问题。从横向上讲,在内容设计的环节,需要兼顾到不同主体的客观参与、互动等其他行为的测量,同时由于其涵盖的领域几乎包括了社会存在的各类公共文化科技服务提供形式,所以指标应能够刻画不同类型公共服务的特征。从纵向上讲,指标体系内部应满足内部层级逻辑的自洽,也即是不同层级的指标之间应该满足包含与被包含的隶属关系,同一级指标能够保证互斥性,并穷尽所归属上级指标的内涵。

可测性原则。公共文化科技服务指标体系的可测性包括两方面,一个是指标本身可以进行测量,第二是指标实测过程中可以被实施。从指标本身的要求来讲,操作化方面的设计满足一定的效度要求,能够真正测得待测的对象;而从测量过程性上讲,指标所要测量的数

据能够被测量和获得。公共文化科技服务绩效评估指标本身具有可测性是指评价指标可用操作化的语言定义，所规定的内容可以运用现有的工具测量获得明确的结论。不能量化的指标可以用定性方法加以设计，但也要满足有可测性。

客观可实现原则。测量指标的设计要考虑到相关数据是都能够获得的，比如数据可以从各类统计年鉴、政府公报、学术作品等中获得，或者从实际调研中获得。但现实情况往往具有限制性，例如客观数据的缺失，客观的调研条件的限制（调研能力、调研资金、政治与法律环境、样本的可获得性等等），或者客观数据本身质量的影响等等。同时当获得客观的数据后，需要对数据进行一定的处理，例如标准化、平均化、归一化等等，使得数据能够满足评价的基本要求。在运用的方法上面，需要选择合适的数据分析方法，分阶段分步骤予以运用。

三、变量分析与指标体系构建

居民人均 GDP（X_1）：居民人均 GDP 是反映居民可支配性收入的一个重要指标，居民可支配收入的高低直接决定其用于公共文化消费水平的高低，也影响到公共文化科技成果的接受程度。

人才引进数量（X_2）：人才引进数量在一定程度上间接反映了该地区公共文化科技服务人才队伍的建设水平以及政府在这方面的投入力度。

专业人才拥有数（X_3）：专业人才是指具有相关专业技术背景的人，一个地区所拥有的专业人才数量间接反映了该地区所拥有的公共文化科技服务方面的人才数量。

公共服务支出（X_4）：是政府对公共服务的投入，也是政府支持公共文化服务的重要表现，公共服务投入多少在一定程度上间接测量了公共文化服务投入的多少，反映了政府在推动公共文化服务建设的努力程度。

科技资金投入（X_5）：是政府对科技资源的投入，是政府支持公共服务与科技融合建设的重要表现，科技经费投入的多少在一定程度上反映了政府在推动公共文化科技服务能力建设的努力程度。

高等教育人数比例（X_6）：是反映上城区居民文化素质水平的一个重要指标，同时，居民的文化素质也能反映公共文化科技成果被居民所接受的程度。

文化馆人均建筑面积（X_7）：文化馆是开展群众文化活动，并给群众文娱活动提供场所的机构，其人均建筑面积反映了上城区公共文化服务的覆盖范围，也间接反映出公共文化科技服务惠及居民的水平。

博物馆人均建筑面积（X_8）：博物馆是征集、典藏、陈列和研究代表自然和人类文化遗产的实物的场所，并对那些有科学性、历史性或者艺术价值的物品进行分类，为公众提供知识、教育和欣赏的文化教育的机构、建筑物、地点或者社会公共机构，其人均建筑面积反映了上城区公共文化服务的覆盖范围，也间接反映出公共文化科技服务惠及居民的水平。

美术馆人均展厅面积（X_9）：美术馆是指保存、展示艺术作品的设施，通常是以视觉艺术为中心，其人均建筑面积反映了上城区公共文化服务的覆盖范围，也间接反映出公共文化科技服务惠及居民的水平。

因此，基于以上变量的分析，构建以下指标体系，指标体系见表 10-1。

表 10-1　指标体系构建

一级指标	二级指标
基础设施建设程度	文化馆人均建筑面积
	博物馆人均建筑面积
	美术馆人均展厅面积
公共文化科技服务人才资源	人才引进数量
	专业人才拥有数
	高等教育人数比例
公共文化科技服务能力建设的资金投入	人均 GDP
	公共服务支出
	科技资金投入

　　影响因子 1 的主要变量分别为文化馆人均建筑面积、博物馆人均建筑面积、美术馆人均展厅面积。这三者可以间接反映出公共文化科技成果在上城区的普及程度。因此,将因子 1 解释为公共文化科技基础设施建设程度。

　　影响因子 2 的主要变量分别为人才引进数量、专业人才拥有数、高等教育人数比例。这三个变量代表公共文化科技服务人才资源的稀缺程度和整体质量,将因子 2 解释为公共文化科技服务人才资源。

　　影响因子 3 的主要变量分别为人均 GDP、公共服务支出、科技资金投入。公共服务支出和科技资金投入直接反映了政府在公共文化科技服务能力建设方面所做的努力,而居民人均 GDP 则反映了居民能够进行公共文化消费的水平。因此,将因子 3 解释为公共文化科技服务能力建设的资金投入。

第三节　公共文化科技服务绩效评估的实证研究

一、数据处理

　　进行多元统计分析时,通常需要收集不同量纲的数据,由于不同的变量具有不同单位和变异程度,从而使得不同的单位让系数的实践解释产生困难,导致各个变量之间不具有可比性[①]。这时就需要对原始数据进行无量纲化处理,将其转化为无量纲的纯数值以消除单位限制,以便不同单位或量级的指标之间能够进行比较和加权。本书采用 Z 标准化方法对原始数据进行处理,经过处理的数据符合标准正态分布,即均值为 0,标准差为 1,适宜统计分析。

---

　　① 蓝石.社会科学定量研究的变量类型、方法选择及范例解析[M].重庆:重庆大学出版社,2011:79.

二、结果与讨论

1. 采用 Z 标准化方法对 2006—2015 年的原始统计数据(见表 10-2)进行标准化处理,转换处理后的数据构成表 10-3。无量纲化后各变量的平均值为 0,标准差为 1,这样就消除了量纲和数量级的影响,使得数据具有可比性[①]。

表 10-2　原始数据表

年份	人均 GDP /元	人才引进数/个	专业技术人员数/个	公共服务支出/亿元	科技投入/万元	高等教育人数比例/%	文化馆人均建筑面积/m²	博物馆人均建筑面积/m²	美术馆人均展厅面积/m²
2006	92760	850	21277	0.75	2648	8.42	0.0757	0.0988	0.0500
2007	109529	1380	23885	0.92	3008	8.59	0.0752	0.0983	0.0498
2008	137380	2385	29750	1.40	5450	9.53	0.0747	0.0976	0.0494
2009	143348	3400	34752	1.56	5713	10.04	0.0744	0.0971	0.0492
2010	161697	4448	39557	1.87	6352	9.33	0.0741	0.0967	0.0490
2011	188253	5612	42388	2.07	7666	12.56	0.0738	0.0964	0.0488
2012	161697	7089	51185	2.13	8325	14.95	0.0735	0.0960	0.0486
2013	224084	9839	54259	2.21	8922	17.33	0.0733	0.0958	0.0485
2014	244854	17852	53093	2.22	9557	19.21	0.0734	0.0959	0.0485
2015	261876	19768	55088	2.96	132000	21.52	0.0738	0.0964	0.0488

表 10-3　标准化数据

年份	人均 GDP /元	人才引进数/个	专业技术人员数/个	公共服务支出/亿元	科技投入/万元	高等教育人数比例/%	文化馆人均建筑面积/m²	博物馆人均建筑面积/m²	美术馆人均展厅面积/m²
2006	−1.05593	−0.9615	−1.5042	−1.5944	−1.4016	−0.9826	1.88759	1.83394	1.76803
2007	−0.98759	−0.88205	−1.3003	−1.3385	−1.2879	−0.9473	1.26667	1.35133	1.39186
2008	−0.7915	−0.7314	−0.8420	−0.6158	−0.5163	−0.7519	0.64575	0.67566	0.6395
2009	−0.5449	−0.5792	−0.4511	−0.3749	−0.4332	−0.6460	0.2732	0.19305	0.26332
2010	−0.92074	−0.422	−0.0755	0.09184	−0.2313	−0.7935	−0.2235	−0.19305	−0.11285
2011	0.07309	−0.2475	0.14572	0.39295	0.18385	−0.1222	−0.4719	−0.48262	−0.48903
2012	0.65394	−0.0260	0.83324	0.48329	0.39207	0.3745	−0.8445	−0.86871	−0.86521
2013	0.88717	0.38637	1.07348	0.60373	0.58069	0.86912	−1.0928	−1.06176	−1.0533
2014	0.94956	1.58792	0.98235	0.61879	0.78132	1.25983	−0.9686	−0.96523	−1.0533
2015	1.7369	1.87522	1.13827	1.7329	1.93235	1.73991	−0.4719	−0.48262	−0.48903

2. 描述统计量。表 10-4 给出了 9 个原始变量的统计结果,包括平均值、标准差以及方差等统计量。

---

① 夏怡凡.SPSS 统计分析精要与实例详解[M].北京:电子工业出版社,2010:238-245.

表 10-4　描述统计量

指标	全距	极小值	极大值	均值	标准差	方差
人均 GDP(元)	169116	92760	261876	172547.8	56541.717	3196965719
人才引进数(个)	18918	850	19768	7262.3	6668.932	44474658.9
专业技术人员数(个)	33811	21277	55088	40523.4	12795.42	163722774.9
公共服务支出(亿元)	2.21	0.75	2.96	1.809	0.6642	0.441
科技投入(万元)	10552	2648	13200	7084.1	3165.009	10017280.77
高等教育人数比例(%)	13.1	8.42	21.52	13.148	4.81175	23.153
文化馆人均建筑面积(平方米)	0.0024	0.0733	0.0757	0.07418	0.0008053	0
博物馆人均建筑面积(平方米)	0.003	0.0958	0.0988	0.0969	0.001036	0
美术馆人均展厅面积(平方米)	0.0015	0.0485	0.05	0.04906	0.0005317	0

3.初始变量相关性检验。因子分析的基本目的是用少数几个因子去描述许多变量之间的联系,即将相关比较密切的几个变量归在统一类中,每一类变量就成为一个公共因子。它要求各变量之间应该具有一定的相关性,如果变量间彼此独立,则无法从中提取公共因子,也就谈不上因子分析法的应用[1]。一般而言,如果大部分原始变量的相关系数介于 0.3～1.0 之间且通过检验,则这些原始变量就比较适合进行因子分析[2]。表 10-5 显示各变量的相关系数均在 0.5～1.0 之间,并且其对应的 Sig.(单侧)值大都小于 0.01,这说明这些变量之间存在着较为显著的相关性,比较适合进行因子分析。

表 10-5　相关系数矩阵

	Zscore：X_1	Zscore：X_4	Zscore：X_5	Zscore：X_2	Zscore：X_6	Zscore：X_7	Zscore：X_8	Zscore：X_9	Zscore：X_3
Zscore：X_1	—	0.000	0.000	0.000	0.000	0.001	0.001	0.001	0.000
Zscore：X_4	0.000	—	0.000	0.001	0.000	0.000	0.000	0.000	0.000
Zscore：X_5	0.000	0.000	—	0.000	0.000	0.002	0.001	0.001	0.000
Zscore：X_2	0.000	0.001	0.000	—	0.000	0.001	0.001	0.001	.001
Zscore：X_6	0.000	0.000	0.000	0.000	—	0.004	0.004	0.004	0.000
Zscore：X_7	0.001	0.000	0.002	0.001	0.006	—	0.000	0.000	0.000
Zscore：X_8	0.001	0.000	0.002	0.001	0.006	0.000	—	0.000	0.000
Zscore：X_9	0.001	0.000	0.001	0.001	0.004	0.000	0.000	—	0.000
Zscore：X_3	0.000	0.000	0.000	0.001	0.000	0.000	0.000	0.000	—

4.KMO 检验和 Bartlett 球形度检验。巴特利特球度检验用于检查变量间的偏相关性,取值在 0～1 之间。KMO 测度的值越接近于 1,表明变量间的偏相关性就越强,数据越适合用因子分析。一般而言,KMO 统计量在 0.7 以上时,效果比较好;而当 KMO 统计量在 0.5

① 范柏乃.公共管理研究与定量分析方法[M].北京:科学出版社,2013:277.
② 范柏乃.公共管理研究与定量分析方法[M].北京:科学出版社,2013:277.

以下时,则不适合应用因子分析法[1]。如表 10-6 所示,本书得到的 KMO 为 0.827,说明较为适合应用因子分析。

表 10-6　KMO 和 Bartlett 的检验

Kaiser-Meyer-Olkin 度量		0.827
Bartlett 的球形度检验	近似卡方	170.537
	df	36
	p	0.000

5.变量共同度。变量共同度是表示各变量中所含原始信息能被提取的公共因子所表示的程度[2]。从表 10-7 可以看出,9 个评价指标的共同度都在 90% 以上,这说明提取出的公共因子对各变量的解释能力是较强的。

表 10-7　变量共同度

变量	初始	提取
Zscore：X_1	1.000	0.962
Zscore：X_4	1.000	0.999
Zscore：X_5	1.000	0.997
Zscore：X_2	1.000	0.985
Zscore：X_6	1.000	0.979
Zscore：X_7	1.000	0.998
Zscore：X_8	1.000	0.999
Zscore：X_9	1.000	0.998
Zscore：X_3	1.000	0.986

6.方差解释表。因子抽取过程中的一个重要步骤是确定需要抽取几个公共因子。本文通过计算公共因子的方差百分比来确定抽取个数,即计算先后抽取的因子的方差比例,当累积比例达到 85% 时即停止抽取[3]。表 10-8 是方差分析结果,表中给出了各个因子的方差百分比和累积方差百分比,前三个因子的方差贡献率分别为 45.921%、37.544% 和 15.466%,且累积方差贡献率高达 98.931%。可见 9 个评价指标主要是由这 3 个公共因子来解释。于是本书就选取这 3 个公共因子来进行分析。

---

① 范柏乃.公共管理研究与定量分析方法[M].北京:科学出版社,2013:282.
② 范柏乃.公共管理研究与定量分析方法[M].北京:科学出版社,2013:283.
③ 范柏乃.公共管理研究与定量分析方法[M].北京:科学出版社,2013:285.

表 10-8　解释的总方差

成分	初始特征值			提取平方和载入			旋转平方和载入		
	合计	方差的%	累积%	合计	方差的%	累积%	合计	方差的%	累积%
1	6.468	71.873	71.873	6.468	71.873	71.873	4.133	45.921	45.921
2	1.351	15.002	86.875	1.351	15.002	86.875	3.379	37.544	83.465
3	1.085	12.056	98.931	1.085	12.056	98.931	1.392	15.466	98.931
4	0.063	0.706	99.636						
5	0.023	0.256	99.892						
6	0.007	0.073	99.966						
7	0.002	0.020	99.986						
8	0.001	0.010	99.996						
9	0.000	0.004	100.000						

　　7.旋转前后的因子载荷矩阵。因子分析的目的不仅是抽取公共因子,更重要的是要知道抽取的每个公共因子的实际意义,以便对实际问题进行分析。如果每个公共因子的含义不清,可对因子符合矩阵进行旋转,使旋转后的因子符合阵结构简化,便于对公共因子进行解释。表 10-9 及表 10-10 给出了旋转前后的因子负荷矩阵。一般来说,因子负荷是变量与公共因子的相关系数,负荷绝对值较大的公共因子更能代表这个变量[①]。

表 10-9　成分矩阵

变量	成分		
	1	2	3
Zscore：X_3	0.988	−0.093	−0.035
Zscore：X_4	0.969	0.043	0.243
Zscore：X_5	0.964	0.189	0.180
Zscore：X_1	0.963	0.185	−0.024
Zscore：X_9	−0.940	0.333	0.061
Zscore：X_8	−0.933	0.357	0.034
Zscore：X_7	−0.932	0.358	0.041
Zscore：X_6	0.929	0.315	−0.134
Zscore：X_2	0.891	0.422	−0.113

　①　夏怡凡.SPSS 统计分析精要与实例详解[M].北京:电子工业出版社,2010:238-245.

表 10-10　旋转成分矩阵

变量	成分		
	1	2	3
Zscore：X_7	−0.906	−0.394	−0.150
Zscore：X_8	−0.905	−0.395	−0.157
Zscore：X_9	−0.896	−0.422	−0.134
Zscore：X_3	0.618	0.756	0.179
Zscore：X_2	0.334	0.929	0.101
Zscore：X_6	0.438	0.883	0.085
Zscore：X_1	0.540	0.194	0.795
Zscore：X_5	0.512	0.394	0.761
Zscore：X_4	0.611	0.451	0.650

8. 因子得分的系数矩阵。表 10-11 给出了因子得分系数矩阵。把因子得分系数和对应的变量名相乘后再求和，便可以得到最终的因子得分公式。通过该公式就能实现对所有样本进行因子评分[1]。各个因子的得分公式如下：

因子 1 的得分公式为：$FAC_1 = -0.074X_1 - 0.226X_2 + 0.210X_3 - 0.195X_4 - 0.277X_5 - 0.099X_6 - 0.470X_7 - 0.462X_8$。

因子 2 的得分公式为：$FAC_2 = 0.296X_1 + 0.654X_2 + 0.042X_3 - 0.216X_4 + 0.014X_5 + 0.573X_6 + 0.212X_7 + 0.220X_8 + 0.159X_9$。

因子 3 的得分公式为：$FAC_3 = -0.146X_1 - 0.798X_2 - 0.238X_3 + 1.846X_4 + 1.381X_5 - 0.956X_6 + 0.298X_7 + 0.246X_8 + 0.445X_9$。

表 10-11　成分得分系数矩阵

变量	成分		
	1	2	3
Zscore：X_1	−0.074	0.296	−0.146
Zscore：X_4	−0.195	−0.216	1.846
Zscore：X_5	−0.277	0.014	1.381
Zscore：X_2	−0.226	0.645	−0.798
Zscore：X_6	−0.099	0.573	−0.956
Zscore：X_7	−0.470	0.212	0.298
Zscore：X_8	−0.462	0.220	0.246
Zscore：X_9	−0.465	0.159	0.445
Zscore：X_3	0.210	0.042	−0.238

---

① 虞茜. 基于主成分分析法的我国商业银行经营绩效分析[D]. 成都：西南财经大学，2011.

表 10-12　成分得分协方差矩阵

成分	1	2	3
1	1.000	0.000	0.000
2	0.000	1.000	0.000
3	0.000	0.000	1.000

该输出部分是因子变量的协方差矩阵,见表 10-12。在因子分析数学模型中,所得到的因子变量应该是正交、不相关的。从协方差矩阵看,不同因子之间的数据为 0.000,因而也证实了因子之间是不相关的[1]。

9.综合评分。在因子分析法中,根据各指标间的相关系数或各项指标的变异程度确定的权重,具有客观性,且权重等于方差百分比。如果关注的是整个公共文化科技服务能力,可以对 3 个公因子的得分进行加权求和,权数就取其方差贡献值或方差贡献率,参看表中"旋转平方和载入"一栏里的"合计"(方差值)、"方差％"(方差贡献率)。本书采用方差贡献率作为加权变量,3 个主要公因子的方差贡献率依次为 4.243、4.150、0.511。由此可得某一年的综合评价值(见表 10-13):$F=4.243\times FAC_1+4.150\times FAC_2+0.511\times FAC_3$,其中 F 表示每年的得分。

表 10-13　2006—2015 综合得分

年份	FAC_1	FAC_2	FAC_3	综合得分
2006	−1.75569	−0.25535	−0.80808	−8.92203
2007	−1.14769	−0.43868	−0.83858	−7.11868
2008	−0.54156	−0.60944	0.38705	−4.62924
2009	−0.00877	−0.69861	0.2181	−2.82499
2010	0.4651	−0.91778	0.8269	−1.41279
2011	0.62302	−0.50749	0.74147	0.91625
2012	1.15698	−0.43063	0.07597	3.16077
2013	1.20106	0.30752	−0.66648	6.03174
2014	0.68251	1.45884	−1.66536	8.09909
2015	−0.67495	2.0916	1.72901	6.69987

通过上文得出的综合评分公式,可以对公共文化科技服务能力的建设成效进行更为科学和直观的判断。从表 10-13 可知上城区公共文化科技服务能力建设综合得分除 2014 年略有波动外,其余年份呈现出逐年递增的趋势。

① 夏怡凡.SPSS 统计分析精要与实例详解[M].北京:电子工业出版社,2010:245.

第四节 公共文化科技服务建设能力的结果展示与对策建议

一、公共文化科技服务建设能力的结果展示

（一）公共文化科技服务建设能力的成就

政府对公共文化科技服务能力进行建设，其目的是进一步满足民众基本公共文化需求。上城区政府对于这方面的建设工作一直在摸索中前进，如今，上城区已基本形成区、街道、社区上下配套的基础科技支撑体系，极大优化了公共文化服务的效能。本节通过实地调查，总结归纳了上城区公共文化科技服务能力建设工作现阶段所取得的成效。

为了评估上城区公共文化科技服务能力的建设成效，笔者在研究期间跟随导师多次对上城区进行调研，通过实地走访和召开座谈会的方式，去了解公共文化服务工作人员和普通民众对上城区目前公共文化科技服务能力建设的看法。此外，笔者也在导师的指导下设计了一份问卷，并通过随机抽样的方法，从上城区 54 个社区中随机抽选了 12 个社区进行问卷发放，共计发放 730 份，回收有效问卷 684 份，回收率为 93.69%[①]。

在问卷收集后，笔者采用 SPSS20.0 系统对收集的问卷数据进行了统计分析。为检测数据的可信性，笔者先用克隆巴赫系数（Cronbach's α）对数据进行了信度检验。Cronbach系数的值在 0 到 1 之间，一般来说，Cronbach 系数值即 α 值大于 0.7，则说明数据的可靠性相当高；若是介于 0.35 与 0.7 之间，则尚可接受；如果小于 0.35，对应数据的可靠性相当低，不适合做统计分析。本节调查问卷数据的 Cronbach 系数值是 0.825，说明其可靠性较高，适合做统计分析。

本节对问卷调查对象的年龄、文化程度、职业、个人年收入、居住区域等基本信息进行了分析，并汇集成以下图表（见图 10-1，图 10-2，图 10-3）。从数据来看，样本数据是比较有代表性的。684 名调查对象涵盖了上城区政府单位工作人员、社区工作人员和本地居民；年龄分布在 20～60 岁之间；文化程度以高中以上为主；个人年收入以 15 万元以下居多；居住区域分布在六个街道（见表 10-14）。

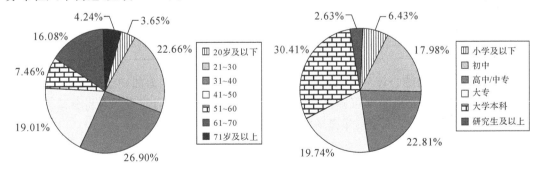

图 10-1 调查对象年龄与文化情况分布

---

① 本节所涉数据均来源于浙江大学公共服务与绩效评估研究中心：《公共文化科技服务能力建设问卷调查分析报告》。

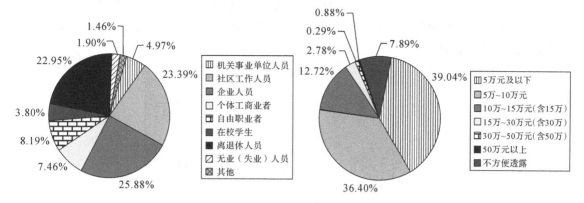

图 10-2　调查对象职业与年收入分布

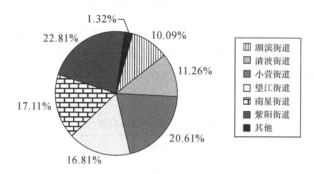

图 10-3　调查对象区域分布

表 10-14　各街道样本人数及百分比

街道	频数	占比(%)
湖滨街道	69	10.09
清波街道	77	11.26
小营街道	141	20.61
望江街道	115	16.81
南星街道	117	17.11
紫阳街道	156	22.81
其他	9	1.32

1.公共文化科技服务总体满意度提高

近几年,上城区政府紧跟科技发展趋势,以信息化建设为基础条件,积极探索和引入高新科技在公共服务领域中的应用,大力推动公共文化科技服务能力建设,拓宽了服务领域,提高了服务效能,在人民群众中取得了良好的反映。

通过数据分析来看,上城区目前公共文化科技服务能力的建设在民众中取得了较高的满意度(见图 10-4)。问卷调查结果显示,在"我对上城区目前提供的公共文化科技服务总体上感到满意"这一选项上,41.37%的居民表示"非常认同";35.53%的居民表示"比较认同";

选择"一般""不比较不认同""非常不认同"的居民分别占调查对象的 14.33％、5.41％、3.36％。由数据分析可知,有 76.90％的调查对象对目前上城区所提供的公共文化科技服务总体上是感到满意的。

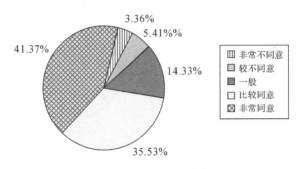

图 10-4　总体满意度直方图

此外,在公共文化科技服务的公平性和经济性方面,调查对象的满意度也很高。

在公平性方面,39.91％的上城区居民非常认同"上城区居民通过科技手段能够同等地享受到公共文化的相关服务";36.84％的居民比较认同,认同度达到 76.75％(见表 10-15 及图10-5)。

表 10-15　公平性认同度

认同度	频数	占比(％)
非常同意	273	39.91
比较同意	252	36.84
一般	111	16.23
较不同意	22	3.22
非常不同意	26	3.80

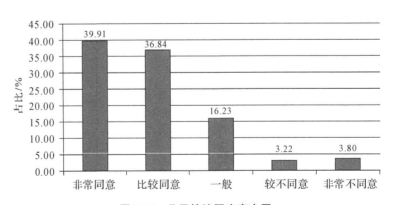

图 10-5　公平性认同度直方图

在经济性方面,通过调查发现,41.96％的调查对象非常认同"上城区居民通过网络、手机等技术途径享受公共文化服务时的费用减少了";34.50％的居民比较认同,认同度达到76.46％,若加上 14.77％持一般认同的调查对象,总体的认同度高达 91.23％,这说明上城区绝大多数的居民对目前通过科技手段能够较为经济地享受公共文化服务持赞同的态度（见表 10-16 及图 10-6）。

表 10-16　经济性认同度

认同度	频数	占比（%）
非常同意	287	41.96
比较同意	236	34.50
一般	101	14.77
较不同意	35	5.12
非常不同意	25	3.65

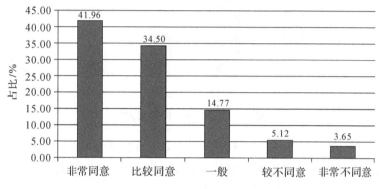

图 10-6　经济性认同度直方图

2.公共文化服务设施的使用效率提升

目前，上城区共有综合性图书馆 1 个、博物馆 10 个、文化馆 8 个、文化站 6 个、文化室 52 个、演出场馆 2 个、电影院 4 个，初步形成了覆盖全区的公共文化服务设施网络①。而随着计算机数字化技术、网络传输技术以及声、光、电技术的不断发展和创新，在现有公共文化服务网络基础上，上城区积极运用高新科技手段整合区域内公共文化服务设施资源，提高现有设施使用率，为居民提供更加优质的公共文化服务。

例如，上城区建设的数字图书馆工程借助虚拟网，不断促进上城区数字图书馆和国家、浙江省数字图书馆资源的共享；博物馆应用立体放映技术、虚拟现实技术等高科技手段增添了模拟场景、动画游戏、互动体验等服务项目；文化馆应用多媒体教学系统进行培训展示；演出场馆采用 LED 全彩显示屏发布信息。高新科技在公共服务设施上的广泛运用，不但提供了更加优质的公共文化产品和服务，也给上城区人民群众带来了更加便利、快捷的服务体验。通过问卷调查，在服务获取的时效性方面，41.67% 的上城区居民非常认同"上城区居民通过网络、手机等技术途径能够及时地获得公共文化相关信息"；34.21% 的居民比较认同，认同度达到 75.88%（见表 10-17 及图 10-7）。

---

①　资料来源于上城区文化广电新闻出版局。

表 10-17　及时性认同度

认同度	频数	占比（%）
非常同意	285	41.67
比较同意	234	34.21
一般	109	15.94
较不同意	31	4.53
非常不同意	25	3.65

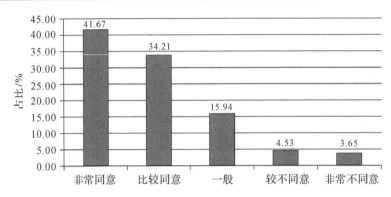

图 10-7　及时性认同度直方图

在便利性方面,在"五点量表"中,40.06%的调查对象非常认同"上城区居民通过网络、手机等技术途径方便地享受到所需的公共文化服务",35.67%的调查对象表示"比较认同",认同度达到 75.73%（见表 10-18 及图 10-8）。

表 10-18　便捷性认同度

认同度	频数	占比（%）
非常同意	274	40.06
比较同意	244	35.67
一般	111	16.23
较不同意	32	4.68
非常不同意	23	3.36

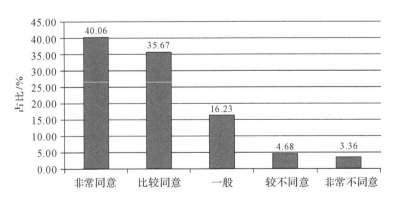

图 10-8　便捷性认同度直方图

3. 公共文化服务领域的拓展

为更好地满足人民群众高品质、多元化的公共文化需求,上城区积极将科技理念和科技成果融入到公共文化服务中,应用高新科学技术拓展服务领域,扩展公共文化服务内容,有效保障了上城区居民的基本文化权益。截至 2015 年底,上城区共建成"全国文化信息资源共享工程"基层点 26 个、服务点 14 个。文化信息资源共享工程不仅进入了上城区各机关和事业单位,也进入了各个街道、社区、企业和校园等,大大拓展了公共文化服务的服务领域。

近几年,上城区各文化信息资源共享工程基层点的设备配置不断得到提高,服务内容逐渐丰富,数字文化资源也稳步增加。例如,以推进数字化教育覆盖范围为目标搭建的上城区"e 学网"网络平台,截止至 2014 年,共开设课程 1035 门,有 1.84 万人次登录学习、186.75 万人次访问学习,学员达到 13.54 万人,在群众中获得了好评。据问卷调查统计,在服务内容全面性方面,45.61％的上城区居民非常认同"上城区用科技手段所提供的公共文化服务涵盖了公共文化的 6 方面";35.09％的居民比较认同,认同度达到 80.70％(见表 10-19 及图 10-9)。而在服务内容准确性和完整性方面。39.18％的调查对象表示"非常认同",38.45％的调查对象表示"比较认同",认同度达到 77.63％(见表 10-20 及图 10-10)。

表 10-19　全面性认同度

认同度	频数	占比（%）
非常同意	312	45.61
比较同意	240	35.09
一般	79	11.55
较不同意	23	3.36
非常不同意	30	4.39

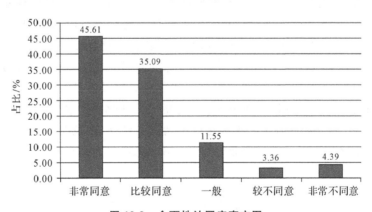

图 10-9　全面性认同度直方图

表 10-20　准确性认同度

认同度	频数	占比（%）
非常同意	268	39.18
比较同意	263	38.45
一般	99	14.47
较不同意	32	4.68
非常不同意	22	3.22

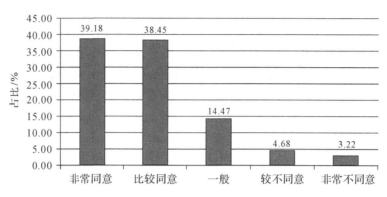

图 10-10　准确性认同度直方图

4.公共文化服务管理方式的创新

随着信息化水平的不断发展,上城区探索利用高新科技手段搭建了公共文化信息管理系统,创新了公共文化服务的管理方式。以民情 E 点通为例,2015 年 8 月,上城区望江街道建成"智慧云社区·民情 E 点通"服务平台。该平台由手机 APP、电脑终端和网上指挥中心组成,设有"身边、圈子、应用"三大功能,开设"我来爆料""社情速递""爱心接力"三大板块,直接面向居民收集公共文化需求①。通过网上智慧中心派单至相关科室、社区,并引入"以服务换服务"理念,全网式公开居民诉求,引导社会组织力量参与。依托网上智慧中心智能管控系统,对群众的文化诉求进行跟踪反馈,并在后台形成诉求流转和记录,实现派单时间、接单人员、办理进度、处理结果全面公开,实时督查解决不积极、反馈不及时、进度不到位的问题。

上城区诸如此类的公共文化信息管理平台的建设,实现了及时、准确地收集以及发布公共文化服务的相关信息。一方面通过对收集到的信息进行分析,了解了上城区人民群众公共文化需求的变化以及社会形势的变化,适时地创新推出符合社会实际的公共文化服务内容;另一方面也可以通过这些平台把相关服务信息准确传达给上城区人民群众,让他们能够及时了解并参与进来,同时也引导他们对公共文化服务的供给过程进行监督和评议。统计数据显示,调查对象认为上城区目前做得最满意的公共文化科技服务能力建设是"需求识别能力建设",占到了 47.66%,在五项能力建设中满意度最高,这说明在公共文化科技服务能力建设方面,上城区居民对需求识别能力的建设效果感到最为满意(见图 10-11)。

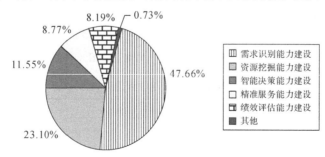

图 10-11　公共文化科技服务能力建设满意度

①　资料来源于上城区统计年鉴.

　　除了通过信息平台准确获得群众的公共文化需求之外,通过智慧决策系统等高新科技的应用,也提升了基层公共文化活动中心的服务效能,有效满足了上城区居民多元化、差异化的服务需求。据问卷调查显示,40.20％的调查对象非常认同"上城区用科技手段提供的公共文化服务有效满足了居民的公共文化需求",35.82％的调查对象表示"比较认同",认同度达到76.02％(见表10-21及图10-12)。

表 10-21　有效性认同度

认同度	频数	占比(％)
非常同意	275	40.20
比较同意	245	35.82
一般	114	16.67
较不同意	27	3.95
非常不同意	23	3.36

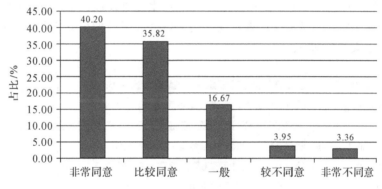

图 10-12　有效性认同度直方图

　　在针对性认同度方面,42.69％的上城区居民非常认同"上城区用科技手段提供的公共文化服务针对了居民不同的公共文化需求";34.06％的居民比较认同,认同度达到76.75％,这说明上城区大多数的居民对上城区目前通过科技手段提供的针对性服务方面是持赞同的态度的(见表10-22及图10-13)。

表 10-22　针对性认同度

认同度	频数	占比(％)
非常同意	292	42.69
比较同意	233	34.06
一般	104	15.20
较不同意	30	4.39
非常不同意	25	3.65

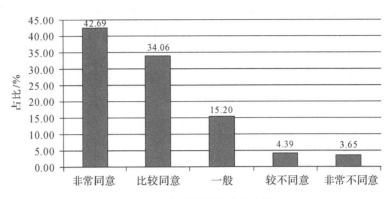

图 10-13　针对性认同度直方图

(二)公共文化科技服务建设能力的问题

虽然上城区近几年在公共文化科技服务能力建设方面取得了一定的成效,但是通过访谈和问卷调查,仍然发现一些令人困惑的地方。因此,为了更好地建设上城区公共文化科技服务能力,本节将对上城区目前公共文化科技服务能力建设过程中所存在的问题与影响因素进行研究。图 10-14 中显示了调查对象认为上城区在目前的公共文化科技服务能力建设过程中所凸显出来的问题[①]。

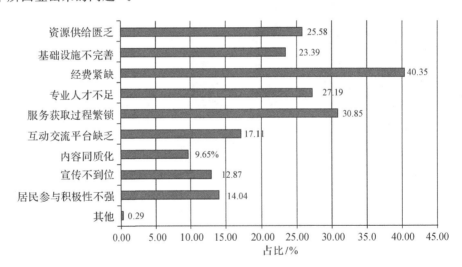

图 10-14　公共文化科技服务能力建设存在问题直方图

从图 10-14 可以看出,调查对象认为上城区目前公共文化科技服务能力建设存在的问题依次是经费紧缺、服务获取过程较为烦琐、专业人才不足、资源供给匮乏、基础设施不完善、互动交流平台缺失、居民参与积极性不强、宣传不到位、服务内容同质化和其他问题。

1.公共文化科技服务经费紧缺

经费是政府部门从事公共服务的重要一环,从某种程度上来说,经费的充裕与否直接影

---

① 本节所涉数据均来源于浙江大学公共服务与绩效评估研究中心:《公共文化科技服务能力建设问卷调查分析报告》。

响着公共服务的成效①。公共文化服务作为我国政府履行公共服务的重要领域之一，由于其主导运作者是政府，所以其资金来源主要是政府拨款。相比于政府其他服务来说，公共文化服务一直处于一种比较被忽视的境地，相应的，用于公共文化服务的经费也一直处于紧缺的状态。

在总的公共文化服务经费紧张的现实背景下，能够用于科技服务能力建设的经费更是捉襟见肘。从目前笔者的访谈来看，大多数受访人员纷纷表达了类似的看法。在对科技局的一位官员的访谈中，他直言"上城区科技局与公共文化服务的结合点很少，我们的经费主要面向于企业的科技创新研发，基本上科技局经费用于支持公共文化服务科技创新方面的经费几乎可以忽略不计，而且政府预算中也没有列入相关的要求"。此外，专项预算资金的缺失也构成了上城区公共文化科技服务能力建设过程中资金短缺的一个重要因素。

一般来说，新技术的使用在提高效率、降低成本、节约人力资源和社会资源等方面起着十分重大的作用，而前期的资金投入是促进新技术引用、使用的先导条件。从某种角度而言，前期资金投入的多少直接影响技术运用的成效。但是在对上城区的实地调研中，笔者发现目前上城区公共文化服务单位每年所得财政拨款只能保证"人头费"，而用于购置设备、引进新技术的专项资金则几乎没有。上城区文广新局有关工作人员反映"公共文化服务至今尚未列入文化局每年预算的预算表中，我们也向上级反映了很多次，包括在制定文化局'十二五'规划、年度工作总结报告时都有提到将公共文化科技服务经费作为专项资金列入到预算表中，但是到目前为止，这一块仍未得到答复"。经费紧缺这方面在调查访问中也得到了上城区居民的较大反映。通过调查显示，40.35%的调查对象认为目前上城区公共文化科技服务能力建设方面存在的问题是"经费紧缺"（见图10-14），这是调查对象认为上城区目前公共文化科技服务能力建设过程中的第一大问题。经费的缺失、体制机制改革的不到位，再加上现有公共文化单位创新活力的不足，种种因素导致上城区公益文化单位在实际工作中既缺乏实力、也缺乏意愿去拓展新的技术以提高公共文化服务效能。

2.公共文化资源供给匮乏

上城区作为南宋古城，公共文化资源可谓丰富。传统文化上以其茶文化、上城坊巷习俗、西湖中秋赏月习俗、历史建筑、民间技艺等为代表；文学艺术上有民间传说（如白蛇传、梁祝等）、民间故事（如名人轶事、杭州笑话等）、戏剧（如浙昆、越剧、杭剧等）、舞曲舞队（如灯彩舞、社火舞、采茶舞曲等）；体育健身方面起步较晚，主要有群众性体育赛事（如毅行大会）、民间武术（如杨氏太极拳）、民间杂技（如高跷）、民间竞技（如赛舟）；营养保健涵盖医药技术（如胡庆余堂中药炮制技艺）、中医药文化（如中医药博物馆）、健康讲座、养生培训等等；在风景旅游方面，上城区依托历史文化及历史遗迹建立了各类旅游休闲街区，如南宋御街·清河坊、五柳巷、中山中路等历史文化特色街区、湖边埂建筑群等等②。

这些文化资源在过去大大丰富了上城区居民日常对公共文化资源的需求，然而随着中国经济的快速发展，人民精神文化需求的日益提升，现有的公共文化资源在呈现方式、呈现内容等方面已经越发不能满足如今上城区居民的需求。为此，上城区政府紧跟时代发展步伐，将科技手段运用在公共文化资源的提供及呈现等方面，试图以内容更加充实、形式更加

① 竺乾威.公共行政学[M].上海：复旦大学出版社，2014：369-370.
② 资料来源于上城区统计年鉴。

多样、服务更加便捷、范围更加广泛的公共文化科技服务能力建设来满足居民日益增长的公
共文化需求。

　　这些年来上城区的努力取得了一些成效,但是由于体制机制等原因,网络技术、数字技
术等新技术的运用,在这些资源领域上的分布是非常不均衡的,有的运用程度很深,如图书
馆的数字化工程建设,而有的则几乎没有涉及这些新技术的运用。这种新技术运用方面的
不均衡分布,一方面导致一些公共文化资源被重复开发和供给,导致一定程度的浪费;另一
方面有些公共文化资源却因为得不到有效科技支撑而出现供给乏力的现象。在笔者的实际
调研过程中,居民纷纷反映上城区目前在用科技手段提供公共文化资源方面仍存在着一定
的不足,在问卷调查中,这一情况也得到了印证。在"您认为上城区哪些公共文化资源还有
待与科技融合"问题中,传统文化、文学艺术、体育健身等公共文化资源成为调查对象普遍关
注的焦点(见图 10-15)。

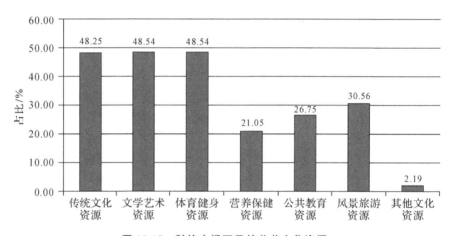

图 10-15　科技支撑不足的公共文化资源

　　由上文所示的结果也可以发现,25.58%的调查对象认为目前上城区公共文化科技服务
能力建设方面存在"资源供给匮乏"的问题,占比达到调查对象的 1/4。

　　3. 公共文化服务获取过程较为烦琐

　　公共文化服务与科技的融合只有经过一系列持续而复杂的创新性活动才能实现一体化
发展,才能真正适应现实的公共文化需求,而其中信息化的发展程度是这种融合的基础。近
十年来,上城区一直大力推动信息化建设,截至 2015 年,上城区信息化发展指数在杭州位居
杭州市第一,在浙江省位列前茅,总指数达到 1.276,其中基础设施指数达到 1.679[1]。

　　信息化建设的高速发展为上城区在公共文化服务方面提供了先进的手段与科技支撑途
径,各文化事业单位也着力探索将信息化技术拓展到公共文化服务领域,利用科技手段推动
公共文化服务方式的不断创新,如文化共享工程、数字图书馆工程、公共电子阅览室计划等
项目,也取得了一些成效。但是上城区的公共文化服务还仅是局限于小范围内使用到相关
技术,尚没有从全局上建立起信息技术条件下公共文化服务的新理念以及新的管理模式,文
化产品生产与活动运作中的先进技术所占比重仍然较小,科技的支撑作用仍显不足。以网

---

　　①　徐海彪,劳印.2015 年浙江省信息化发展指数统计监测报告[J].统计科学与实践,2013(12):8-10.

站为例,上城区公共文化服务类网站在群众中的使用率和知名度远不及那些经营性网站。这一方面是因为网站内容与群众的现实文化需求错位,导致像网络教学、电子图书、教学课件、艺术沙龙等在这些网站上的使用频率不高;另一方面则是由于上城区多数公共文化服务类网站仍采用简单的文本和图片的呈现方式,仅仅起到类似公告的作用,而无法满足群众对信息获取多样化的需求。

科技对公共文化服务支撑的不足,在服务获取过程方面的体现尤为明显。据实地访谈得知,上城区在提供公共文化服务过程中,采用的主要方式仍然是居民到社区工作站或文化站等特定场所进行服务获取的方式,而服务信息的获取也是工作人员现场回复的方式,这种方式不但耗时,而且因为重复回答同样的问题也大大增加了工作人员的工作负担。在这一方面,通过实地的问卷调查也得到了印证。在"您主要通过何种途径了解所需公共文化服务信息"问题中,调查对象多选择文化活动场所、广播电视、亲朋介绍(见图10-16)。

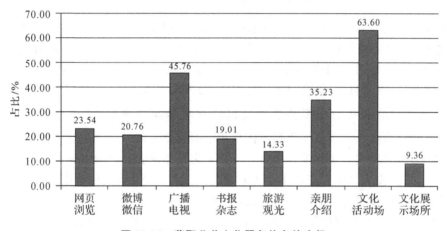

图10-16　获取公共文化服务信息的途径

而在"您认为目前上城区公共文化科技服务能力建设存在的问题"问题中,30.85%的调查对象选择"服务获取过程较为烦琐",是调查对象认为上城区目前公共文化科技服务能力建设过程中的第二大问题。

4.公共文化科技服务人才队伍建设滞后

一般而言,在公共文化服务体系中,从业人员的数量多少与能力高低都会影响到服务水平的高低。虽然近年来上城区一方面从外部大力引进公共文化方面的人才,特别是科技方面的人才;另一方面也通过内部面向文化事业单位工作人员举办科技专题培训等活动,使得现有公共文化服务人才队伍整体的科技业务素质得到了显著提升。但是上城区目前在公共文化科技人才队伍建设方面仍然存在着一些需要完善的地方。

一是总量不足,复合型人才匮乏。上城区是杭州市的主城区,经济比较发达,从事公共文化服务的工作人员也比较多。但是由于人才引进机制和培养体系的不完善,公共文化事业单位中的工作人员以文科、艺术学历背景居多,普遍缺乏高科技知识,业务素质参差不齐,而高素质的能熟练运用现代信息技术、网络技术的科技人才数量不多且大多没有深厚的文化积累,尤其是缺乏文化积累深厚、热心服务、懂技术的文化科技复合型人才。

二是上下流动机制不畅。由于上城区各级文化事业单位缺乏用人自主权,无法像社会上用人机制灵活的私营企业那样及时引进需要的人才,致使很多公共文化事业单位一方面缺编缺人,另一方面又人满为患。产生这一现象的根本原因是当前公共文化事业单位内部人员竞争、流动机制不顺畅,使得许多不能承担本职工作的人员难以被系统淘汰,而有能力、懂技术、有文化的公共文化科技人才则很难进入或发挥自身的才能。

三是人才发展机制滞后。上城区近几年投入于公共文化事业的经费不断增长,但是相比于当前公共文化需求的增长速度来说,财政上的投入仍然显得不足,尤其体现在对人才发展的财政支持上面。事实上,当前许多促进公共文化科技服务发展的项目在财政预算上只是列入了设备、器材等物品购置费,却很少或几乎没有涉及公共文化科技服务人员的专项经费,导致很多现有的人才因为生活困难而选择离开。此外,上城区政府虽然也先后制定了关于扶持公共文化人才发展的政策措施,但是在实际操作中尚未落到实处,还没有形成合理、完善的人才引进、培养和发展机制。

二、公共文化服务建设能力的对策建议

公共文化科技服务能力建设是一个包括各个环节相互协作、相互支撑的系统过程,任何一环的缺失和薄弱都将影响到建设的成效。在本节中,笔者通过前几章节的理论梳理、实证分析和影响因素分析,针对上城区公共文化科技服务能力未来的完善方面提出完善财政保障体系、强化科技支撑机制、提升服务供给水平、加强人才队伍建设四个方面的改善建议。

(一)完善公共文化科技服务能力建设的财政保障体系

公共文化财政投入是公共文化服务体系建设的重要保障①。公共财政投入不足是当前上城区进一步推进应用高新科学技术提升公共文化服务效能进程的主要制约因素。上文论述也有提及,资金投入是促进新技术引入和应用的先导条件,从某种角度而言,前期资金投入的多少直接影响技术运用的成效。因此,要完善公共财政体制,加大对公共文化服务领域的投入,但这并不意味着盲目给予财政支持,上城区政府应该不断创新财政投入方式,积极整合社会资源,利用多元化的融资渠道获得文化服务资金供给。

1.完善财政投入保障机制

要加大财政对文化与科技融合发展的投入力度,建立和完善同经济发展相匹配、同人民群众公共文化需求相适应的财政投入保障机制。一方面,要将公共文化服务发展的经费以"刚性"要求列入上城区财政预算列表,提高公共文化支出占财政支出比例,保证公共财政对推进公共文化服务发展的资金投入的增长幅度持平或高于上城区财政全年经常性收入的增长幅度。另一方面,也应筹划与落实公共文化科技服务相关的创新项目,增添促进公共文化服务与科技相融合发展的财政预算扶持科目,提升对类似项目的资金支撑力度。此外,在资金投入安排方面,应优先支持涉及上城区居民迫切需求的公共文化服务项目,重点保障街道、社区公益性文化单位应用科技手段开展基本公共文化服务所需经费。

财政支持是保证公共文化科技服务建设质量和持续性的基础。财政支持是公共文化科技服务发展的一个必要条件,主要体现在基础性设施的建设与运营、公共物品与准公共物品的供给、维护与更迭和公共事业基础性人才库的建设等方面。但是仅仅依靠以政府为主体的财政支持体系不能够使得公共文化科技服务事业成为具有自我成长和吸纳社会资源的一

---

① 周旖."十四五"时期广东公共文化服务体系建设的重点问题探讨[J].图书馆论坛,2021,41(02):23-31.

项健康的公共事业。如今,政府吸纳各类社会力量参与到公共文化服务事业的意识逐渐增强,配套的相关政策也逐步完善,例如政府购买公共服务、公私合作(PPP)、特许经营(民营化)等形式均大量运用在公共文化科技服务活动提供、维护与监管的过程当中,但诸类与社会资本合作形式的运用仍然处在起步阶段,对于如何吸纳社会资本持续地进驻公共文化科技服务领域,建立完善的征信制度以及全方位、多阶段的绩效评估工作仍然需要进行深入的理论与实践尝试。

2.拓宽多元化融资渠道

公共文化科技服务能力建设是一个系统性、长期性过程,需要大量的资金注入作为支撑,而单靠政府财政的投入则略显不足。因此,需要充分调动社会资源、整合社会力量,形成以政府投入为主、社会融资和企业投入等民间资本共同参与的多元化公共文化科技服务资金投入机制。

要完善公共财政资金的基础性投入,引导包括企业资金、风险基金、金融资产等在内的社会资本进入公共文化服务领域;要构建鼓励公共文化科技研发的良好氛围,通过政府购买、项目补贴、税收减免等方式,鼓励包括高新技术企业、高等院校、研究院等在内的科研力量投资于公共文化服务领域新技术的研发和推广。此外,也要进一步落实和完善相关税收优惠政策,鼓励社会组织、机构和个人捐赠以及兴办公益性社会文化事业,促进和引导私营企业及民间加大对上城区公共文化事业的投入。

3.设置专项资金制度

建立科技创新专项资金项目,落实通过科技创新推动公共文化服务建设的经费保障,持续推进新兴科学技术与公共文化服务的相融合发展;建立科技培训专项资金项目,落实提高公共文化人才队伍专业化、职业化的经费支撑,逐步提升上城区公共文化服务工作人员应用高新科技的能力;建立公共文化设施转型升级专项资金项目,落实促进公共文化设施与科技进一步深度融合发展的经费供给,不断推动数字图书馆、数字文化馆、数字博物馆等公共文化设施的持续建设和完善。此外,要制定长期规划,确定每年专项资金的额度,报批上城区人大批准后,采取长期扶持的形式,保证以上项目的稳定性、长期性和连续性。

(二)强化公共文化科技服务的科技支撑机制

为更好地满足人们多元化、高品质的文化需求,在公共文化服务中融入科技理念和科技成果,用高新科学技术拓展服务领域,是公共文化服务发展的必然趋势[①]。事实上,从近年来现代信息技术、网络技术、虚拟技术、数字技术等新型科技在公共文化服务中的应用效果看,高新科技不但拓展了公共文化的服务领域,而且在提高服务效率、节约服务成本、增加服务内容和种类等方面也起到了十分显著的促进作用。因此,上城区各公共文化服务机构要充分认识到先进的科技成果对公共文化服务体系建设的重要意义,系统提升高新科技的支撑作用。

1.提升公共文化服务网络化程度

就服务信息的获取而言,人民群众以往多通过报纸、广播、电视或上门询问等方式,获得有关公共文化服务方面的信息以及表达公共文化需求。这在一段时期内产生了良好的效果,但是随着时代的发展,这些方式存在的时效低、耗时费力等问题愈发凸显出来。随着经

---

① 李荣菊,侯妍妍.加强文化科技融合提升公共文化服务效能[J].卷宗,2014(10):566-567.

济社会发展、人民群众文化素质提高以及现代信息技术的广泛应用,当前人们获取信息的途径,已逐渐由报纸、广播、电视等传统媒介,转向以互联网为核心的电脑、手机以及平板等新兴媒介。因此,为提高公共文化服务水平,应当根据上城区信息化发展的实际情况,在强化传统方式的同时,积极创新信息收集和发布方式,充分利用现代信息化媒介来拓宽群众对公共文化服务信息获取与反馈的渠道和覆盖面。

要充分利用高新科技手段,研发和搭建智慧上城公共文化服务平台。一方面,通过该平台及时、准确地收集群众关于公共文化服务的意见和建议,了解群众需求的变化和社会形势的变化;另一方面,也可以通过该平台将相关服务信息传递给群众,让群众及时了解并参与。

此外,也要根据上城区公共文化发展实际情况,兼顾技术的稳定、安全、可靠、便捷等因素,积极探索通过便携式计算机、智能平板、智能手机等移动终端实现对公共文化产品的精准投放,创新公共文化服务新模式,提升公共文化服务能力。

2. 推进公共文化服务数字化建设

上城区应进一步促进文化与科技深度融合,推动公共文化数字化创新发展,加快促进公共文化服务向数字化、智能化发展[①]。

首先,要加快推进包括"四屏""两台"和"一网"在内的公共文化数字化建设("四屏"从大到小分别是"电影屏、电视屏电脑屏和手持终端屏","两台"指的是"新舞台和设计台",而"一网"则指的是"数字化公共文化服务网"),加大公共文化的科技支撑力度,进一步丰富公共文化的展现形式。

其次,要通过政策引导,鼓励辖区内文化生产、销售和服务企业,联合运营商共建数字化、网络化文化生产服务体系,打造和培育一批文化产品科技创新示范工程,激活公共文化创造创新氛围,推动公共文化产品生产和服务的转型升级。

再次,要抓好上城区手机电视、IP电视、互联网电视、移动电视等新媒体电视的集成播控平台建设,鼓励辖区内网络文化运营商推出更多的低收费业务。

最后,要着力实施优秀地域文化音像制品出版工程,鼓励数字内容生产商提供具有上城区地域特色、历史文化底蕴的网络图书和手机电子书;建设和完善覆盖全区的电子阅报栏,鼓励出版行业积极推出适合群众文化需求和购买能力的数字图书报刊。

3. 成立公共文化科技服务管理办公室

由于上城区文化与科技分属于两个不同的部门,公共文化服务与科技的融合发展存在着一定程度的客观壁垒,导致现实中文化科技研发与转化平台的缺乏,深刻影响了公共文化服务效能的发挥。因此,上城区迫切需要成立专门的机构,整合文化部门和科技部门资源,以形成公共文化服务与科技融合发展的合力。

该机构的建立主要是为上城区的公共文化科技服务能力建设而服务的,以调动公共文化科技服务人才的积极性与创造性、促进全区科学技术资源优化配置为目标,其主要职能是统筹规划上城区公共文化服务与科技融合发展,创新有利于促进服务效能提升的体制机制。同时,科技服务管理办公室也要加强与省、市各个公共文化服务及科技部门的内外部联系,结合上城区实际,密切关注先进的科学技术,探索并引导先进的科学技术在公

---

① 杨乘虎,李强."十四五"时期公共文化服务高质量发展的新观念与新路径[J].图书馆论坛,2021,41(02):1-9.

共文化产品供给中的应用。

此外,还可以通过科技服务管理办公室的官方名义开展覆盖全区范围的科学技术进步创新应用活动,促进先进技术在公共文化服务过程中的运用和推广。

(三)提升公共文化科技服务供给水平

上城区政府要充分认识到保障人民群众基本文化权益的重大意义,通过建立健全资源信息库、创新服务内容、优化供给方式来提高公共文化服务水平,满足人民群众的公共文化需求。

1.建立健全公共文化资源信息库

首先,要紧紧抓住云计算技术的发展机遇,提高公共文化资源的整合能力,依托现有的公共文化服务网络,统筹规划、合理布局,由点到面阶段性地推进上城区公共文化资源"共享云"网络建设,使公共文化信息资源共享工程成为覆盖全区的公共文化服务体系的支撑力量。

其次,要充分发挥上城区公共文化服务区级分中心在资源建设上的示范作用,努力打造文化文艺精品资源;同时加强上城区文化共享工程分中心的网站建设,不断丰富、完善网站内容,增大实际信息量。指导、督促辖区内各街道支中心积极开展资源建设,进一步丰富资源总量,增强资源的吸引力和适用性。继续做好文化共享工程国家管理中心的资源接收和资源配送工作,通过多种渠道将资源及时发送到各级支中心和网培学校,确保辖区内人民群众及时共享国家中心的丰富资源。

最后,加快上城区非物质文化遗产基础资源库建设,建立健全非遗数据库和非遗保护网,充分利用网络平台,建设一个集非遗档案管理、产品推广、项目宣传和非遗网上地图展示功能的平台,促进非物质文化遗产保护工作的进一步发展。

2.创新公共文化服务内容

深化科技创新进度,鼓励文化、教育、企业培训等机构共同参与,通过不断完善智慧化图书馆、文化馆、博物馆、纪念馆、美术馆建设,加强资源共享和网络互联互通,以保障便利化的公共文化消费需求。加快科技应用步伐,以数字化文化资源建设为基础,不断整合、重组线下文化资源,创作出更多优秀的网络文化资源,以满足人们多元化的文化需求。此外,在公共文化的内容开发上,要注重中华民族传统文化资源和上城区地域文化的深度和对创意性的挖掘;在内容呈现上,要尝试应用3D数字、互动展示、实景表演、虚拟体验等高新科学技术,以适应现代人高效、快捷的生活节奏。

3.优化公共文化服务供给方式

建设上城区公共文化服务体系,要改变以往政府垄断公共文化服务的供给方式,不再以政府或服务供给者为中心,而是以公众为中心[①],要坚持政府投入与社会参与的双轮驱动,大力拓展供给渠道。

对于纯公共文化产品或社会不愿提供的公共文化产品和服务,应采取以政府为主体的供给方式;对于准公共文化产品或社会不愿但完全有能力提供的公共文化产品和服务,应采取政府出资购买、委托供给的方式;而对于社会力量愿意并且完全有能力提供的公共文化产

---

① 贺怡,傅才武.数字文化空间下公共文化服务体系建设的创新方向与改革路径[J].国家图书馆学刊,2021,30(02):105-113.

品和服务,应采取以社会为主体的供给方式①。由此形成以政府为供给主体的公益服务、以企业为供给主体的市场服务和以居民给供给主体的自我服务相结合的"一体多元"的公共文化服务供给新模式,为上城区居民提供更丰富、全面和多样化的公共文化产品和服务。

同时,要在新形势下积极探索和完善公共文化产品供应能力的载体以及渠道建设。具体而言,要在坚持公共性、公益性的原则下,融合先进的科学技术,谋划产品供应的信息化载体构建,以提高公共文化产品的供应能力。例如公共图书馆传统的服务模式受制于时空因素,其服务范围和服务效率多有局限,如今通过信息化技术构建的数字资源,拓宽了服务的覆盖范围,提升了服务的时效,使得图书馆的延伸服务得到了保障。

(四)加强公共文化科技人才队伍建设

在公共文化服务领域,解决既熟悉文化规律又掌握高新科技的复合型人才短缺问题是关键②。解决这一问题,要根据上城区公共文化服务发展的实际,按照"引进—培养—流动"的模式,引进、培养一支既拥有较高文化知识和技术素质,又具备专业技能的人才队伍,使从业人员在思想水平和业务素质上适应现代公共文化服务体系的需求。

1.充实公共文化人才队伍

制定和完善上城区公共文化人才队伍建设的中长期规划,结合文化专业人才、社会工作者、志愿者三支队伍的建设,在一定程度上缓解当前人才总量少、队伍规模小等难题。同时,实施文化科技人才引进工程,营造有利于发挥复合人才的发展环境,吸引国内外高层次文化科技人才。

此外,制定严格的准入标准,按标准划分多层次、有针对性的职业资格准入制度,让更多掌握高新技术的人员加入公共文化队伍中来;明确公共文化人员的编制标准和比例,建立具有差异化、实用性的人才评估体系,促使更多的复合型人才脱颖而出。

在具体操作层面,应将上城区公共文化人才管理机制由目前的横向块状调整为纵向条形,把各街道、社区中的公共文化服务工作人员逐步纳入到区级的文化行政相关部门,以促使现有公共文化人才队伍专业化与职业化水平大幅度提升。

2.重视人才队伍的信息化培养

一方面,要通过内部培训的形式强化现有公共文化服务工作人员的信息化技能素养。要以上城区公共文化服务体系建设工作领导小组的全体成员、各街道的文化站长和文化协管员以及各社区文化教育委员等为主要对象,积极开展高新技术使用培训学习活动,加强现有公共文化工作人员服务能力和业务技能。另一方面,也要借助学校在人才培养方面的优势。应联合浙江省内高校、职业学校,合作共建信息化教育培训基地试点,通过购买服务的方式,委托学校有计划、有针对性地对上城区公共文化服务人才队伍进行较为切合工作需要的、实用性的信息化技能培训。

在以上多方位、多层次的公共文化科技人才教育与培训体系作用下,通过信息化培养、树立典型总结经验等形式,促进工作方式创新,提升服务层次,提高上城区公共文化服务水平。

---

① 傅才武,宋文玉.创新我国文化领域事权与支出责任划分理论及政策研究[J].山东大学学报(哲学社会科学版),2015(06):01-20.

② 杨震.科技创新下的公共文化服务探讨[J].经济视野,2012(09):34-36.

3. 优化人才队伍的流动机制

科技创新在公共文化服务中的应用需要一批人才梯队作为支撑。为保障上城区公共文化科技服务事业的发展拥有坚实的人才基础和智力支持,在大力引进复合型文化科技人才的基础上,要着力打破当前上城区公共文化服务机构中人才出入的机制性壁垒。首先,要通过引入市场竞争机制,着力优化公共文化人才资源的科学合理配置,形成人才队伍"能进能出"的良性循环机制;其次,要通过完善人才激励政策,明确以业绩为导向的用才价值观,对优秀人才纳入编内体制,对有卓越贡献的优秀人才进行重奖,形成"按才晋升"的长效用人机制;最后,通过实行优胜劣汰原则,促进水平高、优秀者上,水平低、平庸者下,形成的"上下通畅"的人才流动机制。此外,推动上城区各级公共文化服务机构进行调整重组,按照每年个人总结述职报告、群众评议、公开结果等一系列考核机制,为公共文化服务队伍中人才的顺利流动提供严谨的客观依据。

第十一章　公共文化科技服务资源配置
决策能力建设应用研究

第一节　相关理论基础

一、动态效率理论

文化本身具有再生产性,由公众在各种文化消费实践中生产[1]。因而,公众不单单是文化的记录者和享受者,更是文化的参与者和建设者。同时,作为公共文化服务的提供者,政府不但要重视文化的生产和供给,更要注重文化的消费;不但要重视文化消费本身的生产性,更要注重文化消费的产出[2]。"动态效率理论"便符合这一"生产—消费—再生产"循环的理论解释。

"动态效率理论"由奥地利学派著名经济学家赫苏斯·韦尔塔·德索托提出,其核心思想为:相对受制于有限的资源而思考如何减少资源浪费,更应考虑如何创造新的资源,即相较资源的节约,更应将资源的创造能力作为效率的标准。动态效率的主要内容包括两个方面,一是创造,二是协调。而实现动态效率的充分必要条件是,每个人都有权利占有他的企业家创造的产物,没有人或者公共当局可以部分地或全部地私自占有这些产物[3]——在公共文化服务领域,这一充分必要条件能够用"文化权利论"进行阐释。

因此,"动态效率理论"具体应用到公共文化科技服务中时可以理解为,在公共文化科技服务供给过程中,每一位公众、每一个个体都平等地享受政府及其他公共组织提供的公共文化科技服务,都能够获得相应的公共文化科技服务资源并进行使用。同时,相较于合理地配置现有资源,提高其使用效率,更需要注重公众主动创造公共文化科技服务资源的能力,鼓励和支持公众自发创造公共文化科技服务。这一点将在本研究的评价指标体系中体现,也是本研究相较于现有公共文化服务绩效评价研究的创新点之一。

---

[1]　约翰·斯道雷. 记忆与欲望的耦合——英国文化研究中的文化与权力[M].桂林:广西师范大学出版社,2007:110.

[2]　吴理财. 把治理引入公共文化服务[J]. 探索与争鸣,2012(6):51-54.

[3]　朱海就. 德索托教授和他的动态效率理论[EB/OL]. http://blog.sina.com.cn/s/blog_538dd11b0100v6jb.html,2011-05-26/2017-01-18.

二、决策与公共决策

"决策"(decision-making)一词作为管理学的术语,最早出现于 20 世纪 30 年代的美国管理学文献之中。美国学者斯蒂芬·罗宾斯(Stephen Robbins)在其《组织行为学》中提出,决策就是决策者"在两个或多个方案中进行选择"。戴维·米勒认为,决策"是一个有理性的行动主体对某种外界挑战做出的果断反应"。Hastie 认为,决策是人类(动物或机器)根据自己的愿望(效用、个人价值、目标、结果等)和信念(预期、知识、手段等)选择行动的过程。结合管理的实践特征,决策是指为了达到某种目标而预先制定方案并付诸行动的整个过程,是一个不断修正、不断调节的动态过程。

公共决策与决策概念有所不同。Partridge 认为,公共决策是对政治和公共服务事项的决定,公共决策更强调社会整体利益,而非个人利益。也有学者提出,公共决策的本质是公共利益,如 Butler 认为公共决策过程意味着"公共利益的动态结合以及决策制定者的短期结盟,这些决策制定者为了达到决策所能实现的目的,将集聚在一起,并充分消除彼此之间的隔阂来做出决策"。另一些学者认为,公共决策的概念重点关注的是决策主体,即公共决策是由公共主体所做的决策,这一主体是区别于私人组织、由公共物品与服务分配所涉及的公共组织与公众个人的总称。在这一定义中,公众参与成为公共决策的内核。Beierle 和 Cayford 认为,公共决策是从管理主义、多元主义到现代民主的演化过程中,公众参与所形塑的重要形态,它不仅对决策本身产生影响,更对市民社会和社会资本的壮大起到重要作用[①]。王佃利和曹现强认为,公共决策是指国家、行政管理机构和社会团体所进行的决策,如国家安全、国际关系、社会就业、公共福利等。陈振明则认为,公共决策在本质上是社会公共权威对社会资源和社会利益的权威分配过程。公共决策过程分为前决策(意志表达)、决策(政策制定)和后决策(意志执行)三个阶段。[②] 因此,本书认为公共决策主要指在特定的环境与决策系统中,公共组织(包括政府机构、社会团体及其他公共部门等)针对公共问题,为了实现和维护公共利益所做出的决策。

三、智慧公共决策理论

随着经济社会和公共管理中许多现实政策问题的复杂化,构建跨越不同决策模型以及相应政策系统的新公共决策模型显得尤为迫切。这种趋势在全球化和多中心治理的背景下更加突出,但如何应对和解决跨越不同边界的经济和社会问题呢?智慧公共决策即在这样的语境下产生,并成为各国政府治理现代化的迫切需要和选择。智慧公共决策的概念除了具备公共决策的基本特征之外,其特色还主要体现在对"智慧"与"大数据"两个要素的运用。

对"智慧"(smart)的求索是人类的天然属性,对这一概念的阐释跨越众多学科,在东西方世界莫衷一是。《韦氏大词典》将"智慧"定义为"个体以知识、经验、理解力等为基础,正确判断并采取最佳行动的能力"。《辞海》将"智慧"定义为"对事物能认识、辨析、判断、处理和

① T. C. Beierle & J. Cayford, Democracy in Practice: Public Participation in Environmental Decisions[M]. Washington, DC: Resources for the Future Press, 2002.

② 周阳,汪勇. 大数据重塑公共决策的范式转型、运行机理与治理路径[J]. 电子政务,2021,225(09):81-92.

发明创造的能力"。现代信息科技革命后世界进入后现代社会,学者对智慧的理解更强调其全面感知的智能性内核,如 Giffinger 等认为"智慧"意味着"有远见",即拥有感知力、灵活性、变通性、协同性、自由性、自主决定性、战略性等特征。同时,随着人类文明在工具理性层面向着更高阶段的发展,智慧更表现为运用工具满足人类精细需求的能力,如 Nam 和 Pardo 从三个层面来理解"智慧":首先,"智慧"意味着能够满足用户不同的需求,并进行个性化的定制;其次,"智慧"意味着实现可持续发展、良好的经济增长以及为居民提供更高质量的生活;最后,从科技角度来说,"智慧"意味着技术融入智能设备和服务、人工智能、思考机器人的应用中。IBM CEO 于 2008 年在《智慧地球:接下来的领导议程》中首次提出"智慧地球"的概念,认为"智慧"首先意味着整体世界以机械设备为基础,其次是指人类、机器的广泛联系与沟通,最后意味着社会整体具有更高的效率、更大的生产力和更快的反应速度。

对现代社会复杂性和风险性的管理与决策需要现代科技的支撑。而新一代信息技术,尤其是大数据、云计算等技术正适应了这种需要。Graham-Rowe 等认为,大数据是"数据规模无法在有限时间用当前的技术、理论和方法去搜集、存储和管理分析的数据"。我国工业和信息化部电信研究院在《大数据白皮书(2014 年)》中将大数据定义为:"大数据是具有体量大、结构多样、时效强等特征的数据;处理大数据需采用新型计算架构和智能算法等新技术;大数据的应用强调以新的理念应用于辅助决策、发现新的知识,更强调在线闭环的业务流程优化。[①]"根据大数据运用到决策中的性能属性,可以将大数据定义为需要运用新技术处理模式才能具备更强的决策力、洞察力和流程优化能力的海量、高增长率和多样化的数据资源和信息资产。大数据驱动的公共决策,是决策者围绕其一议题收集和分析海量数据信息,进而形成决策方案。[②]

智慧公共决策是指在复杂的经济和社会环境条件下,公共组织以大数据、云计算、物联网、移动互联网、下一代互联网和新兴网络技术等新兴信息技术为支撑,通过对规模性、快速性、高价性以及多样性的大数据资源进行实时感知、智能分析,预测未来发展趋势,优化决策流程,辅助决策者更科学有效地决策和行动,从而实现公共利益的一种大数据驱动型的公共决策模式。从本质上来讲,智慧公共决策是以大数据驱动为核心,以新一代信息技术为支撑,以公共利益最大化为目标,具有全面感知、客观透明、实时连续、自主预置和多元共治等特征的一种全新的公共决策模式。

四、智能决策能力与资源配置效率的内在逻辑关系

决策就是对无限需求(目标、任务)和有限资源实施的配置行为。公共文化科技服务的智能决策能力是指对决策目标和有限资源的优化配置能力,是一种基于系统科学、管理科学和信息技术综合集成的能力。公共文化科技服务智能决策能力包括对大数据分析处理能力、智能判断能力、预见与辅助决策能力的建设应用。

大数据时代的决策资源管理是对决策资源的计划、组织、领导和控制的过程,确保资源

---

① 工业和信息化部电信研究院:《大数据白皮书(2014)》[EB/OL]. http://www.catr.cn/kxyj/qwfb/bps/201405/t20140512_1017466.html

② Martijn Poel and Eric T. Meyer and Ralph Schroeder. Big Data for Policymaking: Great Expectations, but with Limited Progress? [J]. Policy & Internet, 2018, 10(3): 347-367.

的有效利用,是决策资源管理的高级形态。将社区居民文化需求和社区文化资源获取并挖掘后,进行整合,利用大数据所具备的数据可视化功能、空间分析能力、空间数据和属性数据集成能力,建立决策的系统模型,该模型将产生不同的方案,进而实现智能决策。

在大数据分析处理能力建设应用方面,利用平台与各种技术对文化资源库的数据以及多平台数据进行分析与处理。在智能判断能力建设方面,利用云计算技术、流程化与数据分析业务导向化技术,基于大数据分析处理后的信息进行系统权衡、智能判断。在预见与辅助决策能力方面,加强实时追踪监测、即时反馈、服务提升以及协同决策模式开发等方面的功能提高文化资源配置效率和需求满意度。

第二节　公共文化科技服务资源配置效率评价体系设计

公共文化科技服务智能决策能力的核心目的是实现公共文化科技服务资源的有效配置,在公共文化服务的人力、财力不断加大投入的今天,如何提升公共文化科技服务的资源配置效率成为公共文化科技服务智能决策必须回应的首要问题。本章以公共文化科技服务资源配置效率为研究内容,以数据包络分析法为主要研究方法,以杭州市 12 个区/县/市为研究对象,建立了以人均公共财政预算支出、文体活动人均受惠次数、专利授权率为产出指标的公共文化科技服务资源配置效率评价体系,并利用 Malmquist DEA 对该指标体系进行评估,进而为公共文化科技服务智能决策能力的构建提供最为核心的理论支撑。

一、公共文化科技服务资源配置效率评价指标设计原则

数据包络分析的指标选取需要遵循 4 个原则,分别为目的性、精简性、关联性、多样性。

第一,目的性,即指选取的指标必须能够全方位地反映评价的结果,能够实现评价的目的,因此在选择投入指标和产出指标时,需要服从系统评价目的,应包含对目的有较大影响的指标。

第二,精简性,指在使用数据包络分析法过程中,需要控制指标的数量,在满足目的性前提下尽量精简,因为投入指标和产出指标数量较多时,会对数据包络分析法结果的准确性造成影响,降低其评价功能。然而对于指标数量具体控制在怎样的范围内是合理的目前尚无定论,有学者(如魏权龄)认为投入指标与产出指标的总数不宜超过决策单元数量的 1/3;也有学者(如 Golany 与 Roll)根据经验法则,认为投入指标与产出指标的总数不超过决策单元数量的 1/2 即可。

第三,关联性,指选择投入指标与产出指标时需考虑到二者的关联,应选择逻辑相关的指标,同时避免选择数值相关的指标。例如,选择投入指标时,若两个或多个投入指标有较强的线性相关关系时,则可认为其中至少一个指标的信息已在较大程度上被其他指标所包含;同样的,选择产出指标时,若产出指标与投入指标有较强的线性关系,则会导致所有决策单元都是有效的[1]。因此具有较强线性关系的投入指标或产出指标,需要进行筛选和剔除,

---

[1]　叶世绮,颜彩萍,莫剑芳. 确定 DEA 指标体系的 B-D 方法[J]. 暨南大学学报(自然科学版),2004 (3):249-255.

使得最后选择的指标间不存在较强的线性关系。

第四,多样性,即选取的指标应能从不同的侧面去考量、评估目标,通过投入指标和产出指标的多样性,能够使评估的结果更加有价值。

二、公共文化科技服务资源配置效率评价指标设计思路

公共文化科技服务资源配置效率评价指标体系由两个部分组成,分别为投入指标与产出指标,且这些指标无论属于主观指标或是客观指标,都需能够进行量化处理。

从投入指标看,主要指在公共文化科技服务供给过程中投入的资源,这一资源又可以分为两类,一是有形的资源,如人、财、物等;另一为无形的资源,如技术、知识、能力等,这些无形的资源能够影响公共文化科技服务供给的成果。有形的资源,具体指在公共文化科技服务供给过程中消耗的某一限定区域范围内的人力、物力、财力等各种物质要素。其中,人力指参与到公共文化科技服务供给中的工作人员,如政府相关部门工作人员、社区工作人员、各文化机构工作人员、文化类组织工作人员等等,按照其具体的工作内容和参与的公共文化科技服务供给环节又可分为两种,第一种为作为公共文化科技服务供给主体的政府及其他公共组织的工作人员,主要负责公共文化科技服务供给的整体统筹工作;第二种则为在公共文化科技服务过程中提供具体服务(如表演、培训、信息维护等)的人员,一般在公共文化科技服务的某一个具体领域提供专业服务。物力则包括公共文化科技服务场馆、活动设施、户外广场以及自然资源等。财力则指在公共文化科技服务供给过程中投入的资金,由于本文的研究范畴为公共财政支出支持的公共文化科技服务,因此财力在本研究中主要指公共财政支出。无形的资源则更多地体现在公共文化科技服务供给过程中的技术、知识、精力投入等,也涵盖了对公共文化科技服务供给有影响的经验、模式、制度等。公共文化科技服务的形式则能够在一定程度上体现无形资源的投入程度,如公共文化科技服务公众号的运营、APP 的设计与推广使用、各类文体活动的举办等,相较于有形资源,这些服务的提供更取决于无形资源的投入程度。

从产出指标看,主要指公众最终享受到的公共文化科技服务的内容及其效果。就本文研究的传统文化、文学艺术、体育健身、营养保健、基本公共教育、风景旅游以及历史遗存等七个方面的公共文化科技服务内容看,相关指标可以包括电视人口覆盖率、有线电视入户率、文化馆/图书馆/博物馆/美术馆到馆人次、人均图书馆文献借还数、文体活动人均受惠次数、文化培训人均享受次数、人均享受文化广场面积、国民体质测试达标率、中/小学升学率、平均每位教师负担学生数、接待游客总数、旅游营业总收入、专利申请量、专利授权量等等。本研究基于广泛性、代表性、均衡性等原则,对以上公共文化科技服务的产出指标进行筛选和整合,最后获得了 4 个产出指标。

三、公共文化科技服务资源配置效率评价指标体系

根据指标选取的目的性、精简性、关联性、多样性四大原则,结合本文研究的公共文化科技服务的内涵,同时参考数据的可获得性,本文共选取了 6 个指标,这 6 个指标及其符号分别如下:①投入指标 X_1:人均公共财政预算支出(元/人);②投入指标 X_2:文体活动举办人均场次(场/万人);③产出指标 Y_1:人均旅游收入(元/人);④产出指标 Y_2:平均每位教师负担学生数(人);⑤产出指标 Y_3:文体活动人均受惠次数(次/人);⑥产出指标 Y_4:专利授权率

(×100％)。

（一）投入指标

1. 人均公共财政预算支出（元/人）

公共文化科技服务的有形资源包括人力、财力和物力，由于人力、物力本身在一定程度上由财力进行支撑，二者与财力存在一定的线性关系，因此本研究仅选取了财力方面的指标作为第一个投入指标，选择"人均公共财政预算支出"为具体指标则是避免了各地区人口数量差异产生的影响，下文"文体活动举办人均场次""人均旅游收入""平均每位教师负担学生数""文体活动人均受惠次数"等指标使用了同样的处理方式。

换算方式：

$$人均公共财政预算支出（元/人）= \frac{公共财政预算支出}{年末户籍人口数}$$

2. 文体活动举办人均场次（场/万人）

文体活动指政府或政府通过购买公共服务面向公众提供的无门槛性文化、体育类活动，包括区域型大型文艺晚会、文化走亲、送文化下乡、送电影下乡、文化类培训讲座、群众性体育健身与竞赛活动等。文体活动举办人均场次主要反映无形资源的投入。前文提到无形资源主要包括技术、知识、精力、经验、模式、制度等，文体活动则是这些无形资源集中投入得到的公共文化科技服务。

换算方式：

$$文体活动举办人均场次（场/万人）= \frac{文体活动举办场次}{年末全区户籍人口数}$$

（二）产出指标

1. 人均旅游收入（元/人）

旅游主要体现了传统文化、风景旅游、历史遗存这三方面的产出，人均旅游收入能够体现当地自然资源、历史人文资源、非物质文化遗产等公共文化资源配置的效果。需要一提的是，本研究将人均旅游收入作为公共文化科技服务资源配置效率评价指标体系的产出指标之一，是因为本研究以杭州市为例，而杭州本身是个著名的旅游城市，杭州人的生活与杭州当地旅游资源密不可分，大量旅游资源的免费开放，使得公众得以充分享受到相关服务。因此这一指标并不仅仅反映"游客"对当地旅游资源的享受，也同样反映了当地居民对此的享受，这是文化在地化演变的结果。

换算方式：

$$人均旅游收入（元/人）= \frac{旅游营业总收入}{接待游客总数}$$

2. 平均每位教师负担学生数（人）

该指标主要体现了基本公共教育这一公共文化服务领域的产出。教育的直接产出则与学校培养的学生数量和质量紧密相连，是通过教育过程附加给学生的教育增值[1]，培养的学生数量可通过本研究选取的"平均每位教师负担学生数"进行评价，培养的学生质量则多选

---

[1]　熊健民. 高等职业教育经济功能与规模效益的实证研究[D]. 华中科技大学博士学位论文，2005-04-16.

取"中/小学升学率"进行评价。查阅杭州地区教育相关数据后发现,各地区中/小学升学率均在99%以上,这一指标缺乏区分度,故本研究采取了"平均每位教师负担学生数"作为产出指标。

换算方式:

$$平均每位教师负担学生数(人)=\frac{年末在校学生数}{年末在校教师数}$$

3. 文体活动人均受惠次数

"文体活动人均受惠次数"这一指标主要反映文学艺术、体育健身、营养保健三方面公共文化科技服务的产出。投入指标"文体活动举办人均场次"强调的是公共文化科技服务供给方的资源投入,本指标则强调公众实际享受的文体活动数量,该指标不仅能够体现公共文化科技服务的可及性,还能体现公众对公共文化科技服务的参与度及满意度,文体活动人均受惠次数越多,说明公众对当地提供的公共文化科技服务喜爱度和满意度越高,更愿意主动参与其中。需要特别指出的是,依照指标选择的关联性原则,产出指标与投入指标间不应存在较强的线性关系。因此在选择该指标时,本书作者对投入指标中的"文体活动举办人均场次"与该指标的数值选择做了区分。"文体活动举办人均场次"这一投入指标测算的是区域型大型文艺晚会、文化走亲、送文化下乡、送电影下乡、文化类培训讲座、群众性体育健身与竞赛活动等活动举办的数量,"文体活动人均受惠次数"则在此基础之上更偏重于无实体性的公共文化科技服务活动而产生的受惠人次,主要包括发放的电影券、书券、游泳券、文体器材等服务的享受。与此同时,因各地提供公共文化科技服务的形式差异较大,二者并不存在较强的线性关系。

换算方式:

$$文体活动人均受惠次数(次/人)=\frac{文体活动受惠人次}{年末全区户籍人口数}$$

4. 专利授权率

专利授权率这一指标反映的是限定区域内公共文化服务与科技融合的水平。这里的科技包括了硬件设施和软件服务,硬件设施包括电脑、智能触摸屏、显示屏等服务终端,软件服务包括各类服务 APP、网页等。然而,各地区具体用了哪些科技手段进行公共文化服务供给,其使用率和使用效率如何,目前并没有明确的统计数据,因此,本研究以专利授权率这一指标来反映某地区公共文化服务供给的科技程度。一般认为,专利授权率越高的地区,科技发展水平越高,因此,这些地区通过科技手段供给公共文化服务的意识更强,且在实施过程中,其技术支撑能力及硬件环境更优,更能较好地提供公共文化科技服务。同时,相较于专利申请或授权的绝对数量,专利授权率更能体现该地科技发展的质量。

换算方式:

$$专利授权率(\times100\%)=\frac{专利授权量(个)}{专利申请量(个)}\times100\%$$

综上所述,本书选取的公共文化科技服务资源配置效率评价指标体系如表 11-1 所示:

表 11-1　投入产出指标

指标类型		指标名称（单位）
投入指标	X_1	人均公共财政预算支出（元/人）
	X_2	文体活动举办人均场次（场/万人）
产出指标	Y_1	人均旅游收入（元/人）
	Y_2	平均每位教师负担学生数（人）
	Y_3	文体活动人均受惠次数（次/人）
	Y_4	专利授权率（×100%）

（三）相关性分析

为验证本研究选取的各指标之间的相关性是否符合 DEA 这一方法要求的关联性原则，本研究对这六项指标进行了 Pearson 相关分析。结果见表 11-2。可知，在置信区间 0.05 的情况下，本研究选取的各项指标间不存在强线性相关，符合关联性原则。

表 11-2　相关性分析结果

		人均公共文化预算支出	文体活动举办人均场次	人均旅游收入	平均每位教师负担学生数	文体活动人均受惠次数	专利授权率
人均公共文化预算支出	Pearson 相关性	1	0.024	−0.164	0.128	0.194	−0.278
	显著性（双侧）		0.942	0.609	0.691	0.545	0.381
文体活动举办人均场次	Pearson 相关性	0.024	1	−0.302	−0.277	0.553	0.280
	显著性（双侧）	0.942		0.340	0.384	0.062	0.379
人均旅游收入	Pearson 相关性	−0.164	−0.302	1	0.322	−0.009	−0.012
	显著性（双侧）	0.609	0.340		0.308	0.977	0.972
平均每位教师负担学生数	Pearson 相关性	0.128	−0.277	0.322	1	−0.191	−0.066
	显著性（双侧）	0.691	0.384	0.308		0.551	0.840
文体活动人均受惠次数	Pearson 相关性	0.194	0.553	−0.009	−0.191	1	0.228
	显著性（双侧）	0.545	0.062	0.977	0.551		0.477
专利授权率	Pearson 相关性	−0.278	0.280	−0.012	−0.066	0.228	1
	显著性（双侧）	0.381	0.379	0.972	0.840	0.477	

第三节　公共文化科技服务资源配置效率评价的实证研究

一、数据包络分析法简介

美国著名学者 A. Charnes 和 W. W. Cooper 共同创建的数据包络分析法（Data Envelopment Analysis,简称 DEA),是数学、运筹学等多学科交叉形成的一个全新领域。数据包络分析法常用于评价同一类型的部门或单位之间的相对有效性,也是数学、经济学、管理学、系统工程等领域常用的分析工具之一,通过数据包络分析法模型构建和具体应用,能够确定生产前沿的结构、特征和构造方法。因而在评估多投入、多产出的相对效率方面,数据包络分析法是目前公认最有效的方法。在数据包络分析法的应用过程中,需要通过决策单元(Decision Making Unit,简称 DMU)进行效率评价。决策单元即某项评价中的同类部门或者单位,每一个部门或者单位则被称为该评价系统的决策单元[①]。决策单元一般需要具备以下三个特征:(1)其目标或任务相同;(2)其外部环境相同;(3)其输入及输出指标相同。如在本研究中,杭州市辖的各个区/县/县级市即本研究的决策单元。

数据包络分析法通过将决策单元各项输入及输出的权重作为优化变量,以实现对决策单元在各不同技术及经济条件状态的发展中是否相对有效的评价,并且能够对缺乏效率的原因进行分析,指出调整到有效状态的途径。数据包络分析法作为非参数法的一种,其优点主要体现在以下几方面:(1)在数据包络分析法运用过程中,不需要构造确定的基本生产函数,从而避免了认为采取错误函数形式而可能导致的错误的结论;(2)数据包络分析法使用过程中,不需要事先确定输入及输出量的权重,而是在分析的过程中依照内部规则进行确定,相较于目前在社科研究领域使用较多的层次分析法、满意度法、专家咨询法等,数据包络分析法在很大程度上有效避免了主观因素的影响,结果更为客观;(3)数据包络分析法不仅可用于处理定量的投入产出指标的问题,亦可用于处理定性指标,以及定性及定量指标的结合,能够更有效、全面地利用数据;(4)数据包络分析法常用于多输入、多输出的相对效率,然而各输入、输出间的关系极度复杂,数据包络分析则能够抛开各输入及输出间的函数关系以确定各决策单元综合效率的数量指标,从而对各决策单元的有效性进行判断,并分析具体原因[②]。DEA 的应用步骤如图 11-1 所示。

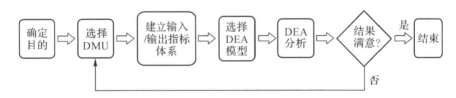

图 11-1 DEA 的应用步骤

自 1978 年数据包络分析法的第一个模型——C^2R 模型产生后,不同学者通过该基本模型的变换及与不同理论、方法的结合,演变出了多个数据包络分析法的模型,包括综合的 DEA 模型、加法模型和 log 型模型、锥比率的 DEA 模型、具有无穷多个 DMU 的 DEA 模型、机会约束的 DEA 模型、动态 DEA 模型、逆 DEA 模型、模糊 DEA 模型、具有多个独立子系统的 DEA 模型、拟凹 DEA 模型和可凸化 DEA 模型等等。其中常用的有 A. Charnes 和 W. W. Cooper 于 1985 年提出的 BC^2 模型;A. Charnes,W. W. Cooper 及魏权龄于 1986 年推算出的 C^2W 模型;A. Charnes,W. W. Cooper,Wei 和 Huang 于 1989 年提出的 C^2WH 模型;其余还包括 FG 模型、ST 模型、C^2WY 模型、C^2GS^2 模型等等。

---

① 吴文江. 数据包络分析及其应用[M]. 北京:中国统计出版社,2002:1.

② 刘波. 基于数据包络分析的保险应用研究[M]. 北京:科学出版社,2014:3.

本研究中应用到的，为数据包络分析法的基础模型 C^2R 模型及 BC^2 模型，因此该部分将着重介绍这两个模型的具体使用场景及测算方式。

(1)C^2R 模型

C^2R 模型主要用于规模报酬不变的决策单元效率的测量，用于确定一个决策单元是否既"技术有效"又"规模有效"。假设有 n 个决策单元，同时，每个决策单元均有 m 种输入及 s 种输出，其中，输入表示该决策单元消耗资源的数量，输出表示消耗资源以后相应的取得的成效的数量，即如图 11-2 所示：

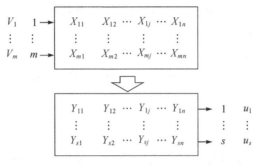

图 11-2　决策单元的输入与输出

其中，x_{ij} 为 DMU_j 对 i 种输入的投入量，$x_{ij}>0$；y_{rj} 为 DMU_j 对第 j 种输出的产出量，$y_{rj}>0$；变量 v_r 为对 r 种投入的度量（权系数）；变量 u_i 为对第 i 种输出的度量（权系数）；$i=1,2,\cdots,m$；$j=1,2,\cdots,n$；$r=1,2,\cdots,s$。

设

$$x_j=(x_{2j},x_{2j},\cdots,x_{mj})^T, j=1,2,\cdots,n$$
$$y_j=(y_{2j},y_{2j},\cdots,y_{sj})^T, j=1,2,\cdots,n$$
$$v=(v_1,v_2,\cdots,v_m)^T$$
$$u=(u_1,u_2,\cdots,u_s)^T$$

定义每个决策单元的效率指数为

$$h_j=\frac{\sum_{r=1}^{s}u_ry_{rj}}{\sum_{i=1}^{m}v_ix_{ij}}=\frac{\boldsymbol{u}^Ty_j}{\boldsymbol{v}^Tx_j}, j=1,2,\cdots,n$$

那么，总能适当地选取权系数 $\boldsymbol{v}$ 和 $\boldsymbol{u}$，使其满足

$$\boldsymbol{h}_j\leqslant 1, j=1,2,\cdots,n$$

其中，$\boldsymbol{h}_j$ 越大，表明该决策单元越能够以相对较少的投入获得相对较多的产出。

令

$$t=\frac{1}{\boldsymbol{v}^T\boldsymbol{x}^{j0}}, w=t\times v_i, \mu=t\times u$$

则有 C^2R 的模型为

$$(P_{C^2R})\begin{cases}\max_{\mu,w}\boldsymbol{\mu}^Ty_0=h_o & \text{s.t. } \boldsymbol{\mu}^Ty_j-\boldsymbol{\omega}^Tx_j\leqslant 0, j=1,2,\cdots,n\\\omega^Tx_j=1, & \omega,\mu\geqslant 0\end{cases}$$

(2)BC² 模型

BC² 是 Banker、Charnes 和 Cooper 于 1984 年提出的不考虑生产可能集满足锥性的数据包络分析模型,该模型可用于非所有决策单元均处于最优规模的情形,即为规模效率的测算提供了新的途径。

在 BC² 模型下,其生产可能集为

$$T_{BC^2} = \left\{ (x, y) \middle| \sum_{j=1}^{n} \lambda_j x_j \leqslant x, \sum_{j=1}^{n} \lambda_j y_j \geqslant y, \sum_{j=1}^{n} \lambda_j = 1, \lambda_j \geqslant 0, j = 1, 2, \cdots, n \right\}$$

则在有 n 个决策单元的情况下,其对应的输入数据和输出数据如下分别为

$$x_j = (x_{1j}, x_{2j}, \cdots, x_{mj})^T, j = 1, 2, \cdots, n$$
$$y_j = (j_{1j}, y_{2j}, \cdots, j_{sj})^T, j = 1, 2, \cdots n$$

其中,$x_j \in E^m, y_j \in E^s, x_j > 0, y_j > 0, j = 1, 2, \cdots, n$,则有 BC² 模型如下

$$(P_{BC^2}) \begin{cases} \max \mu^T y_0 + \mu_0 \quad \text{s. t. } \omega^T x_j - \mu^T y_j - \mu_0 \geqslant 0, j = 1, 2, \cdots, n \\ \omega^T x_0 = 1, \qquad \omega \geqslant 0, \mu \geqslant 0 \end{cases}$$

(3)技术效率、纯技术效率与规模效率

在使用数据包络分析法过程中,会遇到三个效率的概念,分别是技术效率、纯技术效率和规模效率。技术效率又称综合技术效率,由纯技术效率和规模效率组成,上文提到的 C²R 模型下计算得出的效率即为技术效率;纯技术效率指决策单元因管理和技术等因素影响产生的生产效率,上文提到的 BC² 模型下计算得出的效率即为纯技术效率;规模效率指由于决策单元的规模等因素影响产生的生产效率,通常通过分析技术效率和纯技术效率的差异获得。三者的关系为:

技术效率=纯技术效率×规模效率

二、研究区域概述

本研究以浙江省杭州市为例,以杭州市各区/县/县级市为决策单元(DMU)进行研究。

杭州为浙江省省会,位于浙江省北部,是浙江省的政治、经济、文化和金融中心。截至 2015 年年末,杭州市常住人口 901.80 万人,城镇化率 75.3%。本研究采取杭州市辖的 9 个区、2 个县及 2 个县级市作为研究对象,主要有以下原因:

(1)杭州市文化底蕴丰厚,历史文化博大精深。从最早的西湖文化,到后来的运河文化,再到目前大力推广的钱塘江文化、山水文化、园林文化、宗教文化、建筑文化、名人文化、民俗文化、丝绸文化、茶文化、饮食文化、物产文化、水晶文化、戏曲文化、集市文化……杭州的文化在历史发展过程中不断地融合、创新,并衍生出新的文化形式与文化内涵。

(2)杭州市公共文化服务形式多样、质量上乘。自 2007 年中国最具幸福感城市评选起,杭州连续十年入围,并多年获得榜单第一,这与杭州市公共文化服务体系建设的完善性和前沿性不无关系。在杭州,广场活动、文艺表演、艺术展览、免费电影、文化下乡等各类公共文化服务已成为市民文化生活的常态,更有多项高水平、高质量的大型文化活动在此举办,如中国国际动漫节、"风雅颂"民间艺术展等。

(3)杭州市各级政府高度重视公共文化服务体系搭建工作,在同级政府中保持前列。在公共文化服务体系构建过程中,杭州市探索出了"四个一"模式,即发布一个地方性标准,使公共文化服务供给的内容、数量、质量有所参照;研发一套动态评估系统,使政府公共文化服

务绩效评估系统化、程序化、动态更新;形成一项协调机制,以"三联模式"为典型,使公共文化服务供给从体制"内循环"向社会"大循环"转变;建设一个研究基地,通过与高校合作,推动公共文化服务体系建设的制度保障。杭州市这种鼓励各市(区、县)先行先试、强调统筹协调、注重理论研究、重视制度建设的公共文化服务体系建设方式,使得杭州市公共文化服务供给的效果明显,截至 2014 年底,杭州已拥有国家公共文化服务体系示范项目 1 个、省级公共文化服务体系示范区 3 个、省级公共文化服务体系示范项目 3 个。

(4)杭州市各区/县/县级市在经济社会发展水平、产业结构、人口结构、地理区位、自然环境、文化资源等多方面存在较大差异。在经济社会发展水平方面,以 2016 年为例,杭州市内 GDP 超 1000 亿元的有三个区,分别为萧山区、余杭区和西湖区,其中萧山区达到了1632.18 亿元,而排名最后的淳安县仅 232.85 亿元,仅为萧山区的 1/7,经济社会发展水平的差异对公共文化服务供给的影响将在研究中进行论证。在产业结构方面,杭州市各区产业结构差异较大,如西湖区以旅游为主,滨江区以信息技术发展为主,余杭区以工业制造为主等。这种差异,使得本研究的结果拥有一定的广泛性和代表性,使得本研究中公共文化服务资源配置评价指标体系有一定的推广意义。

三、数据来源

本研究的决策单元共 12 个,分别为杭州市上城区、下城区、江干区、拱墅区、西湖区、萧山区、余杭区、富阳区、建德市、临安市、桐庐县、淳安县[①]。本研究数据则来源于 2013—2015年杭州市本级及各区/县/县级市统计年鉴、文化年鉴、教育年鉴和科技年鉴等,2013—2015年杭州市各区/县/县级市国民经济和社会发展统计公报,全省各月度各地专利申请量及授权量统计,浙江省文化厅网站,并通过政府网站申请了相关信息公开。

本研究原始数据共 396 个,根据指标进行换算后得到的数据共 216 个,分为 36 行、6 列。

四、数据处理与 DEA 模型测算结果

在使用 DEA 对数据作分析时,可通过多种软件进行操作,常用的包括 IDEAS 软件、Banxia Frontier Analyst3 软件、DEA-Solver-LV/DEA-Solver Pro6.0 软件、FRONTIER4.1软件等,包括 STATA、MATLAB、Excel 等软件也可通过对函数的构建或命令行的输入来进行计算。而本研究中选用的是 DEAP2.1 软件,运行环境为 Win10 系统。

在使用 DEAP 过程中,需要确认与研究所匹配的计算模式与预算法,具体包括三个方面模型的选择:(1)CRS 模式与 VRS 模式的选择:CRS 指固定规模报酬(const returns to scale),指当所有投入的生产要素增加 λ 倍时,其产出量也相应增加 λ 倍;VRS 指可变规模报酬(variable returns to scale),指当所有投入的生产要素增加 λ 倍时,其产出量增加的倍数不等于 λ 倍,具体包括规模报酬递增、规模报酬递减两种情况。(2)投入导向模式与产出导向模式的选择:投入导向模式指研究如何在产出一定的情况下尽可能减少投入,该模式讲求从投入的角度来研究效率问题;产出导向模式指研究如何在投入一定的情况下尽可能增加产出,该模式讲求从产出的角度来进行分析。(3)多阶 DEA 算法、Cost-DEA 算法、Malmquist-

---

① 由于滨江区符合本研究要求的数据缺失,故未将滨江区作为本研究的决策单元之一。临安市现为临安区,下城区与江干区两区行政区划已取消,下同。

DEA 算法、一阶 DEA 算法以及二阶 DEA 算法的选择，其中 Malmquist 指数是专用于分析不同时期生产效率变化的指数，用于面板数据的分析，在使用 Malmquist 指数进行计算时，VRS 模式与 CRS 模式的选择对结果没有影响。

　　因本研究采用的数据来自 2013—2015 年 3 年间杭州市 12 个区/县/县级市（除滨江区）的相关数据，故选取了产出导向模式的 Malmquist-DEA 算法进行运算。通过 DEAP2.1 软件运算，得到计算结果如表 11-3、11-4、11-5、11-6，其中全要素生产率变化即为本研究中公共文化科技服务资源配置效率变化。

表 11-3　2013—2015 年杭州市 Malmquist 生产率变化指数及其分解情况

年份	技术效率变化	技术变化	纯技术效率变化	规模效率变化	全要素生产率变化
2014 年	1.125	0.784	1.060	1.061	0.882
2015 年	0.991	0.940	0.986	1.005	0.932
平均值	1.056	0.859	1.022	1.033	0.906

注：(1)平均值指几何平均值；(2)全要素生产率变化即 Malmquist 指数，在本研究中代表研究对象的公共文化科技服务资源配置效率。

表 11-4　2013—2015 年杭州市 12 个区/县/市 Malmquist 生产率指数及其分解排名表

决策单元	技术效率变化	技术变化	纯技术效率变化	规模效率变化	全要素生产率变化
上城区	1.071	0.957	1.000	1.071	1.026
下城区	1.000	0.792	1.000	1.000	0.792
江干区	1.382	0.902	1.218	1.135	1.247
拱墅区	1.000	0.910	1.000	1.000	0.910
西湖区	1.000	0.801	1.000	1.000	0.801
萧山区	1.000	0.876	1.000	1.000	0.876
余杭区	0.980	0.916	0.975	1.005	0.898
富阳区	1.000	0.971	1.000	1.000	0.971
桐庐县	1.268	0.790	1.139	1.113	1.002
淳安县	1.024	0.824	0.963	1.064	0.844
建德市	0.973	0.735	1.000	0.973	0.715
临安市	1.045	0.862	1.000	1.045	0.901
平均值	1.560	0.859	1.022	1.033	0.906

表 11-5　2013—2014 年杭州市 12 个区/县/市 Malmquist 生产率指数及其分解排名表

决策单元	技术效率变化	技术变化	纯技术效率变化	规模效率变化	全要素生产率变化
上城区	1.148	1.007	1.000	1.148	1.156
下城区	1.000	0.771	1.000	1.000	0.771
江干区	1.583	0.696	1.482	1.068	1.101
拱墅区	1.000	0.928	1.000	1.000	0.928
西湖区	1.000	0.834	1.000	1.000	0.834
萧山区	1.000	0.627	1.000	1.000	0.627
余杭区	0.938	0.941	0.947	0.991	0.883
富阳区	1.000	1.016	1.000	1.000	1.016
桐庐县	1.544	0.671	1.221	1.265	1.036
淳安县	1.423	0.658	1.175	1.211	0.937
建德市	1.000	0.680	1.000	1.000	0.680
临安市	1.092	0.716	1.000	1.092	0.781
平均值	1.125	0.784	1.060	1.061	0.882

表 11-6　2014—2015 年杭州市 12 个区/县/市 Malmquist 生产率指数及其分解排名表

决策单元	技术效率变化	技术变化	纯技术效率变化	规模效率变化	全要素生产率变化
上城区	1.000	0.910	1.000	1.000	0.910
下城区	1.000	0.812	1.000	1.000	0.812
江干区	1.207	1.170	1.000	1.207	1.412
拱墅区	1.000	0.892	1.000	1.000	0.892
西湖区	1.000	0.770	1.000	1.000	0.770
萧山区	1.000	1.225	1.000	1.000	1.225
余杭区	1.025	0.891	1.005	1.019	0.913
富阳区	1.000	0.929	1.000	1.000	0.929
桐庐县	1.041	0.931	1.063	0.979	0.968
淳安县	0.737	1.032	0.789	0.934	0.761
建德市	0.947	0.795	1.000	0.947	0.752
临安市	1.000	1.039	1.000	1.000	1.039
平均值	0.991	0.940	0.986	1.005	0.932

第四节　公共文化科技服务资源配置效率分析结果展示与对策建议

一、杭州市公共文化科技服务资源配置效率整体分析

　　表 11-7 与表 11-8 显示了杭州市公共文化科技服务资源配置效率的整体水平。其中表 11-7 以时间为分析维度,显示了 2013 年至 2015 年杭州市公共文化科技服务资源配置效率的逐年变化及平均水平;表 11-8 则以空间为分析维度,显示了 2013 年至 2015 年杭州市各区域公共文化科技服务资源配置效率平均水平及杭州市整体的平均水平。

　　如表 11-7 及图 11-3 所示,技术效率变化由纯技术效率变化及规模效率变化组成。其中,杭州市公共文化科技服务资源配置的规模效率始终保持 1.000 以上,处于规模报酬递增状态,说明在公共服务科技服务供给过程中,规模效应为资源配置效率的提升带来了正向作用。同时,规模效率变化的数值随着时间变化下降,逐步接近 1.000,说明逐渐达到最适生产规模,规模效应带来的红利趋向稳定。与此同时,纯技术效率变化均值也达到了 1.000,处于强有效状态,但按照时间变化趋势看,纯技术效率变化有相对明显的下降,并是技术效率大幅下降的主要原因。另外,从技术变化看(这里的技术指除投入要素以外对公共文化科技服务资源配置效率产生影响的无形要素,包括科学技术、管理技术等),技术变化无论是每年的数值还是平均值均未达到 1.000,相应地,全要素生产率变化也未达到 1.000,并与技术变化同时呈现明显的上升趋势,说明技术发展缓慢是限制公共文化科技服务资源配置效率提高的主要因素。而从整体趋势看,杭州市公共文化科技服务资源配置效率呈现良好的上升趋势,向更有效状态发展。

表 11-7　2013—2015 年杭州市 Malmquist 生产率变化指数及其分解情况

年份	技术效率变化	技术变化	纯技术效率变化	规模效率变化	全要素生产率变化
2014 年	1.125	0.784	1.060	1.061	0.882
2015 年	0.991	0.940	0.986	1.005	0.932
平均值	1.056	0.859	1.022	1.033	0.906

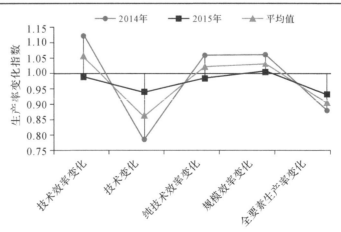

图 11-3　2013—2015 年杭州市 Malmquist 生产率变化指数及其分解情况变化

如表 11-8 和图 11-4,则显示了 2013 年至 2015 年杭州市各区域公共文化科技服务资源配置效率平均水平。从表格看,可以发现杭州市各地区公共文化科技服务资源配置效率存在的共同点。一是各地区的规模效率变化大部分处在 1.000 及以上的水平,说明大部分地区处于规模报酬递增状态,而建德市与余杭区平均规模效率变化小于 1.000,说明其规模效率亟待增强。二是大部分地区的纯技术效率变化亦达到了 1.000,仅余杭区和淳安县纯技术效率变化未达到 1.000,说明这两个地区的纯技术效率是影响其技术效率的主要因素。三是各区域的技术变化均未达到 1.000,说明技术制约公共文化科技服务发展是杭州市各个地区普遍存在的问题而非个案。而在全要素生产率变化的数值上,各个区域却存在明显的差异,江干区以绝对的优势位列第一,从折线图上也不难发现,上城区和桐庐县则全要素生产率变化亦大于 1.000,说明二者公共文化科技服务资源配置效率是逐年进步的;其余地区,包括下城区、拱墅区、西湖区、萧山区、余杭区、富阳区、淳安县、建德市、临安市则均小于 1.000,说明这些区域的公共文化科技服务资源配置效率呈下降态势,其中下城区、建德市情况最为严重。

表 11-8 2013—2015 年杭州市 12 个区/县/市 Malmquist 生产率指数及其分解排名表

决策单元	技术效率变化	技术变化	纯技术效率变化	规模效率变化	全要素生产率变化
上城区	1.071	0.957	1.000	1.071	1.026
下城区	1.000	0.792	1.000	1.000	0.792
江干区	1.382	0.902	1.218	1.135	1.247
拱墅区	1.000	0.910	1.000	1.000	0.910
西湖区	1.000	0.801	1.000	1.000	0.801
萧山区	1.000	0.876	1.000	1.000	0.876
余杭区	0.980	0.916	0.975	1.005	0.898
富阳区	1.000	0.971	1.000	1.000	0.971
桐庐县	1.268	0.790	1.139	1.113	1.002
淳安县	1.024	0.824	0.963	1.064	0.844
建德市	0.973	0.735	1.000	0.973	0.715
临安市	1.045	0.862	1.000	1.045	0.901
平均值	1.560	0.859	1.022	1.033	0.906

综上所述,杭州市公共文化科技服务资源配置效率整体呈现下降趋势,但是下降趋势逐渐放缓。其中,技术变化是约束各地公共文化科技服务资源配置效率改善的最重要因素。为提升公共文化科技服务资源配置效率,需保持纯技术效率变化和规模效率变化,并提高技术变化。

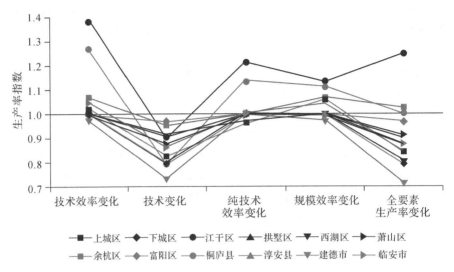

图 11-4　2013—2015 年杭州市 12 个区县市 Malmquist 生产率指数及其分解

二、杭州市 12 区/县/市公共文化科技服务资源配置效率分析

通过表 11-7、表 11-10 能够对 2013 年至 2015 年杭州市各地区公共文化科技服务资源配置效率变化进行剖析。与表 11-7 中显示的平均值获得的信息不同的是,表 11-9、表 11-10 表现的是每一年的数值变化,能够更细致地体现各地区公共文化科技服务资源配置效率的变化趋势。

从这 12 个地区每一年 Malmquist 生产率指数及其分解的平均值看,总体而言,全要素生产率变化的值虽小于 1.000,但是呈上涨趋势,说明杭州市各地区的公共文化科技服务资源配置平均效率虽呈现下降态势,但下降速度在逐步减缓。与此同时,技术变化平均值虽未达到 1.000,但是也表现出较大的增长;相反,纯技术效率变化和规模效率变化则由大于 1.000 逐步向 1.000 靠近,导致技术效率变化的下降,说明纯技术效率变化和规模效率变化对公共文化科技服务资源配置的影响都趋于稳定。因此,对于杭州市整体而言,提高公共文化科技服务资源配置效率,应着重从技术效应变化入手。

从这 12 个地区每一年各自的 Malmquist 生产率指数及其分解的平均值看,与全市总体水平相似,大部分地区的技术变化值小于 1.000,而纯技术效率变化和规模效率变化值大多稳定于 1.000 左右。与此同时,与全市总体水平有所差异的是,在各地区分年度的 Malmquist 生产率指数及其分解值中,能明显发现并不是所有地区的技术变化均小于 1.000,如 2013 年至 2014 年,上城区、富阳区的技术变化均大于 1.000;2014 年至 2015 年,则江干区、萧山区、淳安县、临安市的技术变化均大于 1.000,且大部分地区技术变化值均较前一年有所提升。这一方面说明杭州市各地区技术变化均在往越来越有效的方向发展,对公共文化科技服务资源配置效率的负向作用越来越小,同时说明各个地区对于应用技术优化公共文化科技服务资源配置效率的掌握尚未成熟,对公共文化科技服务资源配置过程中技术的使用还在摸索和试验阶段,未形成稳定、成熟的技术体系与指导方法。

表 11-9 2013—2014 年杭州市 12 个区/县/市 Malmquist 生产率指数及其分解排名

决策单元	技术效率变化	技术变化	纯技术效率变化	规模效率变化	全要素生产率变化
上城区	1.148	1.007	1.000	1.148	1.156
下城区	1.000	0.771	1.000	1.000	0.771
江干区	1.583	0.696	1.482	1.068	1.101
拱墅区	1.000	0.928	1.000	1.000	0.928
西湖区	1.000	0.834	1.000	1.000	0.834
萧山区	1.000	0.627	1.000	1.000	0.627
余杭区	0.938	0.941	0.947	0.991	0.883
富阳区	1.000	1.016	1.000	1.000	1.016
桐庐县	1.544	0.671	1.221	1.265	1.036
淳安县	1.423	0.658	1.175	1.211	0.937
建德市	1.000	0.680	1.000	1.000	0.680
临安市	1.092	0.716	1.000	1.092	0.781
平均值	1.125	0.784	1.060	1.061	0.882

表 11-10 2014—2015 年杭州市 12 个区/县/市 Malmquist 生产率指数及其分解排名

决策单元	技术效率变化	技术变化	纯技术效率变化	规模效率变化	全要素生产率变化
上城区	1.000	0.910	1.000	1.000	0.910
下城区	1.000	0.812	1.000	1.000	0.812
江干区	1.207	1.170	1.000	1.207	1.412
拱墅区	1.000	0.892	1.000	1.000	0.892
西湖区	1.000	0.770	1.000	1.000	0.770
萧山区	1.000	1.225	1.000	1.000	1.225
余杭区	1.025	0.891	1.005	1.019	0.913
富阳区	1.000	0.929	1.000	1.000	0.929
桐庐县	1.041	0.931	1.063	0.979	0.968
淳安县	0.737	1.032	0.789	0.934	0.761
建德市	0.947	0.795	1.000	0.947	0.752
临安市	1.000	1.039	1.000	1.000	1.039
平均值	0.991	0.940	0.986	1.005	0.932

此外,将技术效率变化分解成纯技术效率变化和规模效率变化,将各地区 2013 年至 2015 年纯技术效率变化和规模效率变化制作成散点图,以 $(x=1.000, y=1.000)$ 作为第一对参考线(图 11-5、图 11-6 中虚线),能够观测各地的纯技术效率变化和规模效率变化是提

高还是下降;以各年度杭州市纯技术效率变化平均值和规模效率变化平均值为第二对参考线(图 11-5、图 11-6 中实线),能够观测各地区纯技术效率变化和规模效率变化在杭州市所处的区位,其中图中"其他"指当年纯技术效率变化和规模效率变化均为 1.000 的地区。对图 11-5、图 11-6 进行比较,能够发现,从杭州市整体水平看,其纯技术效率变化和规模效率变化均呈下降趋势;同时,相较于 2013 年至 2014 年,2014 年至 2015 年各地区纯技术效率变化和规模效率变化的差异在减小,散点呈现聚集状态,并向(1.000,1.000)这个点靠近。同时,通过这两张散点图,能够发现三个较为特殊的地区:第一是江干区,江干区始终处于纯技术效率变化和规模效率变化均大于 1.000 且数值相对较高的区域,说明江干区技术效率变化对公共文化科技服务资源配置效率优化的正向推动作用较强;第二是淳安县,其纯技术效率变化和规模效率变化均大幅下降,由规模报酬递增变为规模报酬递减,这可能与淳安县的产业结构与经济社会发展水平相关,淳安县产业以农业、水产养殖业、轻工业、旅游业为主,经济社会发展水平在杭州市各县/市/区中排名最后,在一定程度上限制了其公共文化科技服务资源配置效率的改善;第三则是桐庐县,桐庐县的规模效率变化也表现出了骤降态势,也导致了其公共文化科技服务资源配置效率的下降。

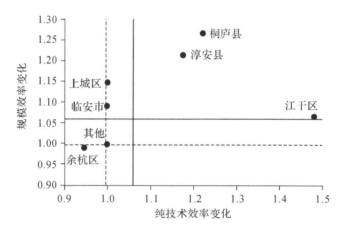

图 11-5　2013—2014 年杭州市各地区技术效率分解

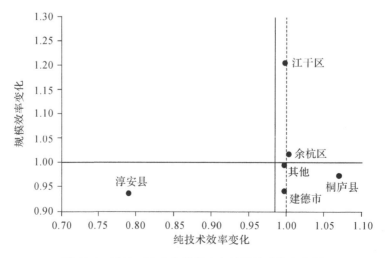

图 11-6　2014—2015 年杭州市各地区技术效率分解

三、聚类分析

通过以上分析,可以了解到杭州市各地区 2013 年至 2015 年公共文化科技服务资源配置效率的基本情况、发展趋势,以及技术效率变化和技术变化公共文化科技服务资源配置效率的影响程度,也可以发现各地区在公共文化资源配置效率方面存在共同特点,也存在差异性,因此本部分根据杭州市各地区 2013 年至 2015 年 Malmquist 指数平均值,对这 12 个地区进行聚类分析,从而将杭州市各地区按照公共文化科技服务资源配置效率进行分类,以便对不同地区提出有针对性的改善建议。

本研究以 SPSS 20.0 为分析工具,以 2013—2015 年杭州市各地区全要素生产率变化平均值为变量,使用系统聚类分析方法对这 12 个地区进行了聚类分析,结果如表 11-11、表 11-12、图 11-7、图 11-8 所示。

表 11-11　案例处理汇总[a,b]

有效		缺失		总计	
N	百分比/%	N	百分比/%	N	百分比/%
12	100.0	0	0.0	12	100.0

a. 平方 Euclidean 距离已使用

b. 平均联结(组之间)

表 11-12　聚类表

阶	群集组合		系数	首次出现阶群集		下一阶
	群集 1	群集 2		群集 1	群集 2	
1	7	12	0.000	0	0	3
2	2	5	0.000	0	0	7
3	4	7	0.000	0	1	5
4	1	9	0.001	0	0	6
5	4	6	0.001	3	0	8
6	1	8	0.002	4	0	9
7	2	10	0.002	2	0	8
8	2	4	0.008	7	5	9
9	1	2	0.022	6	8	10
10	1	11	0.041	9	0	11
11	1	3	0.139	10	0	0

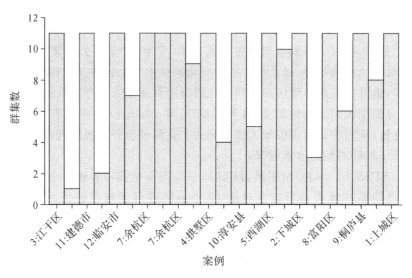

图 11-7 垂直冰柱图

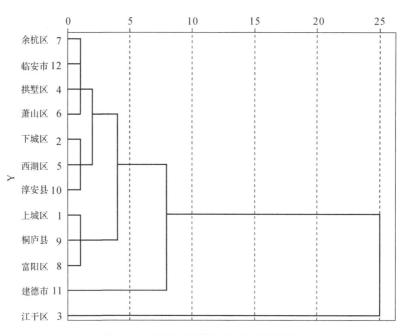

图 11-8 使用平均联接(组间)的树状图

根据聚类分析的结果,可以按照全要素生产率变化的值将杭州市各地区分为 5 类,按照数值从大到小排列分别为:(1)江干区(全要素生产率变化:1.247);(2)上城区(全要素生产率变化:1.026)、桐庐县(全要素生产率变化:1.002)、富阳区(全要素生产率变化:0.971);(3)拱墅区(全要素生产率变化:0.910)、临安市(全要素生产率变化:0.901)、余杭区(全要素生产率变化:0.898)、萧山区(全要素生产率变化:0.876);(4)淳安县(全要素生产率变化:0.844)、西湖区(全要素生产率变化:0.801)、下城区(全要素生产率变化:0.792);(5)建德市(全要素生产率变化:0.715)。

根据以上聚类结果,可以发现杭州市公共文化科技服务资源配置效率变化的分布并未呈现显著的与地理区位或经济社会发展水平的相关性。

可以发现,在这五类地区中,第二类(即上城区、桐庐县、富阳区)的全要素生产率变化基本在 1.000 左右,说明这三类地区的公共文化科技服务资源配置效率整体趋于稳定。

需要明确的是,全要素生产率变化反映的是各地区相对前一年本地区公共文化资源配置效率的变化,其数值大小并不完全代表当地公共文化科技服务资源配置效率的高低,仅体现了一种变化趋势。如江干区全要素生产率变化为 1.247,说明江干区相较于自身,公共文化科技服务资源配置效率有明显的提高;而上城区全要素生产率变化为 1.026,说明上城区相较于自身,公共文化科技服务资源配置效率的进步非常微小,这也是其公共文化科技服务资源配置效率趋向于稳定的体现,但是就江干区与上城区二者的公共文化科技服务资源配置效率进行比较,并不能得出江干区优于上城区的结论,上城区全要素生产率变化低于江干区极可能因为上城区已有公共文化科技服务资源配置效率较高,提升空间较小,已达到了较高的水平,而与此同时江干区仍有较大的改进空间。因此,全要素生产率变化及其分解得到的技术效率变化(又可分解为纯技术效率变化及规模效率变化)、技术变化,体现的是各决策单元本身的相对变化,而通过这种相对变化的分析,能够了解各个决策单元公共文化科技服务资源配置效率的变化和主要影响因素(技术影响或规模影响),从而提出对策建议。而更深入的因素分析以及结合各地区产业结构、地理区位、文化特色、人口特征等的公共文化科技服务资源配置效率改善建议,则需未来再进行深入研究。

四、主要结论

通过上文对杭州市公共文化科技服务资源配置效率 Malmquist 指数的整体分析与分地区分析,通过时间和空间两个不同维度的比较,本研究得到了杭州市整体公共文化科技服务资源配置效率与各地区该效率的变化状态,主要可以概括为以下几点结论:

第一,杭州市公共文化科技服务资源配置效率呈不明显的下降趋势,且该趋势正在减缓。

第二,杭州市公共文化科技服务资源配置的规模效率始终保持 1.000 以上,整体处于规模报酬递增状态,在公共文化科技服务供给过程中,规模效应为资源配置效率的提升带来了正向作用。同时,规模效率变化逐步接近 1.000,杭州市已基本达到公共文化科技服务资源配置的最适生产规模。

第三,杭州市技术变化整体处于技术退步状态,技术发展的缓慢在绝大程度上限制了公共文化科技服务资源配置效率的提高。

第四,存在较小的地域差异,各地区总体趋向技术效率变化稳定、技术退步减缓的状态,公共文化科技服务资源配置效率逐步改善,但也存在一些特殊地区,如江干区、桐庐县、淳安县等。

五、对策建议

根据上文对杭州市整体公共文化科技服务资源配置效率的分析及针对杭州市各地区的具体分析,结合杭州市及其各区县市的实际情况,本研究提出了以下对策建议,以期杭州市公共文化科技服务资源配置效率的提升。

（一）加大公共文化科技服务资金投入

财力作为公共文化科技服务最主要的资源之一，对公共文化科技服务效果和质量起着决定性的作用。加大公共文化科技服务资金投入，首先需增加公共预算在公共文化科技服务领域的支出，其次需注重投入的均衡度，最后应积极引导社会资本参与，大力支持自筹经费。

第一，增加公共预算支出。对于杭州市的公共文化科技服务资源配置效率，其规模效应带来的效率优化已趋向最优状态，而技术却仍是制约公共文化科技服务资源配置效率提升的重要因素。因此，一方面需继续保持规模效率，保持或适当增加在公共文化科技服务方面的资金投入，维持规模效应带来的正向作用；另一方面则需大幅增加在技术方面的资金投入，为技术改善提供资金保障。

第二，注重资金投入均衡度。杭州市整体经济社会发展水平处于全国前列，但仍存在内部差异，以2015年杭州市各区/县/市人均GDP为参考，上城区、滨江区均突破了人均30000美元，下城区、西湖区、萧山区、余杭区等也均超出了人均15000美元，江干区、拱墅区、临安市、建德市、桐庐县则位于人均10000美元至15000美元之间，排名最后的淳安县人均GDP仅9566美元，整体呈现出市区经济社会发展水平高于下辖县市的状态。而公共文化科技服务作为公共服务的重要组成部分，不仅求资源配置效率和服务质量，也讲求公平性。因此需注重资金投入均衡度，加大经济社会发展相对落后区域的资金投入，从而提高这类区域的规模效率。

第三，引导社会资本参与，大力支持自筹经费。财政对公共文化科技服务的支持只能有重点地满足公众基础公共文化科技服务需求，对于发展型和享受型公共文化科技服务的供给，更需要社会资本的参与和支持。通过政策支持、税收优惠、公益补助等措施，鼓励和引导社会资本参与公共文化科技服务供给，并同时实现自身利益，从而达到双赢或多赢局面。

（二）加强技术在公共文化科技服务资源配置过程中的应用

技术进步的相对缓慢已成为限制杭州市大部分地区公共文化科技服务资源配置效率提升的重要因素。这里的技术指除投入要素以外对公共文化科技服务资源配置效率产生影响的无形要素，包括但不限于科学技术、管理技术、市场环境、政策导向等。加强技术在公共文化科技服务资源配置过程中的应用，通过需求识别与精准服务、平台建设与互动传播、管理创新与制度保障，提高公共文化科技服务资源配置效率。

首先，注重需求识别与精准服务技术应用，实现公共文化科技服务"千人千面"。需求识别与精准服务技术，即使用人流量测量仪等设备，结合各类公共文化科技服务设施及场馆的使用情况，通过机器学习、数据挖掘等信息技术，产生不同公共文化科技服务的用户画像，并基于用户画像，向公众推送其偏好的公共文化科技服务，实现公共文化科技服务的精准化、个性化供给。

其次，搭建公共文化科技服务信息平台，推动公共文化科技服务互动传播。利用互联网技术，搭建公共文化科技服务信息平台，整合各区域公共文化科技服务资源和实时信息，并将其数字化、网络化，形成实体与虚拟共存、政府服务与公众自助互补的公共文化科技服务平台，并为公众与公众、公众与政府间的互动提供平台。同时应用数字媒体技术，以互联网和移动互联网技术为基础，以移动设备、触摸屏、大型显示屏、计算机等为硬件支撑，促进公共文化科技服务的互动传播,提升公共文化科技服务的规模效应。

最后,创新管理方式,完善制度保障。将企业管理方式引用到公共文化科技服务供给中,通过政府购买公共服务、简政放权、绩效评估等方式,规范市场规则,优化资源配置效率。同时,通过责任导向的制度设计对公共文化科技服务供给方进行监督、对公共文化科技服务参与者进行激励,从政策上为公共文化科技服务资源配置效率的提高提供保障。

（三）继续保持规模效率的正向作用

杭州市公共文化科技服务资源配置过程中,生产规模已趋向于最优状态,在技术进步有限的情况下,规模效应支撑着公共文化科技服务资源配置效率处于有效状态。因此,在加强技术应用的同时,需继续保持规模效率的正向作用,扩大公共文化科技服务供给规模,并加强区域间合作,实现公共文化科技服务资源共享。

第一,扩大公共文化科技服务供给规模。在保持或适当增加公共财政在公共文化科技服务上的支出比例,扩大政府或其他公共部门提供的公共文化科技服务规模的基础上,也应重视社会力量在公共文化科技服务供给过程中的重要作用,组织并鼓励社会组织、企业、个人等社会力量参与公共文化科技服务供给,通过活动赞助、设施捐赠、场地共享、服务提供等方式,扩大公共文化科技服务规模,保持公共文化科技服务的规模效应,提高资源配置效率。

第二,加强区域间合作,实现公共文化科技服务资源共享。杭州市各区域的文化特色、产业结构、经济社会发展水平、功能定位均有所差异,如上城区重风景旅游,下城区着重发展商业,江干区重视金融业务发展,滨江区则是杭州高新技术产业发展重点区域等。将各区域公共文化科技服务资源通过网络技术进行资源、信息和人才的互联共享,明确在公共文化科技服务供给过程中不同区域的分工和侧重点,在保证基础型公共文化科技服务供给的基础上实现享受型服务的联合供给,能够实现区域间发挥各自所长、共赢共享,有效提高资源使用效率,提升服务质量,并避免不必要的重复建设。

（四）优化需求导向型公共文化科技服务资源配置模式

公众是公共文化科技服务的创造者也是最终享受者,因此以公众需求为导向提供公共文化科技服务,才能使公共文化科技服务的资源得到最大限度的使用。构建并优化需求导向型公共文化科技服务资源配置模式,可从完善需求表达机制、优化需求识别及匹配技术、强化需求反馈结果应用等三方面入手。

第一,完善需求表达机制。需求导向型公共文化科技服务资源配置模式,首先需明确公众需求,通过公开化、透明化的公共文化科技服务需求收集制度,给予公众多样化的需求表达途径,鼓励公众大胆表达自己的公共文化科技服务需求,通过线上及线下多渠道进行需求收集,了解不同年龄段、不同性别、不同职业公众的公共文化科技服务需求偏好,实现"以需定供"。

第二,优化需求识别及匹配技术。传统的公共文化科技服务供给模式中,对公众需求的识别多通过问卷调查、现场座谈等方式,既耗费大量人力和时间成本,又难以覆盖到全部公众,使得公共文化科技服务的供给与需求存在一定偏差。通过互联网,应用数据挖掘、机器学习、云计算等技术,能够形成精准的用户画像,从而有效识别公众个体的偏好和公共文化科技服务需求,强化需求精准识别,建立动态调整的公共文化服务需求清单制度。① 进而形成个性化的服务内容推送,实现公共文化科技服务的"千人千面"供给,达成服务内容和服务形式的精准化、个性化匹配。

第三,强化需求反馈结果应用。需求导向型公共文化科技服务资源配置模式不是一个单向的过程,而是一个"匹配—服务—反馈—优化—再服务"的闭环,只有通过不断的反馈和基于反馈结果的优化,才能进一步提升服务与公众公共文化科技服务需求的匹配度,从而提高公共文化科技服务资源配置效率。强化需求反馈结果的应用,一方面要强调需求反馈的调查和接收,以公众参与度和满意度为公共文化科技服务供给主体的主要考核指标,促使公共文化科技服务供给主体提高对公众主观感受的重视。另一方面需要不断增加公共文化科技服务内容,丰富服务形式,使得不断增加或改变的公共文化科技服务需求能达到有效满足。

(五)引进专业人才,加快公共文化科技服务人才队伍建设

人是公共文化科技服务供给过程中的核心要素,人的作用贯穿了公共文化科技服务资源获取、服务供给、服务评价、服务提升这个完整的环路。因此引进专业人才、加快公共文化科技服务人才队伍建设,使得有限资源能够得到更有效配置,是政府加速公共文化服务体系建设的当务之急。

首先,需要加强管理型人才队伍建设。在公共文化科技服务供给过程中,管理型人才可以将宏观的国家政策和微观的公众需求相结合,遵循国家政策,紧抓公众需求痛点,结合区域特色,制定出符合当地实际的公共文化科技服务供给模式和实施策略,从而优化资源配置,提升公众对公共文化科技服务的满意度和获得感。这类人才通常是政府或其他公共文化科技服务供给主体的工作人员,对于这类人才,一者在筛选时需侧重考核其管理能力、公共文化科技服务意识等,二者在培养过程中需注重强化其对国家政策的敏感度和了解度,以及对公众公共文化科技服务需求的掌握度。

其次,要重视科技型人才队伍建设。通过科技型人才队伍的建设,能够增强在公共文化服务过程中科学技术的应用,使公共文化科技服务更有效地满足公众需求。一方面可以利用科学技术提供新的公共文化服务内容,丰富公共文化服务形式,比如全息影像、虚拟现实技术、增强现实技术、体感技术等先进科学技术的使用,使得公众能够在家中或者社区公共服务中心就可以体验到丰富多样的公共文化科技服务;另一方面,通过科学技术的应用,能够有效提高公共文化服务的可及性,通过网页、手机 APP、微信公众号等互联网或者移动互联网技术的应用,清除公众获取公共文化科技服务的空间和时间阻碍,使得公众能够在宣传栏、现场参观、纸质书籍等传统途径之外,更便利地获取公共文化科技服务的内容及相关资讯。而这些工作的落实,都离不开科技型人才的参与。对于这类人才,需要加强引进力度,通过政策优惠吸引,也可通过与科技公司的合作实现。

此外,亟需强化文化专业型人才队伍建设。这里的文化专业型人才,指在公共文化科技服务领域具有一技之长的人才,是公共文化科技服务的内容提供方,具体包括手工艺人、体育教练、歌舞演员、营养师等。在公共文化科技服务供给过程中,无论是文艺活动、培训讲座或是其他服务,都需要这些文化专业型人才发挥自身特长,提供专业性的服务或培训,这类

---

① 胡税根,齐胤植.大数据驱动的公共服务需求精准管理:内涵特征、分析框架与实现路径[J].理论探讨,2022(01):77-85+2.

人才的参与使得公共文化科技服务的质量有飞跃性的提升。与此同时,随着公众对文化生活的重视,公共文化科技服务领域的自组织型团队开始扮演越来越重要的角色,自组织的合唱团、舞蹈团、器乐演奏团等如雨后春笋大量产生,然而除了对专业器材和场地的需求之外,这些团体更需要文化专业型人才对其进行教学和辅导,从而使团队的活动不单单是日常消遣,更能使参与其中的人得到专业上的提高。这类人才多以志愿者的形式参与公共文化科技服务的供给,因此可通过激励的方式吸引这类人才。

第十二章 公共文化科技服务能力的现状与体制机制建设的提升研究

第一节 相关理论基础

一、理论背景

文化科技创新在文化创新驱动发展中占有核心地位,文化科技创新是国家创新体系的重要组成部分,文化创新驱动的着力点是加强文化与科技融合,提高科技对文化事业和文化产业发展的支撑能力。① 邓小平同志于 1988 年 6 月以当代科学技术的现状和发展趋势为依据,根据"科学技术是生产力"的马克思主义基本原理敏锐地提出了"科学技术是第一生产力"的论断。科技与创新紧密关联,也是文化发展的动力所在,作为国家文化建设的重要方面,公共文化服务质量提升需要科技的引领与支撑。科学技术的飞速发展正深刻影响着社会的发展,全面提升着人民的生活质量。同时,文化领域的科技创新也给整个社会公共文化服务的发展带来了强大的驱动效应,推进公共文化科技服务能力增强是提升政府公共文化服务水平的重要突破口。

随着我国经济水平的不断提升,经济基础的飞跃发展促使上层建筑步入新高度。据统计,目前我国共有博物馆、纪念馆 4109 个,文化馆 3322 个,乡镇(街道)文化站 41175 个,已有 2/3 的村有了文化中心,基本所有社区都有了文化活动室。到现在,覆盖城乡的国家、省、市、县、乡、村(社区)六级公共文化服务网络已经基本建成。从 2013 年到 2016 年,全国博物馆参观总人次近 30 亿,公共图书馆累计流通人次近 23 亿,②这些数据一方面展示出我国文化服务建设取得了重大进展,另一方面也显示出了社会公众对于享受公共文化服务具有强烈需求,国家及政府工作人员更应该全面关注并推进公共文化的服务工作。以几个国家公共文化科技服务政策的颁布为契机,如《国家创新驱动发展战略纲要》《"十三五"国家科技创新规划》《关于加快构建现代公共文化服务体系的意见》等,我国文化事业获得了新的繁荣机

---

① 中华人民共和国文化部调研组,董伟. "文化科技对文化创新驱动力"调研报告[J]. 艺术百家,2013,29(05):1-5+32.

② 蒋波、汤诗瑶. 十九大代表聚焦文化建设发展:谱写中华文化新史诗[EB/OL]. 人民网. http://culture. people. com. cn/n1/2017/1020/c1013-29599544. html.

会,文化产业进一步蓬勃发展,公共文化科技服务能力将取得新进展。提升公共文化科技服务能力应立足基层,创新服务模式及体制机制,不断提高公共文化服务水平和质量,加快建成高效便捷、覆盖城乡、保基本、促公平的现代公共文化服务体系。具体来看,通过科技创新提高公共文化水平主要涉及三方面的内容。

首先要推动机制创新。群众在现代公共文化服务体系中具有两重身份,他们不仅是公共文化服务的对象,还是公共文化服务的主体。因此,公共文化服务体系的不断完善应把群众参与作为公共文化服务创新的出发点。第一,推进公共文化基础设施运营社会化。建立健全社会力量准入、监督和考核体系,探索公共文化设施社会化运营方式,引导和鼓励社会力量以各种形式参与公共文化设施建设,确保公共文化设施更好地发挥效能。第二,推进公共文化服务主体多元化。在坚持政府主导的同时引入市场机制,激发社会主体参与公共文化服务的积极性,使之成为现代公共文化服务的重要力量。第三,推进公共文化服务群众参与制度化。建立健全群众能参与、好参与、乐于参与的工作机制,激励群众从"旁观者"变成"参与者",使群众自主参与、自我教育、自我服务,真正成为公共文化的建设主体和服务主体。

其次要实现供给创新。基本公共文化服务供给不足是现代公共文化服务体系建设面临的突出问题。满足人民群众日益增长的多样化、多层次、多方面精神文化需求,需要创新公共文化服务供给方式,调动一切可用资源和社会各方面的积极性,提供更加丰富的文化产品和文化服务。一方面,加大文化活动创新、项目创新、载体创新力度,培育多姿多彩的文化活动形态,确保文化活动更好地满足群众需求;推出贴近群众生活的文化活动,把"群众演、群众看、群众乐"的文化舞台搭到群众家门口。另一方面,建立以需求为导向的文化产品供给机制,探索开展"自下而上、以需定供"的互动式、菜单式服务,实现文化产品定制化配送与运营,推动公共文化服务供给与群众文化需求有效对接,推动各类公共文化设施向农民工、老年人、少年儿童和残疾人等群体开放,通过量身打造的"文化定制"服务,让特殊群体也能享受公共文化服务。

最后要达成服务创新。构建现代公共文化服务体系的重点在基层,难点也在基层。推进城乡基本公共文化服务均等化,应着眼于打通公共文化服务的"最后一公里",重心下移、资源下移、服务下移,实现公共文化服务方式多样化,探索数字服务、流动服务、特色服务等新方式。一是探索推广数字化传播方式。当前,互联网对公共文化服务的影响和作用十分突出。应充分利用"互联网+"、移动通讯网、广播电视网等,实施数字图书馆、博物馆、美术馆、文化馆和数字文化社区等项目,推进基层公共文化服务数字化建设;引导和鼓励科技企业与社会力量开设数字体验馆,促进线上线下互动,让更多群众零距离、无障碍地享受现代公共文化服务。二是探索推广流动性公共文化服务。通过流动文化大篷车、流动文化馆、流动博物馆、流动少年宫、移动阅读等新公共文化服务方式,为城乡居民提供人性化、便捷化服务。三是打造公共文化服务品牌。应打造具有地域特色的公共文化服务品牌,提高公共文化服务的影响力和号召力,吸引更多群众参与公共文化活动。[①]

实践中,国内外开始以一种自觉的姿态尝试以科学技术来驱动文化服务水平的提升,提高公共文化的科技服务能力。公共文化科技服务发展较为成熟的是图书馆服务,就国外而

---

① 费高云. 通过创新提高公共文化服务水平[N]. 人民日报,2016-01-21(007).

言,美国国会于 1993 年就通过了《电子图书馆法案》,利用现代技术和多媒体平台致力于实现公共图书服务的均等化;就国内而言,上海从"一卡通""e 卡通"到建设手机图书馆平台,为市民打造无处不在的"我的图书馆"。

二、科技创新与公共文化服务的辩证关系

(一)文化与科技融合是构建现代公共文化服务体系的重要抓手

近年来,大数据、云计算等新技术的运用掀起了信息技术与社会政治、经济、文化领域的融合浪潮,现代科技改变着人类的生产生活方式,为突破人人交流、人机交流的时空限制创造新的可能,满足社会公众多样化的精神文化需求离不开科技作用的有效发挥,科技与文化的融合是国家精神文明建设的大势所趋。科技力量作用于文化服务过程能够有效克服传统公共文化服务供给中资源不平衡、信息不对称、供给模式僵化、服务针对性不强的问题,公共文化科技服务能力的提升能够实现新时期下传统文化资源向数字文化资源的转变,使公共文化服务突显辐射面广、覆盖城乡、技术先进、内容丰富、供给快捷的优势,公共文化科技服务能力的提升是构建现代公共文化服务体系的重要抓手,必将为现代公共文化服务打造新平台,打开新局面。

(二)科技创新是助推公共文化大发展大繁荣的重要途径

爱因斯坦指出:"科学对于人类事务的影响有两种方式。第一种方式是大家都熟悉的——科学直接地、并且在更大程度上间接地生产出完全改变人类生活的工具。第二种方式是教育性质的——它作用于心灵。尽管草率看来,这种方式好像不大明显,但至少同第一种方式一样锐利。"[①]一直以来,人们关注于科技的工具功能而淡化了对科技精神从文化层面的理解,现代社会的发展表明,科技不仅能促进生产力的发展,也是推动公共文化大发展大繁荣的重要途径;科技不仅为人类创造出更好的生活环境,还促进了人类思想的解放。科技在满足人类基本生活要求的同时激发出人类更加多样化的精神文化诉求,倒逼公共文化服务的进步发展。

(三)科技进步与公共文化服务能力的提升相辅相成

科技创新为人们提供了全方位、多维式的公共文化服务环境,有利于社会人最大限度地去实现自由而全面的发展[②]。数字技术在很大程度上突破了阅读(接受)能力障碍、财富能力障碍、时间空间障碍和信息有限障碍等[③]。宏观来看,科技之于文化的作用不仅仅局限于对其发展环境的改变,更在于对其内涵的丰富与发展。一方面,人类通过自身主观能动性的发挥用科技手段促进了社会文化事业和文化产业的繁荣,社会公共文化服务能力全面提升并且仍有进步空间;另一方面,文化发展所营造出的开放氛围促使人类实现了自由而全面的发展,同时也创造出了科技进步的潜力点。因此,科技与文化的融合具有必然因素,科技作用公共文化服务不仅是途径,也是目的。

---

①　杨怀中.科技文化是构建和谐社会的重要资源[J].哲学研究,2006(05):117-119.

②　张麒.论科技创新是推动公共文化服务建设的重要引擎[D].四川省社会科学院,2013.

③　傅才武.数字技术作为文化高质量发展的方法论:一种技术内置路径变迁理论[J].人民论坛·学术前沿,2022,255(23):22-31.

三、科技创新提升公共服务水平的意义

党的十九大指出,中国特色社会主义进入新时代,我国社会主要矛盾已经转化为人民日益增长的美好生活需要和不平衡不充分的发展之间的矛盾。政府在保障群众基本生活,满足群众对公共服务基本需求的同时,更要注意到人民美好生活需要日益广泛,他们不仅对物质文化生活提出了更高要求,而且在民主、法治、公平、正义、安全、环境等方面的要求也日益增长。但我国现阶段仍然面临着两大矛盾:一是经济快速增长同发展不平衡、资源环境约束的突出矛盾;二是公共需求的全面快速增长与公共服务不到位、基本公共产品短缺的突出矛盾。在此背景下,政府必须适应深化市场化改革、促进经济可持续发展的需要,加快建立公共服务体制,促进和谐社会建设。政府必须坚持人人尽责、人人享有的原则,坚守底线、突出重点、完善制度、引导预期,不断完善公共服务体系,以法律的形式明确政府保障人民群众基本文化权益的责任和具体措施,形成标准化均等化的公共文化服务体系框架,以新的发展理念引领文化产业供给侧结构性改革取得积极进展,保障群众基本生活,不断满足人民日益增长的美好生活需要,提升人民生活的获得感、幸福感、安全感和认同感,使其更有保障、更可持续。

建立健全公共文化服务体系是满足人民群众日益增长的精神文化需求的重要保障,对"四个全面"和"五位一体"的中国特色社会主义建设事业以及实现中华民族伟大复兴的中国梦具有重要作用。当前党中央和国务院就发展公共服务和建设服务型政府出台了一系列政策文件,众多社会学者也聚焦于提升公共服务质量的研究,这表明公共服务水平的提升具有重要意义,主要表现为以下几点:

第一,有助于促进政府合理有效进行资源配置和监督。政府通过行政改革,提高公共资源配置效率,改善公共服务。随着社会财富和政府所拥有的公共资源日益增多,政府对公共资源配置的责任也日益增大。政府部门对公民至少在以下三个方面负主要责任:一是政府的支出必须获得公民的同意并按正当程序支出;二是资源必须有效率地利用;三是资源必须用于达成预期的结果。

第二,有利于转变政府职能。提升政府公共管理能力,调整好政府与社会、政府与市场、政府与公民的关系,为公民和企业提供高质量的公共服务是建设服务型政府的关键,也是转型期我国政府面临的重大课题。切实深化行政体制改革,强化政府公共服务质量研究,使政府职能从"全能型"转向"服务型",有利于加强政府对公共服务质量的重视,推进服务型政府的建设,适应时代发展的需求。公共服务高质量发展是更好地服务经济社会高质量发展和实现共同富裕的基础条件和重要保障。①

第三,有助于提高政府的政治合法性。政府通过向公众展示政府业绩和政府部门为提高服务质量所作的不懈努力,体现出了政府对公民需求的回应,为实现"更有回应性、更有责任心和更富效率的政府"的政府改革目标提供了重要指导。政府对公民需求回应性的提高也改善了政府公共部门与公众的关系,加强了公众对政府的信任,从而有助于巩固和强化政府的政治合法性。

第四,有助于提高居民的获得感及满意度。改革发展成果惠及全体人民是建设服务型

---

① 翁列恩,胡税根.公共服务质量:分析框架与路径优化[J].中国社会科学,2021,311(11):31-53＋204-205.

政府、责任型政府的重要目标。促进行政管理体制改革,创建服务型政府机构,制定规划政府职能体系,建立健全公共服务体系,有利于推动政府部门从公众的角度思考问题,契合服务型政府为人民服务的行政理念。

第二节 公共文化科技服务能力的发展现状

一、文化与科技融合呈现加速态势

随着社会文化的多样发展以及科技运用可获得性的增强,文化与科技有了更多、更便捷的融合机会,二者融合的广度和深度不断提升,从而提高了社会的公共文化科技服务能力。

从融合范围来看,文化科技从"选择性介入"走向"整体融合",为文化创新驱动力奠定了坚实基础。部分到整体的发展是文化与科技共同进步的结果,一方面,现在正处于全面建成小康社会决胜阶段,全国绝大多数民众的基本生活需求已得到满足,党的十九大报告也指出当前社会的主要矛盾已经转变为人民日益增长的美好生活需要和不平衡不充分的发展之间的矛盾,而这种不平衡与不充分更多地体现在精神文化层面,也就是说社会群众在经济已经得到一定程度发展的情况下,生活目标从温饱转变为愉悦,他们提出更多样化、更具针对性、更高效便捷的文化服务诉求;另一方面,一系列应用技术和交叉学科的发展加深了文化与科技的联系,科技越来越发挥出解放文化生产力的巨大作用。文化与科技的发展使得它们可以有更多的切入点进行协同交流,为彼此的合作搭建起桥梁,科技在文化创新环节的工具效果显著提升。从融合过程来看,文化科技的加速融合进一步形成了社会文化创新对科技的倒逼机制。首先,文化科技融合的现有成就催生了一大批文化产业,如 3D 影视、网络游戏、数字动漫、物联网等,极大地丰富了社会居民的文娱生活,也提高了他们对生活质量的要求;其次,这些文化产业的繁荣发展以及由此带来的社会与经济效益,启发了政府、社会机构、企业等的"理性人"思维,迫使他们重新审视文化科技对文化发展的驱动作用,正面应对新的文化发展挑战,调整思路以适应文化创新所面临的困境,因而这些官方或非官方的组织会积极抢占创新发展的制高点,进一步深化科技文化的共通融合。从融合成效来看,文化科技融合有力助推文化创新。文化科技融合为文化管理、文化参与、文化呈现、文化保护等文化创新重要环节提供保障和影响力支撑,同时,文化科技融合使文化创新跃升到协同推进阶段,为文化创新打造诸如信息共享平台、在线交互平台、技术孵化平台、创意衍生平台、大数据与云计算平台、跨文化传播平台以及生产分工平台等,使文化创意、文化生产、文化消费、文化传播、文化贸易获得强大的平台托举支撑,获得超过预期的协同效应、聚集效应、漫溢效应、提升效应以及优化配置效应[①]。

二、文化科技融合过程观念滞后制度缺位

当前虽然文化与科技的融合呈现加速态势,但文化与科技的异质本体观仍然根深蒂固,

---

① 中华人民共和国文化部调研组,董伟. "文化科技对文化创新驱动力"调研报告[J]. 艺术百家,2013,29(05):1-5+32.

文化与科技的边界壁垒长期存在并且难以突破,文化与科技的融合更多的是"物理融合",而不是触动文化服务体制内部结构的"化学融合"。文化服务管理者中很大一部分人要么没有看清文化科技融合的趋势,对文化科技融合驱动文化服务体制创新抱有怀疑态度,要么对文化科技融合的可能性、必然性和现实性条件认识不足,没有深刻学习研究科技对于文化发展发挥积极作用的前提,说的比做的多,而缺少文化科技研发转换平台的搭建,这会成为文化科技发展的一大障碍。观念的固化滞后导致了动力不足,很多地方的文化管理者缺乏落实文化科技融合政策的自觉性和主动性,公共文化服务领域缺乏具有创新意识并且具备创新能力的年轻工作者,公共文化服务供给和社会、市场的文化诉求不完全匹配。

对文化科技发展不容忽视的现实障碍是制度的缺失和政策的失配,政府及相关机构没有对此提供稳定性保障。就财政投入来看,首先政府没有建立规范性的财政投入机制,投入申报渠道不畅通,引导资金数量不足,对特定项目的专项管理缺乏标准性和长效性的监督机制;其次文化科技领域融资存在瓶颈,风投、基金、证券等资本市场,以及其他产业资本向文化科技内容转移的动力不足,而银行信贷由于自身的一定程度的风险性和营利性无法为文化科技提供稳定的资金来源;最后文化科技机构缺乏基础研发和长期投入的有力支撑,科研基础设施的更新速度跟不上科技发展的进度,产学研结合不够深入。就制度政策保障来看,一是科技文化驱动发展没有相应的顶层设计,没有将文化科技融合纳入文化或科技发展的大政纲要,没有对其进行标杆管理,导致这一工作没有特定的预期目标,后续推进乏力;二是没有为文化科技发展搭建起政府的功能支撑平台,在政府机构内部没有专门机构来负责管理文化科技发展,相关政府职能部门之间也没有功能接口和协调机制;三是缺乏政策工具配置,在宏观层面,缺乏有整合力的政策,对政府、社会和市场的相关资源进行整合、激活、调控,各自为战,散打散敌,局面存在一定程度的失序、失控、失衡。在微观层面,缺乏配套性政策的后台技术支撑覆盖,诸如投融资、文化科技企业身份确定、税收优惠、技术成果孵化补贴、土地指标、人才聚集与人才培养、社会效益评价与激励、知识产权勘定等一系列相关政策,目前还没有体系化制定,从而导致文化科技融合及其对文化创新驱动实际过程中存在很多操作性障碍[①]。

三、公共文化供给服务民主意愿体现不足

共享参与式民主模式是新时代我们所追求的新型民主模式,这一概念强调民主参与是公民自治的落实而不是所谓的代表治理。考虑到现实情况的制约,这一概念提出,公民自治不是公民参与到每一政治环节,每一政策的制定过程,而是公民必须具有经常性的政策制定权,以保证社会资源分配的公平公正,尤其是在事关公民基本权益的方面。这提醒我们公共文化科技服务作为满足公民基本文化需求、实现文化服务均等化的重要内容,必须立足民意,体现民愿。

通过对我国社区公共文化服务体系建设的实践归纳可知,目前我国在构建公共文化需求表达机制方面已取得一定成效,相比以前政府完全主导式的供给方式,如今不少地方已经打破这一僵局,推行"订单式"服务模式。其一,在公共文化服务供给过程中引入多方参与主

① 中华人民共和国文化部调研组,董伟."文化科技对文化创新驱动力"调研报告[J].艺术百家,2013,29(05):1-5+32.

体,一方面赋予居委会、街道办事处等与群众直接联系的基层组织更多的文化服务权力,强化对居委会、街道办事处的职权规范,另一方面降低社会力量进入公共文化服务领域的门槛要求,甚至给予一定的政策补贴,调动公共文化服务的社会活力;其二,利用数字信息技术拓宽民意表达渠道,如文化服务对象可将意见、建议通过 QQ、微信、微博等互动平台向公共文化服务工作者传达,有的地方也据此建立起了网上服务打分机制,作为评估本地公共文化服务工作的一个重要指标,线上线下多举措提升公共文化服务质量;其三,更加注重对群众意见的回应,"订单式"服务模式的推行就是一个很好的例子,同时大数据、云计算等新兴技术的运用提高了官方对民间意见的分析提炼能力,能让政府公共文化服务机构更准确地掌握民意。

虽然发展形势向好,但是一些长期存在的问题值得重视。公共文化是一种共享性的社会资源,凭公民个人和社会组织的力量难以对其进行统筹分配,因此政府机构不可避免地在这一过程中占据主导地位,尽管社会群众已经越来越多地在其中发挥出自己的主观能动性,但各级政府意志、长官意志仍然是主要支配力量。在公共文化服务政策的制定、财政的投入、项目的执行监督上,公民和政府的沟通渠道效力不足,因而在公共文化服务的供给过程中,公民不是缺乏参与而是缺乏有效参与,其真实的文化诉求对政府的影响力有限,即需求表达机制不够健全。而文化意愿被忽视的社会个人或群体要么对此持漠视态度,要么因为意见表达不畅而放弃参与,要么采取较为激进的言论和行动,公民真正通过合法渠道改变公共文化服务内容的比例很小,这样的状态不利于社会公共文化科技服务能力的提升。

四、文化科技服务设施建设不够健全

文化科技服务设施就是在公共文化服务基础设施的服务内容中增加的科技服务因素,通过科技打通设施的物理壁垒,提升公共文化服务基础设施的服务能力,利用高新技术优势来弥补传统服务方式的缺陷,致力改善由信息不对等、时空限制等外部因素所造成的文化服务享受不均等的情况。

文化科技服务设施不健全首先体现在设施建设经费和维修经费的官方支持力度不足,设施建设体系缺乏可靠且持续的财政来源。根据目前全国的情况来看,对文化服务设施的投入集中在扩建方面,政策支持着力于缩小地区设施的数量差距,扩大公共文化服务的服务范围,对文化设施的更新及服务能力提升的关注不足,新建的设施有较好的科技服务能力,能体现现代信息社会的技术优势,但已经建成的设施在科技服务方面有明显的短板。另外,财政偏向建设而忽视对后期维修提供支持,由于缺少维修经费,一些主要设施年久失修,限制了正常文化服务活动的开展,不能满足社会群众的文化生活需求。基层群众对于文化服务的诉求,不是单纯的文体娱乐活动,而是整体和广义的文化需求[①],公共文化基础设施资金支持的短缺和科技功能的弱化使基层文化站的功能也逐渐呈现出弱化的趋势。另外,文化科技支持经费的增长不能满足设施建设的实际需求,虽然近年来公共文化投入不断增加,但直接拨付的资金较少,更多的是实物形式的配给,不能填补扩展文化科技设施建设的资金缺口,导致文化科技设施建设数量不足,不得不采取"轮用"措施——各场馆和设施由个人或组织轮流使用,未能达到其应有的利用率,不能满足不断增长的群众文化需求。

---

① 赵新峰,王洛忠.地方公共文化服务现状探析——基于河北省 A 市的实证研究[J]. 中国行政管理,2013(05):57-60.

文化科技服务设施不健全其次体现在管理机制的不完善,重设施建设轻服务管理。近年来,全国的公共文化科技设施建设取得了一定成绩,设施设置率不断提高,但由于缺乏后续资金的投入,设备维护更新、运营管理、用品购置等经费的不足,导致设施使用的服务水平有待提升。如一些场馆为了节省开支,只在上级检查和兄弟单位参观时开放,平时则闲置;一些乡镇文化活动中心有很好的电影室和放映设备,但缺少群众需要的影片,未能发挥应有的效益;一些区(县)公共图书馆和街道、乡镇图书室的图书得不到更新,虽然有些地方有更新,但是更新的图书基本为上级配送的不受群众欢迎的书籍,导致利用率不高①。

文化科技服务设施不健全再次体现在设施分布不均衡,地区差异较大。目前全国公共文化科技设施的分布情况是:东部地区相对密集,西部地区相对稀疏;核心城市相对密集,边远区县相对稀疏;城市相对密集,乡镇相对稀疏。就全国而言,公共文化科技设施分布不均衡的问题仍然突出,文化科技服务均等化工作还面临严峻形势。

五、基层公共文化科技服务机构功能弱化

第一,乡镇文化科技服务工作缺少专职人员。这一问题存在已久,由于文化体制的缺陷,乡镇文化服务工作人员兼职、外行现象普遍,从人员的选拔到人员的任命都缺少独立的运行机制,不少文化服务干部都在其他机构有职务,还需处理其他事项,不能专注于文化服务工作,更有甚者,文化服务职位成为他职位的"附属",出现以文化工作为副业的干部"倒挂"现象,造成的后果是文化科技服务工作者在该领域的积极性和热情不足,工作态度被动,更缺乏文化服务的创新性。第二,部分基层领导对文化科技服务认识存在偏差。他们把农村文化工作放在次要位置,认为农村文化工作可有可无,只做表面文章,文化公共服务提不上议事日程,由此造成县、乡镇、农村三级网络纵向、横向联系脱节,基层文化工作与其他工作相比,没有什么硬性指标,基本上处于无量化考核状态②。第三,在乡镇尤其是农村,公共文化服务设施被占用的现象比较普遍,一方面是因为农村居民的文化诉求不高,对文化基础设施的利用率较低,举办的文娱活动较少,因而文化服务场地易被官方或社会组织占用;另一方面是因为基层的文化市场监管不力,造成了文化服务在落后地区的边缘化发展趋势,据统计,全国农村平均每万人仅有文化市场管理人员 3 名。

第三节 公共文化科技服务能力提升的体制机制建设与创新

一、机制创新建设

针对公共文化科技服务能力框架构建和绩效评估过程中遇到的问题提出针对性的机制与政策设计,建议架构模型见图 12-1。机制创新设计、政策与制度创新设计、服务模式标准化设计构成了创新机制建设的主要内容。

---

① 唐鑫,李茂. 北京公共文化设施与服务的问题、原因及对策[J]. 中国市场,2014(03):106-113.
② 中华人民共和国文化部调研组,董伟."文化科技对文化创新驱动力"调研报告[J]. 艺术百家,2013,29(05):1-5+32.

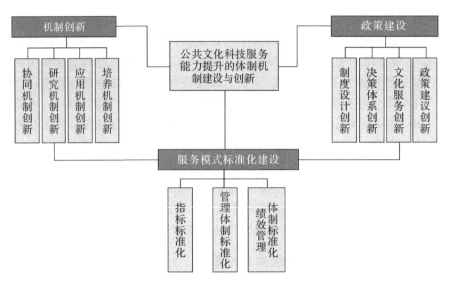

图 12-1 公共文化服务能力提升的综合运用机制与政策创新

进行机制建设的主要思路是通过设计一套规范或通过制度分析而得出的最优经济机制,寻找有效路径以实现既定目标。学者们对机制建设的核心研究集中在两个部分——信息的不完全性和面向群体的理性追求,这也是机制创新的目的所在,即组织通过机制的创新设计,努力克服机制环境中由于信息不完全所造成的不足,在社会人的理性追求驱动下重新设计资源配置规则,实现社会目标。针对公共文化科技服务能力框架构建和绩效评估过程中遇到的问题,提出的针对性机制创新设计。主要包括四个层面:培养机制创新、应用机制创新、研究机制创新以及协同机制创新,具体内容如下:

(一)培养机制创新

公共文化建设坚持人才培养先行,从实际需求出发,提高学生综合素养,激发学生的创新意识。培育一批既有实践经验又有理论知识,能满足公共文化科技服务需求的复合型创意人才。创意人才是保持服务创新活力的重要源泉,这些创意人才能突破传统思维的束缚,以独特眼光看待文化服务中的不足,为提高公共文化科技服务能力提供新的发展思路,形成公共文化服务领域的创新优势;同时,完善公共文化科技服务能力框架构建和绩效评估的机制创新设计,通过形式多样的新闻媒体宣传活动,调动社会对创新型文化高技能人才的关注和支持,改善创新环境,推动激发公共文化服务机构从业人员和社区居民能动性发挥的人才培养机制创新,优化文化创新型人才成长环境,实现文化人才资源的优化配置。全民乐于接受和享受公共文化服务的社会风气,也有利于提高创新型高技能人才的社会地位和经济待遇,打通职业发展通道,调动有利于开展基层公共文化服务人才实践能力培养的资源和条件,使更多的人才脱颖而出[①]。

(二)应用机制创新

第一,推进公共数字文化"三大惠民工程"即文化共享工程、数字图书馆推广工程及公共

① 李妙月. 基层公共文化服务人才的实践能力培养所需要的资源条件分析[J]. 经营管理者,2017(05):290-291.

电子阅览室建设计划的协调机制探索。关注公共图书馆、文化馆、博物馆数字化转型十分重要，[1]推进公共数字文化服务体系建设不仅是为了缩小数字鸿沟，克服"信息烟囱"，促进公共文化服务的转型与发展，更是为了维护社会公正，保障公众基本文化权利的实现。公共数字文化的"三大惠民工程"是一个综合性的系统工程，涉及公共数字文化的实现机制、支持机制和保障机制三方面内容。首先是进一步加强顶层设计，完善相关的政策制定、制度建设和配套机制建设，建立健全公共数字文化服务的管理机制、监督机制和评估机制，支持数字文化服务政策的落地，创造公共数字文化服务的良好氛围，并对服务体系进行有效的统筹协调，树立部门协同合作意识，满足广大人民群众不同层次、多样化的精神文化需求；其次，从服务设施和技术支撑两个方面入手，为公共数字文化惠民工程提供支持，一方面以民意为导向，借助社会资本及社会力量不断完善服务基础设施建设，另一方面以技术创新为依托构建公共数字文化服务平台，充分运用大数据、云计算、物联网等新兴技术，增强公共文化的精准服务能力；最后，重视人才队伍建设，加大人员培训力度，以打造专业的人才服务队伍为途径，有效保障公共数字文化的服务质量。

第二，促进基础研究与应用研究紧密结合，推动不同部门、学科之间的交叉、碰撞、沟通和融合，在市文化、科技相关主管部门的推动和支持下，实现文化创意和思维创新服务平台的操作机制创新。公共文化科技服务水平的提升立足社会文化需求和科技发展前沿，进一步促进基础研究与应用研究的紧密结合，完成文化发展理论与文化服务实践的现实结合，同时遵循科学发展规律，积极推动学科交融，形成跨学科研究机制，通过学科的交叉融合着力解决影响公共文化科技服务发展的重大科学和关键技术问题，加强基础研究以不断完善决定公共文化科技服务水平的学科布局，推进应用研究以不断提高文化服务理论的产出质量，为公共文化服务体系建设提供坚强的科技后盾。

（三）研究机制创新

建立新型文化科技研究机构，鼓励公共文化服务领域和科技领域相互渗透的社会机制创新。新型文化科研机构以全新的创新机制、运行机制和用人机制丰富了科技与文化渗透的新内涵，增加并激活了公共文化服务的存量，是深化文化服务改革、完善文化服务体系的必然选择。具体来看我们所提倡建立的新型文化科技研究机构，一是能够瞄准国际文化发展趋势，具备一流科技研发能力和水平，能实现产学研一体化运作的文化产业的领军型创新机构；二是能够充分调动社会积极性，有效利用第三方力量弥补政府公共文化服务供给缺陷，坚持公共文化供给运作机制的市场化，通过科学调查和数据分析能以敏锐眼光发现人民群众精神文化需求，满足社会文化发展需要的桥梁型创新机构；三是能作为激发人员文化工作热情，培养文化管理人才，为政府文化服务机构输送优秀人力资源的储备型创新机构。

（四）协同机制创新

第一，完善公共文化服务领域文化与科技融合的协同推进机制。建立由政府相关文化、科技等部门，按照"梯度结构、分级管理"模式，加强各方资源的集成与互动的组织机制创新，

---

① Skott B. Democracy Digitisation and Public Libraries[J]. Digital Library Perspectives，2021，37（03）：305-323.

逐渐实现共管、共治、联动、协调、有序的公共文化服务目标。

第二，促进公共文化科技服务技术集成创新。综合开发和应用基于大数据的社区公共文化科技服务需求识别与分析技术，建立信息化、智能化的公共文化需求评价系统；综合开发和应用基于大数据的社区公共文化资源挖掘与集成技术，构建公共文化资源库；综合开发和应用公共文化传播全媒体互动传播技术，构建公共文化服务互动传播系统；综合开发和应用公共文化服务智能决策技术，构建公共文化智能决策系统；综合开发和应用公共文化科技服务与绩效评估的智能决策技术，构建公共文化科技服务能力绩效评估技术系统。进一步利用并整合文化资源与创新技术，优化公共文化科技服务模式，将公共文化服务模式从政府单向推动型转变为以需求为导向的互动型，落实公共文化的科技服务平台构建，提升现代服务能力，让科技与文化的融合不只是纸上文书，更是文化服务对象的切身体会，以科技杠杆撬动文化服务高速发展，为社区居民提供优质高效，能满足其精神文化需求的文化服务。

第三，进行公共文化科技服务的投入机制创新。首先培养社会第三方力量或公民个人积极参与文化服务工作的社会责任意识，拓宽公共文化科技服务投入的来源渠道，其次不仅鼓励财政投入，也鼓励智力投入，汇聚多方智慧致力改进公共文化的服务质量，另外充分尊重文化发展自身规律，优化对投入资源的配置，把资源用在最需要的地方，用在文化服务对象最看重的地方，最后优化投入结构，一方面科学设置投入方式，建立健全相关配套制度，另一方面严格规范所获投入的用途，有效提高资源利用效率。

二、政策与制度创新建设

提升公共文化科技服务能力离不开政策设计和制度创新的作用，日常生活中的各类文化活动都离不开政策与制度的持续激励，政策与制度创新的核心内容是通过支配人们行为和相互关系的规则变更，以及组织与其外部环境相互关系的变更，激发人们的创造性和积极性，通过新知识的不断创造和社会资源的合理配置，来推动社会的进步，在制度设计和制度创新的过程中，要十分重视处理好制度与社会结构、社会关系、社会活动需求之间的关系①。当前针对公共文化科技服务能力框架构建和绩效评估过程中遇到的问题所提出的政策与创新设计，摒弃了传统政策制度重强制性轻人文性的设计思路，深入考虑现代环境及文化氛围，依据时代特点和社会发展规律进行设计创新，实现人与人、人与文化环境之间的良性互动，从制度设计、决策体系、文化服务机构、政策建议四个方向进行创新改进，具体内容综合为以下三点。

（一）制度建设

把握科技发展趋势，加强顶层制度设计，推动公共文化科技服务体系再造。积极打造文化服务管理统筹专门机构，确定领导者及相关负责人，注重地方统筹及文化部门组织领导，保证各层级凝聚共识，以问题为导向，补足文化服务发展短板，强化文化领导层的文化服务与科技融合意识，提升文娱机构科技创新能力，优化公共文化服务管理过程，从文化服务工作人员的工作职责、运行程序、监督管理等各个环节同时入手，完善管理制度，加大统筹力

---

① 薛二勇. 考试招生制度改革的政策设计与机制创新——以山东省潍坊市中考改革为例[J]. 中国教育学刊,2014(04):29-33.

度。适应现代信息技术飞速发展趋势,提升现代传播能力,通过上层推动为文化服务建设新平台。另外,坚持建设"文化导向型城市",把文化建设提升到城市发展的战略高度,进一步做好文化服务创新工作,以科技运用提升为突破口,建成保基本、促公平、便捷高效的现代公共文化服务体系。

（二）机构体系

确立公共文化科技服务建设的决策机构、协调机构、管理机构和执行机构,以及审计监察机构和由外部专家组成的咨询机构,形成"四层两翼"的结构和功能。决策机构为保证中层及基层文化服务者的工作积极性和热情,不是进行直接干预,而是建立有效的管理机制,起草规范,明确人员职责和惩处原则,选择称职的工作人员,制定科学的管理制度;协调机构依据及时性原则、关键性原则、激励性原则、沟通情况原则、信息传递原则、激励原则、全局性原则、长远性原则开展协调工作;管理机构首先加紧机构内部的思想作风建设,保证公共文化服务的科学正规性,其次对特殊情况进行差别化管理,在不破坏规则的前提下按需坚持弹性管理,最后重视外部性对服务者的影响,有效利用激励机制进行管理;执行机构坚持"接收—执行—反馈"的运作原则,按照权限开展工作,并向上层定时报告工作情况,有问题及时与上层管理者沟通反馈,除了落实指令,执行机构还承担帮助改进服务工作的职责。由监察审计机构和外部专家组成的咨询机构以外部视角和自己的外部经验触动四大机构的思考,对公共文化服务的改进工作进行客观专业的分析,作为提升公共文化科技服务能力的重要补充。

（三）政策建议

通过创新公共文化服务制度设计推动公共文化服务决策体系创新以及面向社区居民需求的公共文化服务创新。一方面,通过构建公共文化科技服务创新平台,进行公共文化的科技服务能力建设与绩效评估技术综合应用示范,将公共文化科技服务带入社区居民生活中,做到优秀公共文化资源开发成果全民共享;另一方面,通过信息流的反馈循环,在对社区居民公共文化科技服务需求变化进行实时监测的同时,根据不同阶段各类人群需求的变化进行调整,从而为公共文化服务供应方提供决策支持与反馈信息,创新性地实现以人为本的服务型社会。

三、形成可推广的服务模式标准化建设

标准化的内涵是生产和服务具有统一的标准化程序,或者在服务创新的过程中具有较强的组织性和系统性,它与零散化是相对立的。标准化服务就是指对服务产品、流程和应用技术等制定受到普遍认可的通用规则,以达到提升服务效率和服务质量的目的。国际上对服务标准化做过研究的主要机构有国际标准化组织（ISO）、德国标准化协会（DIN）、英国标准化协会（BSI）等。国际标准组织认为,一个标准就是一份文件,用于提供一致使用的要求、说明、方针或特征,以保证相关材料、产品、流程和服务能够满足各自的目标需要。制定标准的目的就是为了保证产品和服务的安全性、可靠性和良好品质[①]。事实上,由于服务产品自身所具有的无形性特征,服务产出无法被作为个体进行严格的测量和比较,所以对于服务业

---

① 孙迎春. 推进政府服务标准化为深化改革清障助力[J]. 紫光阁,2016(11):56-58.

领域来说,很难像制造业那样进行标准化分析。但是,近年来数字信息技术的广泛使用为服务产出效果的衡量提供了一定的技术支撑。考虑标准化的关键特征及服务供给过程中所涉及的技术因素和劳动力因素的可测量性,可以从主要由技术和人力构成的服务模式角度对其进行标准化设计。在公共文化科技服务能力提升体制要形成可推广的服务模式标准化设计的指导要求下,基于所设计的公共文化科技服务绩效评估指标,根据上城区示范应用的反馈结果,进一步制订绩效、服务、指标等三个方面的公共文化科技服务模式标准。

（一）公共文化科技服务绩效管理体制的标准化

在公共文化科技服务绩效管理的实践中引入标准化操作,通过公共文化科技服务标准的建立来衡量和考核公共文化科技服务的实际绩效。围绕公共文化科技服务能力建设和绩效评估技术研究与示范,将政府、企业、民间资源进行整合创新,开展将地区文化资源通过信息科技手段呈现的公共文化科技服务创新平台研发,及能力建设与绩效评估技术综合应用示范,同时为公共文化科技服务能力建设与绩效评估提供政策建议,并形成在公共文化科技服务能力建设、绩效评估等相关方面的技术标准和服务规范。

绩效评估标准的确立深刻影响绩效评估的最终结果,绩效评估管理标准不能凭空而立,应该对实际情况进行科学分析之后立足实际加以确立。由于在实践中存在地域、经济、政治环境等差异,因此团队在检测和评估过程中更多地考虑了地区特性,重新设计更符合地区情况的评估标准,开展具有针对性的应用示范工作,利用信息集成技术满足公共文化服务应用需求。绩效管理体制标准在科学性、可扩展性、前瞻性、可测量性、规范性原则的基础上建立起总体架构,在提高应用效率的同时推动其业务化运用,通过网络与软硬件环境建设、系统部署和平台搭建建立“上下联动”的示范网络体系,通过数字信息系统的集成应用建成实用高效的应用系统,体现体制机制设计与创新成果中科研结果的实用性。绩效管理是系统性工作,它是前后联通互动的,在绩效评估中所借助的公共文化服务系统应用示范一方面是绩效管理的评估指标,另一方面也是绩效管理标准化的导向,可以为公共文化科技服务能力的改进提升提供建设性意见方向,进而形成在公共文化科技服务能力建设、绩效评估等相关方面的技术标准和服务规范。

（二）公共文化科技服务管理体制的标准化

在满足公民文化需求的过程中,运用标准化原理对公共文化科技服务的管理体制进行梳理和科学总结,制定出相应的工作标准,形成规范。完善公共文化科技服务需求识别和决策环节,构建覆盖范围更广、通用性更强的公共文化科技服务创新平台,并运用“工业设计＋嵌入式系统＋网络多媒体技术”模式完善公共文化传播服务的全流程技术集成运转机制,探索创新性、系统性、普遍适用性的公共文化科技服务新模式,创新文化服务管理体制标准化建设。

公共文化服务管理体制标准化建设遵循如下路径:由国家先对标准建立提出整体原则性要求,最核心是明确国家基本公共文化服务的内容、种类、数量和水平;然后向全社会公开,要求地方提出细则性要求和具体实施方案,关键在于与当地经济社会发展水平相适应,具有地域特色①。地区公共文化服务管理标准与国家标准相对应,对中央标准进行具体化、

① 吴晓,王芬林.中国道路——论我国公共文化服务标准化建设.图书馆论坛,2018:1-7(2017-11-06).http://kns.cnki.net/kcms/detail/44.1306.g2.20171106.1320.010.html.

精准化和特色化的延伸,考虑了地方文化服务建设现状、群众的精神文化需求以及经济发展水平。同时,制定推行公共文化服务管理体制标准化的相关配套规定,如明确市委市政府在标准化工作中的权责,出台财政支持、动态调整、监督举报条例等,保证公共文化服务管理体制标准化建设落地化。

（三）公共文化科技服务指标的标准化

对所提供的公共文化科技服务要有明确的、可衡量的具体标准,这个标准是公民基本文化权利保障程度、公民文化需求程度及公共文化服务均等化实现程度的基本参照。首先指标确立以构建服务型政府为导向,政府应该为社会群众提供基本而有保障的文化产品和服务,并且有不断改进的激励因素,满足群众日益增长的文化需求;其次指标内容坚持全面性,指标考量的内容不是公共服务工作人员某一方面的成果、某一时段的成效或者公共文化服务对象某一层面的满足,它反映的是公共文化服务的整体概况,既能显示公共文化服务当前取得的成就,也能发现需要进一步改进的方面;最后实施指标具有标准性,公共文化服务工作人员的工作有据可循,定量考察他们的工作质量,衡量他们的工作目标是否达到,也能够随时或定期地测定他们工作进展程度,使得对公共文化服务实施质量与效果的评价有理有据。

参考文献

[1] Alfred Ho, Paul Coates. Citizen-initiated Performance Assessment: The Initial Iowa Experience [J]. Public Performance & Management Review, 27(3):29-50.

[2] Arendt H. The Human Condition[M]. Chicago: University of Chicago Press, 2013.

[3] Barreto I. Dynamic Capabilities: A Review of Past Research and an Agenda for the Future[J]. Journal of Management, 2010, 36(1):256-280.

[4] Bolin H, Dongjae C, Youngkug S. Research on big data integration architecture design of public cultural services[J]. Library and Information Service, 2020, 64(10): 3.

[5] Brownlee J, Hurl C, Walby K. Corporatizing Canada: Making business out of public-service[M]. Toronto: Between the Lines, 2018.

[6] Buchanan J M. An Economic Theory of Clubs[J]. Economica. 1965, 32(125):1-14.

[7] Buchanan J M, Tullock G. The Calaclus of Consent[M]. Ann Arbor: University of Michigan Press, 1962.

[8] Common, Richard K. Convergence and Transfer: A Review of the Globalization of New Public Management[J]. The International Journal of Public Setor Management, 1998, 11(6).

[9] David E1 Sahn, Stephen D. Younger, Garance Genicot. The Demand for Health Care Service in Rural Tanzania[Z]. Working Paper, 2002(2).

[10] Drnevich P L, Kriauciunas A P. Clarifying the Conditions and Limits of the Contributions of Ordinary and Dynamic Capabilities to Relative Firm Performance[J]. Strategic Management Journal, 2011, 32(3):254-279.

[11] Ferreira J J, Fernandes C I, Rammal H G, et al. Wearable technology and consumer interaction: A systematic review and research agenda[J]. Computers in Human Behavior, 2021, 118: 106710.

[12] George Boyne, Patricia Day, Richard Walker. The Evaluation of Public Service Inspection: A Theoretical Framework[J]. Urban Studies, 2002, 39(7):1197-1212.

[13] Habermas J. Strukturwandel der Öffentlichkeit: Untersuchungen zu einer Kategorie der bürgerlichen Gesellschaft; mit einem Vorwort zur Neuauflage 1990[M]. Berlin: Suhrkamp, 1990.

[14] Hood, C. A public Management for all Seasons[J]. Public Administration, 1991, 69(1):3-19.

[15] Kaiser A. James M. Buchanan/Gordon Tullock. The Calculus of Consent: Logical

Foundations of Constitutional Democracy[M]. Ann Arbor：The University of Michigan Press，1962.

[16] Lourdes Torres，Vicente Pina and Ana Yetano. Performance Measurement in Spanish Local Governments. A Cross-case Comparison Study[J]. Public Administration，2011，89(3):1081-1109.

[17] Malinowski. The Sexual Life of Savages in North-western Melanesia：an Ethnographic Account of Courtship，Marriage，and Family Life Among the Native of the Trobriand Islands，Britosh New Guninea[M]. Abingdon：Routledge and Paul，1957.

[18] Martijn Poel and Eric T. Meyer and Ralph Schroeder. Big Data for Policymaking：Great Expectations，but with Limited Progress? [J]. Policy & Internet，2018，10(3)：347-367.

[19] Olson，M. The Logic of Collective Action [M]. Cambridge，Mass：Harvard Press，1965.

[20] Pietro Michelle and Mike Kennerley. Performance measurement frameworks in public and non-profit sectors[J]. Production Planning & Control，2005(3):134.

[21] Rhys Andrews，George A. Boyne，Jennifer Law，Richard M. Walker. External Constraints on Local Service Standards：The Case of Comprehensive Performance Assessment in English Local Government[J]. Public Administration，2005，83(3):639-656.

[22] Skott B. Democracy Digitisation and Public Libraries[J]. Digital Library Perspectives，2021,37(03):305-323.

[23] T. C. Beierle & J. Cayford，Democracy in Practice：Public Participation in Environmental Decisions[M]. Washington，DC：Resources for the Future Press，2002.

[24] Teece，D.J. Explicating Dynamic Capabilities：The Nature and Microfoundations of (Sustainable)Enterprise Performance[J]. Strategic Management Jounal，2007(28)：1319-1350.

[25] Trivedi A J，Mehta A. Maslow's Hierarchy of Needs-Theory of Human Motivation [J]. International Journal of Research in all Subjects in Multi Languages，2019，7(6)：38-41.

[26] United Nations. Department of Economic and Social Affairs. Population Division. World Population Prospects：The 2015 Revision[M]. United Nations Econ Soc Aff，2015.

[27] Wanyan D，Wang Z. Why low-income people have difficulty accessing to obtain public cultural services? Evidence from an empirical study on representative small and medium-sized cities[J]. Library Hi Tech，2022，40(5)：1244-1266.

[28] 安冬冬.基于数据挖掘技术的常规公交服务水平评价体系研究[D].成都：西南交通大学,2015.

[29] 安彦林.城乡公共文化服务均等化研究——基于供求视角[J].山东财政学院学报,2012(03):67-73.

[30] 奥斯本,盖布勒.改革政府:企业家精神如何改革着公共部门[M].上海:上海译文出版社,2006:1-210.

[31] 白雪.聚类分析中的相似性度量及其应用研究[D].北京:北京交通大学,2012.

[32] 曹晗旭.文化科技对文化事业的促进作用探究[D].沈阳:东北大学,2014.

[33] 曹凯迪,徐挺玉,刘云,张昕.聚类分析综述[J].智慧健康,2016(10):50-53.

[34] 曹志来.发展农村公共文化事业应以政府为主导[J].东北财经大学学报,2006(05):58-60.

[35] 陈宝良.中国的社与会[M].杭州:浙江人民出版社,1996:1-5.

[36] 陈高华,张帆,刘晓.元代文化史[M].广州:广东教育出版社,2009:7-9.

[37] 陈国权,曾军荣.经济理性与新公共管理[J].浙江大学学报(人文社会科学版),2005(02):64-71.

[38] 陈立旭.从传统"文化事业"到"公共文化服务体系"浙江重构公共文化发展模式的过程[J].中共宁波市党校学报,2008(6).

[39] 陈少峰.以文化和科技融合促进文化产业发展模式转型研究[J].同济大学学报,2013(01):55-61.

[40] 陈天祥.不仅仅是"评估":治理范式转型下的政府绩效评估[J].公共管理研究,2008(00):218-228.

[41] 陈天祥,陈琦.政府绩效评估价值取向偏差性研究——来自广东某市S镇的调查[J].中山大学学报(社会科学版),2008(1):179-188.

[42] 陈天祥.新公共管理:政府再造的理论与实践[M].北京:中国人民大学出版社,2007:16.

[43] 陈威.公共文化服务体系研究[M].深圳:深圳报业集团出版社,2006:108-109.

[44] 陈为智.城市社区参与中的互联网虚拟社区建设[J].兰州学刊.2009(1):173-175.

[45] 陈晓晖,姚舜禹.高质量供给与高质量需求有效对接是供给侧改革之旨归[J].当代经济管理,2022,44(08):17-22.

[46] 陈志强.非政府组织在构建公共文化服务体系中的作用[J].北京观察,2008(03):54-57.

[47] 程贵峰、李慧芳、赵静、冉伟.可穿戴设备——已经到来的智能革命[M].北京:机械工业出版社,2015.

[48] 程亚男.论社区图书馆的建构与发展[J].图书馆杂志,2002,21(1):54-57.

[49] 程样国,韩艺.国际新公共管理浪潮与行政改革[M].北京:人民出版社,2007.

[50] 戴学清,柏雪梅.基床系数的确定方法综述[J].山西建筑,2011(08):52-53.

[51] 道格拉斯·诺斯.理解经济变迁过程[M].北京:中国人民大学出版社,2008.

[52] [德]哈贝马斯.公共领域的结构转型[M].曹卫东译,上海:学林出版社,1999.

[53] [德]滕尼斯.共同体与社会[M].北京:商务印书馆,1999:52-53.

[54] 邓慈武.社区图书馆与社区文化建设[J].湖南文理学院学报(社会科学版),2005(1):104-106.

[55] 丁玉兰.人机工程学[M].北京:北京理工大学出版社,2000:1.

[56] 东莞公共文化服务体系日益完善[EB/OL]. http://news.sun0769.com/dg/video/

201706/t20170617_7433119.shtml,2017-06-17.

[57] 杜立婕.城市社区文化建设与社会主义和谐社会的构建[J].求实,2006(3):59-63.

[58] 对话:构建公共文化服务体系——"构建公共文化服务体系"研讨会举行[N].中国文化报,2005-04-28.

[59] 范柏乃.公共管理研究与定量分析方法[M].北京:科学出版社,2013:277.

[60] 方天川.上城区上羊市街社区[J].杭州生活品质,2014(6):87-87.

[61] 费高云.通过创新提高公共文化服务水平[N].人民日报,2016-01-21(007).

[62] 费孝通.当前城市社区建设一些思考[J].群言,2000(08):13-15.

[63] 冯淑珍.积极运用新兴媒体提高公共文化服务能力[J].甘肃科技,2013(11):69-70.

[64] 付长志.社区乡镇公共电子阅览室的建设与存在问题探讨[J].内蒙古科技与经济,2011(9):145-147.

[65] 付伟宇.模糊决策树的应用研究与系统设计实现[D].广州:华南理工大学,2014.

[66] 傅才武.当代公共文化服务体系建设与传统文化事业体系的转型[J].江汉论坛,2012(01):134-140.

[67] 傅才武.数字技术作为文化高质量发展的方法论:一种技术内置路径变迁理论[J].人民论坛·学术前沿,2022,255(23):22-31.

[68] 傅才武,宋文玉.创新我国文化领域事权与支出责任划分理论及政策研究[J].山东大学学报(哲学社会科学版),2015(06):01-20.

[69] 高占祥.论社区文化[M].北京:文化艺术出版社,1994.

[70] 公共文化服务系列报道之二:让文化阳关普照大众[EB/OL]. http://hxd.wenming.cn/whtzgg/2010-05/13/content-118240.htm. 2010-5-3.

[71] 顾金孚.农村公共文化服务市场化的途径与模式研究[J].学术论坛,2009(5).

[72] 郭美荣,李瑾,马晨.数字乡村背景下农村基本公共服务发展现状与提升策略[J].中国软科学,2021(07):13-20.

[73] 郭玉滨.决策树算法研究综述[J].电脑知识与技术,2006(02):155+160.

[74] 贵州数字图书馆.数字图书馆推广工程的总体框架[EB/OL]. http://www.gzlib.org/areas/gz/tuiguang/index.html,2017-12-16.

[75] 哈罗德·德姆塞茨.所有权、控制与企业:论经济活动的组织[M].北京:经济科学出版社,1999:115.

[76] 哈罗德·拉斯韦尔.社会传播的结构与功能[M].何道宽,译.中国传媒大学出版社,2012:66-69.

[77] 韩家炜,坎伯.数据挖掘概念与技术[M].北京:机械工业出版社,2006:1-100.

[78] 韩留.传感器技术在电气自动化系统智能化中的应用[J].信息记录材料,2022,23(09):105-107.

[79] 韩小孩,张耀辉,孙福军,王少华.基于主成分分析的指标权重确定方法[J].四川兵工报,2012(10):124-126.

[80] 韩笑迎.穿戴设备电能无线传输距离延伸方法研究[D].大连:大连理工大学,2022.

[81] 韩志远.论元代闽南多元文化的形成与发展[A].福建省炎黄文化研究会、泉州市政协.闽南文化研究——第二届闽南文化研讨会论文集(上)[C].福建省炎黄文化研究会、泉

州市政协,2003:20.

[82] 杭州文史网.元代杭州:从偏安政权首都到帝国南方统治中心[EB/OL].http://www.
hangchow.org/contents/23/26_v.aspx♯top,2017-3.

[83] 杭州在线.对话杭州,高端访谈——杭州市上城区委书记陈红英对话网友[EB/OL].
http://hangzhou.zjol.com.cn/hangzhou/system/2013/01/09/019076515.shtml,
2013-01-09/2013-08-06.

[84] 何晓龙.国内学界农村公共文化服务供需失衡研究述评[J].国家图书馆学刊,2021,30
(05):101-113.

[85] 贺孝莉.改进的关联规则算法在教学评价中的研究与应用[J].电子世界,2014(01):
199-201.

[86] 贺怡,傅才武.数字文化空间下公共文化服务体系建设的创新方向与改革路径[J].国家
图书馆学刊,2021,30(02):105-113.

[87] 胡税根,李娇娜.我国公共文化服务发展的价值、绩效与机制优化[J].中共杭州市委党
校学报,2012(02):4.

[88] 胡税根,李幼芸.省级文化行政部门公共文化服务绩效评估研究[J].中共浙江省委党校
学报,2015(01):26.

[89] 胡税根,齐胤植.大数据驱动的公共服务需求精准管理:内涵特征、分析框架与实现路
径[J].理论探讨,2022(01):77-85+2.

[90] 黄波.多元供给机制下公共文化服务的主体困境及出路[J].青海师范大学学报(哲学社
会科学版),2018,40(03):53-58.

[91] 黄靖,刘盛和.城市基础设施如何适应不同类型流动人口的需求分析[J].武汉科技大学
学报,2005(4):284-287.

[92] 黄杉,张越,华晨,汤婧婕.开发区公共服务供需问题研究[J].城市规划,2012(02):16-
23+36.

[93] 霍布斯.利维坦[M].北京:中国社会科学出版社,2007:267.

[94] 简定雄.现代科技为文化插上腾飞的翅膀[N].中国文化报,2015-06-09(007).

[95] 简·麦戈尼格尔.游戏改变世界[M].杭州:浙江人民出版社,2012:21.

[96] 姜念云.文化与科技融合的内涵、意义与目标[N].中国文化报,2012-02-14(003).

[97] 姜艳.基于用户需求挖掘的高校图书馆数字资源规划[J].情报资料工作,2008(06):
58-61.

[98] 蒋波、汤诗瑶.十九大代表聚焦文化建设发展:谱写中华文化新史诗[EB/OL].人民网,
http://culture.people.com.cn/n1/2017/1020/c1013-29599544.html,2017-10-20.

[99] 蒋建梅.政府公共文化服务体系绩效评价研究[J].上海行政学院学报,2008(07):
60-65.

[100] 蒋茂凝.网络时代美国版权保护制度之调整[J].中南工业大学学报(社会科学版),
2001(7):188-192.

[101] 蒋晓丽,石磊.公益与市场:公共文化建设的路径选择[J].广州大学学报(社会科学
版),2006(08):65-69.

[102] 焦德武.公共文化服务体系的绩效评价[J].安徽农业大学学报(社会科学版),2011

（01）：47-52.

[103] 焦李成. 神经网络系统理论[M]. 西安：西安电子科技大学出版社，1990.

[104] 金家厚. 我国都市公共文化需求的形成及趋势[J]. 长白学刊，2009（3）.

[105] 孔进. 我国政府公共文化服务提供能力研究[J]. 山东社会科学，2010（03）：122-128.

[106] 劳启明. 基于密度的快速图像分割方法研究[D]. 广州：华南理工大学，2016.

[107] 赖国毅，陈超. SPSS 17.0 常用功能与应用[M]. 北京：电子工业出版社，2010：209.

[108] 蓝石. 社会科学定量研究的变量类型、方法选择及范例解析[M]. 重庆：重庆大学出版社，2011：79.

[109] 雷艳敏. 基于神经网络的组合导航系统故障诊断技术研究[D]. 哈尔滨：哈尔滨工程大学，2006.

[110] 李东来，宛玲，金武钢. 公共图书馆信息技术应用[M]. 北京：北京师范大学出版社，2013.

[111] 李国新. 对我国现代公共文化服务体系建设的思考[EB/OL]. http://www.npc.gov.cn/npc/xinwen/2016-04/06/content_1986532.htm，2016-04-06.

[112] 李国新，李斯. 现代公共文化服务体系实现跨越式发展[J]. 中国报道，2022（10）：36-39.

[113] 李景源，陈威等. 中国公共文化服务发展报告[M]. 北京：社会科学文献出版社，2007.

[114] 李妙月. 基层公共文化服务人才的实践能力培养所需要的资源条件分析[J]. 经营管理者，2017（05）：290-291.

[115] 李荣菊，侯妍妍. 加强文化科技融合提升公共文化服务效能[J]. 卷宗，2014（10）：566-567.

[116] 李少惠，王苗. 农村公共文化服务供给社会化的模式构建[J]. 国家行政学院学报，2010（2）.

[117] 李少惠，王婷. 我国公共文化服务政策的价值识别及演进逻辑[J]. 图书馆，2019（09）：18-26.

[118] 李少惠，余君萍. 公共治理视野下我国农村公共文化服务绩效评估研究[J]. 图书与情报，2009（6）：52.

[119] 李世敏. 公共文化服务效能提升的三个维度及其定位[J]. 图书馆理论与实践，2015（09）：10-13.

[120] 李昱. 构建图书馆公共服务体系推进文化信息资源共建共享[J]. 大理学院学报，2007（S1）：107-108+116.

[121] 李邹玲. 社区文化活动中心管理信息系统的统计与实现[D]. 电子科技大学，2014.

[122] 联合国教科文组织. 世界文化多样性宣言[Z]. 2001-11-02.

[123] 廖清成. 我国中部地区农村公共品供需偏好研究[J]. 浙江学刊，2006（01）：54-59.

[124] 林怡. 整合文化资源，构建公共文化服务体系[J]. 经济与社会发展，2008（06）：129-131.

[125] 刘佳丽，谢地. 西方公共产品理论回顾、反思与前瞻——兼论我国公共产品民营化与政府监管改革[J]. 河北经贸大学学报，2015（05）：11-17.

[126] 刘敬严. 完善文化需求表达推进公共文化服务健康发展[J]. 石家庄铁道大学学报（社

会科学版),2012(02):56-58+63.

[127] 刘琦岩.推进科技与文化深度融合,支撑引领文化产业发展[J].甘肃科技,2012(01):01-02.

[128] 刘卿卿,陶辛.农村社区居民公共文化需求意愿表达的实证研究——以山东省某农村社区为例[J].学理论,2015(04):201-202.

[129] 刘晓莉,戎海武.基于遗传算法与神经网络混合算法的数据挖掘技术综述[J].软件导刊,2013(12):129-130.

[130] 刘笑霞.我国政府绩效评价理论框架之构建——基于公共受托责任理论的分析[M].厦门:厦门大学出版社,2011:162.

[131] 龙锦.日本新媒体产业[M].北京:中国国际广播出版社,2012:17-30.

[132] 卢晶晶.基于数据挖掘的教学评价系统[D].南京:河海大学,2007.

[133] 鲁萍.老龄化背景下的上海城市居家养老服务问题研究[D].上海:上海师范大学,2012.

[134] 吕方.我国公共文化服务需求导向转变研究[J].学海,2012(06):57-60.

[135] 吕芳.公共服务政策制定过程中的主体间互动机制——以公共文化服务政策为例[J].政治学研究,2019(03):108-120+128.

[136] 罗建平."社区"探源[J].华东理工大学学报(社会科学版),2009(2).

[137] 罗云川,李彤.公共文化资源共享治理策略探析[J].图书馆工作与研究,2016(04).28-32.

[138] 罗志忠,张丰焰.主成分分析法在公路网节点重要度指标权重分析中的应用[J].交通运输系统工程与信息,2005(06):78-81.

[139] 罗竹风.汉语大词典(第七卷)[Z].上海:汉语大词典出版社,1991:831.

[140] 麻省理工科技评论.科技之巅[M].北京:人民邮电出版社,2016:84.

[141] 马斯格雷夫.财政理论与实践(第5版)[M].北京:中国财政经济出版社,2010.

[142] 马相武.加快文化与科技的深度融合[N].中国文化报,2012-03-22(003).

[143] 毛少莹.公共文化服务绩效指标体系若干基本问题思考[A].社会科学文献出版社,2012.

[144] 毛寿龙,李梅,陈幽泓.西方政府的治道变革[M].北京:中国人民大学出版社,1998:300.

[145] [美]R.S.林德,H.M.林德.米德尔敦:当代美国文化研究.盛学文等译[M].北京:商务印书馆,1999.

[146] [美]丹.斯坦博克.移动革命[M].岳蕾,周兆鑫译.北京:电子工业出版社,2006:35-52.

[147] [美]哈罗德·D.拉斯韦尔.政治学[M].北京:商务印书馆,1992.

[148] [美]克里斯·安德森.长尾理论[M].北京:中信出版社,2015:57.

[149] [美]约翰·H.立恩哈德著,刘晶等译.智慧的动力[M].长沙:湖南科技出版社,2004:9.

[150] [美]珍妮·V.登哈特,罗伯特·B.登哈特.新公共服务:服务而不是掌舵仁[M].中国人民大学出版社,2004:6.

[151] 牛华."内生外包合作"——我国公共文化服务机制创新的类型及其经验分析[J].内蒙古财经学院学报(综合版),2010(01):108-112.

[152]《纽约时报》的转型之痛[EB/OL]. http://www. scio. gov. cn/cbw/qk/4/2010/11/Document/810523/810523. htm,2010-11-22.

[153] 农家书屋与公共图书馆资源的融合共建[G]//嘉兴市城乡一体化公共文化服务创新案例集成.嘉兴市文化广电新闻出版局,2015.(The resources integration and cooperative development of the farmers'reading roomsand public libraries[G]// The collection of urban and rural public cultural service innovation cases of Jiaxing City. Bureau of Culture, Broadcasting, Television, Press and Publication of Jiaxing City,2015.)

[154] 欧建华.整合文化资源构建县级图书馆公共文化服务体系[J].图书馆理论与实践. 2011(01).

[155] 欧阳安.日本构建"公共文化服务体系"的成功秘诀[N].中国文化报,2016-07-11 (003).

[156] 潘娟.基于农民需求导向的农村公共文化服务供给研究[D].武汉:华中师范大学,2014.

[157] 彭建盛,李涛涛,侯雅茹,许恒铭.基于机器学习的裂纹识别研究现状及发展趋势[J]. 广西科学,2021(03):215-228.

[158] 邱梦华,秦莉,李晗,孙莉莉.城市社区治理[M].北京:清华大学出版社,2013.

[159] 任广乾,王昌明.公共产品的多元化供给模式及影响分析[J].发展,2006(11):95-96.

[160] 任亚洲.高维数据上的聚类方法研究[D].广州:华南理工大学,2014.

[161] 荣跃明.公共文化的概念、形态和特征[J].毛泽东邓小平理论研究,2011(03):38-45 +84.

[162] 塞洁,温平川等,社区信息化建设与发展范例[M].北京:人民邮政出版社,2008:124.

[163] 桑德斯著.社区论[M].徐振译.台北:黎明文化事业股份有限公司,1982:94-95.

[164] 申彦.大规模数据集高效数据挖掘算法研究[D].镇江:江苏大学,2013.

[165] 沈业民.大力开发与提升图书馆公共文化服务能力[J].新世纪图书馆,2010(1): 97-99.

[166] 数字图书馆推广工程[EB/OL]. http://www. ndlib. cn/,2012-05-21.

[167] 斯蒂格利茨.经济学[M].北京:中国人民大学出版社,2000:140.

[168] 宋世明等.西方国家行政改革述评[M].北京:国家行政学院出版社,1998:265.

[169] 宋新波,崔丽荣.长白山文化的历史成因及地域特点[J].学问,2003(01):4-6.

[170] 孙刚,罗昊.乡村振兴背景下文化治理现代化的价值意蕴与政策路径[J].江汉论坛, 2021(07):85-90.

[171] 孙迎春.推进政府服务标准化为深化改革清障助力[J].紫光阁,2016(11):56-58.

[172] 唐鑫,李茂.北京公共文化设施与服务的问题、原因及对策[J].中国市场,2014(03): 106-113.

[173] 田金萍.互联网线上线下融合模式(O2O)的公共文化服务研究[M].兰台世界,2016 (24):81-84.

[174] 田忠强.提升公共图书馆公共文化服务能力的保障机制探究[J].图书情报工作,2013 (20):73-77.

[175] 童潇.智慧城市与城市治理现代化——基于杭州上城区的案例分析[J].中共浙江省委党校学报,2014(06):66-73.

[176] 万林艳.公共文化及其在当代中国的发展[J].中国人民大学学报,2006(1):98-103.

[177] 王大为.公共文化服务的基本特征与现代政府的文化责任[J].齐齐哈尔师范高等专科学校学报,2007(03):67-69.

[178] 王广振,曹晋彰.文化资源的概念界定与价值评估[J].人文天下,2017(07):27-32.

[179] 王骏.无监督学习中聚类和阈值分割新方法研究[D].南京:南京理工大学,2010.

[180] 王丽莉,田凯.新公共服务:对新公共管理的批判与超越[J].中国人民大学学报,2004 (05),104-110.

[181] 王敏.分类属性数据聚类算法研究[D].镇江:江苏大学,2008.

[182] 王明,郑念.众包科普的发展:现实基础、制约因素与促进政策[J].2021(19):98-103.

[183] 王庆红,王平.企业用户情报需求挖掘及资源关联可视化展示研究[J].图书与情报,2014(03):27-32.

[184] 王世伟.文化共享工程与基本公共文化服务均等化论略.载:张彦博.公共文化服务的创新与跨越——全国文化信息资源共享工程建设研究论文集[M].国家图书馆出版社,2010.

[185] 王天铮.解析伦敦市政府公共文化管理模式[N].中国文化报,2011-08-25(007).

[186] 王学娟.现代公共文化服务体系下群众文化建设分析[J].文化产业,2022(36):147-149.

[187] 王学思.国家公共文化云平台:开启数字服务新时代[EB/OL].http://www.huaxia.com/zhwh/whxx/2017/12/5562739.html,2017-12-06.

[188] 王伟栋、费洁、杨英东、钱峰.基于MEMS的数据手套传感器技术研究[J].微型电脑应用.2014,30(1):39.

[189] 王彦璋.浅论乌鲁木齐市社区公共文化服务体系存在的问题和对策[J].中共乌鲁木齐市委党校学报,2009(1):45-48.

[190] 王媛媛.利用互联网推动城市社区公共文化服务[J].辽宁经济,2010(7):42-43.

[191] 文化科技融合政策实践并举——北京市全方位加快构建现代公共文化服务体系[EB/OL].http://www.xinhuanet.com/local/2015-07/25/c_1116039372.htm,2015-07-25.

[192] 翁列恩,胡税根.公共服务质量:分析框架与路径优化[J].中国社会科学,2021,No.311(11):31-53+204-205.

[193] 翁列恩,钱勇晨.我国公共文化服务需求反馈模式研究[J].文化艺术研究,2014(02):20-26.

[194] 巫志南.社区公共文化服务[M].北京:北京师范大学出版社,2012.

[195] 巫志南.为社会力量参与公共文化服务提供指引和路线图[N].中国财经报,2015-04-23(007).

[196] 巫志南.现代服务性公共文化体制创新研究[J].华中师范大学学报(人文社会科学

版),2008(4).

[197] 吴简彤,王建华.神经网络技术及其应用[M].哈尔滨:哈尔滨工程大学出版社,1997.

[198] 吴军.智能时代:大数据与智能革命重新定义未来[J].金融电子化,2016(11):93.

[199] 吴文藻.文化表格文明[J].社会学界,1939(10).

[200] 吴小坤,吴信训.美国新媒体产业[M].北京:中国国际广播出版社,2012:28-32.

[201] 吴晓,王芬林.中国道路——论我国公共文化服务标准化建设[J].图书馆论坛,2018,38(02):36-43

[202] 吴永忠.科技创新趋势与国家科技基础条件平台的建设[J].自然辩证法研究,2004(9):73-76.

[203] 夏国锋,吴理财.公共文化服务体系研究述评[J].理论与改革,2011(01):156-160.

[204] 夏怡凡.SPSS统计分析精要与实例详解[M].北京:电子工业出版社,2010:238-245.

[205] 向勇,喻文益.公共文化服务绩效评估的模型研究与政策建议[J].现代经济探讨,2008(01):21-24.

[206] 肖婷.美国公共文化服务体系建设研究[D].武汉:湖北大学,2014.

[207] 谢晶仁.论社区文化建设新论[M].北京:中央文献出版社,2007.

[208] 新文.新加坡构建高效能公共文化体系[N].中国文化报,2015-06-29(003).

[209] 熊婉彤,周永康.社区公共文化服务的居民参与:公共服务质量与动机的双重驱动[J].图书馆建设,2021(03):34-45.

[210] 休谟.人性论[M].北京:商务印书馆,1997:525.

[211] 休斯.公共管理导论(第二版)[M].北京:中国人民大学出版社,2001:62.

[212] 徐波、文武.数据手套中传感器技术的研究[J].测控技术.2002,21(8):6.

[213] 徐冠华.全面落实科学发展观[J].杭州科技,2004(02):04-08.

[214] 徐海彪,劳印.2015年浙江省信息化发展指数统计监测报告[J].统计科学与实践,2013(12):8-10.

[215] 徐玲.发挥非政府组织在统筹城乡公共文化建设中的作用[EB/OL].http://www.bjqyg.com/magazine/detail.aspx? ID=188,2009-09-02.

[216] 徐清泉.公共文化服务评估研究:现状、需求及要素[J].毛泽东邓小平理论研究,2012(08):57-62+115.

[217] 徐永祥.社区发展论[M].上海:华东理工大学出版社,2000:54.

[218] 许剑波.谁掌握了未来21世纪的社会主义与资本主义:印度这大象[M].深圳:海天出版社,2010:214.

[219] 薛二勇.考试招生制度改革的政策设计与机制创新——以山东省潍坊市中考改革为例[J].中国教育学刊,2014(04):29-33.

[220] 亚当·斯密.论国民与国家的财富[M].北京:光明日报出版社,2006:220.

[221] 闫聪.O2O模式的发展历程研究[J].中外企业家,2016(02):3.

[222] 闫平.服务型政府的公共性特征与公共文化服务体系建设[J].理论学刊,2008(12).

[223] 杨斌.农村现代公共文化服务体系建设:成就、问题与路径——基于西安市的调查[J].图书馆杂志,2019,38(11):30-36+20.

[224] 杨乘虎,李强."十四五"时期公共文化服务高质量发展的新观念与新路径[J].图书馆

论坛,2021,41(02):1-9.

[225] 杨光斌.政治学导论[M].北京:中国人民大学出版社,2011:289-291.

[226] 杨怀中.科技文化是构建和谐社会的重要资源[J].哲学研究,2006(05):117-119.

[227] 杨怀中.科技文化与当代中国和谐社会建构(第1版)[M].北京:中国社会科学出版社,2008:12.

[228] 杨永恒.公共文化服务的五个难题[J].人民论坛,2011(31):53-53.

[229] 杨泽喜,陈继林.国家公共文化服务体系价值分层论[J].湖北行政学院学报,2014(01):75-79.

[230] 杨泽喜.建构工具理性与价值理性契合的公共文化服务评估体系[J].中国地质大学学报(社会科学版),2012(01):132-136.

[231] 杨震.科技创新下的公共文化服务探讨[J].经济视野,2012(09):34-36.

[232] 姚雪清.江苏试点农家书屋纳入县级图书馆[N].人民日报,2015-04-02(12).(Yao Xueqing. Jiangsu pi-lot to embedding farmers'reading room into county public librar-ies[N]. People's Daily,2015-04 02(12).)

[233] 叶建武,龙磊,张竖煜.株洲市:聚焦文化科技融合提升公共文化服务效能[EB/OL]. http://www.hnswht.gov.cn/new/whgj/whyw/content_104433.html,2017-01-14.

[234] 叶继元.图书馆学期刊质量"全评价"探讨及启示[J].中国图书馆学报,2013(04):83-92.

[235] 伊卫国.基于关联规则与决策树的预测方法研究及其应用[D].大连:大连海事大学,2012.

[236] 游祥斌,杨薇,郭昱青.需求视角下的农村公共文化服务体系建设研究[J].中国行政管理,2013(07):68-73.

[237] 于良芝.Community Informatics 的"西学东渐"——期待与思考[J].中国图书馆学报,2013,39(3):63-67.

[238] 于平.公共文化服务的科技支撑与文化供给[N].中国文化报,2016-12-15(009).

[239] 俞月丽,朱晔琛.开放式图书采购的浙江样板——浙江图书馆"U 书"快借案例分析.图书馆研究与工作[J].2017(10):22-25.

[240] 虞茜.基于主成分分析法的我国商业银行经营绩效分析[D].成都:西南财经大学,2011.

[241] 詹利华,刘晓清.区域数字图书馆与公共电子阅览室建设研究.载:张彦博.公共文化服务的创新与跨越——全国文化信息资源共享工程建设研究论文集[M].北京:国家图书馆出版社,2010.

[242] 张礼建,李佳家.论社区文化与和谐社会建设的关系[J].重庆大学学报(社会科学版),2005(6):38-40.

[243] 张楠.纵横结构的公共文化服务体系模型建构[J].浙江社会科学,2012(03).

[244] 张讴.印度文化产业[M].北京:外语教学与研究出版社,2007:256.

[245] 张麒.论科技创新是推动公共文化服务建设的重要引擎[D].成都:四川省社会科学院,2013.

[246] 张小波.数字社区建设纪实[J].社区,2004(03):18-18.

[247] 张小玲.国外政府绩效评估方法比较研究[J].软科学,2004(05):01-04.

[248] 张晓霞.绍兴市公共文化产品的消费生态与供给绩效[J].绍兴文理学院学报(自然科学),2015,35(03):69-74.

[249] 张亚雄.社区文化的和谐是建设和谐社区的关键[J].高等教育与学术研究,2008(6):140-143.

[250] 赵红川.信息化发展与公共文化服务变革[J].四川理工学院学报(社会科学版),2016(02):98.

[251] 赵双双.微光学集成的高精度 MOEMS 加速度传感器研究[D].杭州:浙江大学,2013.

[252] 赵新峰,王洛忠.地方公共文化服务现状探析——基于河北省 A 市的实证研究[J].中国行政管理,2013(05):57-60.

[253] 珍妮特·登哈特,罗伯特·登哈特.新公共服务:服务,而不是掌舵[M].北京:中国人民大学出版社,2010:5.

[254] 中共中央办公厅,国务院办公厅.关于加快构建现代公共文化服务体系的意见[Z].2015-01-14.

[255] 中共中央关于全面深化改革若干重大问题的决定[Z].中国共产党第十八届中央委员会第三次全体会议通过决议,2013.

[256] 中国社科院文化研究中心.近年来中国公共文化服务发展研究报告[J].中国经贸导刊,2008(7).

[257] 中华人民共和国文化部调研组,董伟."文化科技对文化创新驱动力"调研报告[J].艺术百家,2013,29(05):1-5+32.

[258] 中华人民共和国文化部调研组,董伟."文化科技对文化创新驱动力"调研报告[J].艺术百家,2013,29(05):1-5+32.

[259] 中共武汉市委武汉市人民政府关于推进文化科技创新、加快文化与科技融合发展的意见[EB/OL].http://eco.wh.gov.cn/zwgk/zcfg/10083.htm,2015-07-22.

[260] 钟新革.东莞市村(社区)公共电子阅览室制度建设思考[J].科技咨询,2013(30):249-250.

[261] 周晓丽,毛寿龙.论我国公共文化服务及其模式选择[J].江苏社会科学,2008(01):90-95.

[262] 周燕.国外公共物品多元化供给观念的演进及启示[A].中国科学学与科技政策研究会.首届中国科技政策与管理学术研讨会 2005 年论文集(下)[C].中国科学学与科技政策研究会,2005:9.

[263] 周阳,汪勇.大数据重塑公共决策的范式转型、运行机理与治理路径[J].电子政务,2021,No.225(09):81-92.

[264] 周旖."十四五"时期广东公共文化服务体系建设的重点问题探讨[J].图书馆论坛,2021,41(02):23-31.

[265] 朱旭光,郭晶.双重失灵与公共文化服务体系建设[J].经济论坛,2010(03):57-59.

[266] 竺乾威.公共行政学[M].上海:复旦大学出版社,2014:369-370.

[267] 祝碧衡,蒋慧,沙青青.上海加快文化科技创新融合的对策研究[J].经济研究导刊,2014(04):228-232.

［268］邹媛.基于决策树的数据挖掘算法的应用与研究［J］.科学技术与工程,2010,10(18)：
　　　4510-4515.

［269］邹振宇,王鹏涛.价值共创视角下公益性数字图书馆运作模式与路径创新研究［J］.图
　　　书馆学研究,2021(02):48-57.

后　记

　　本书是由我主持的国家科技支撑计划项目"公共文化科技服务能力建设绩效评估技术研究与示范"(2015BAK26B00)的主要研究成果之一。该项目于2015年7月1日立项,由三个课题构成,分别是:课题一"公共文化科技服务能力建设与绩效评估体系及共性技术研究"(2015BAK26B01),承担单位为清华大学;课题二"公共文化科技服务创新平台研发"(2015BAK26B02),承担单位为杭州尼尔森网联媒介数据服务有限公司;课题三"公共文化科技服务能力建设与绩效评估技术综合应用示范"(2015BAK26B03),承担单位为浙江大学。其中课题三"公共文化科技服务能力建设与绩效评估技术综合应用示范"在课题一(公共文化科技服务能力建设与绩效评估体系及共性技术研究)和课题二(公共文化科技服务创新平台研发)的基础上,分别选取杭州市上城区湖滨街道、小营街道、南星街道各一个典型社区开展公共文化科技服务能力建设与绩效评估综合应用示范工作。本书立足于全新的时代背景,总结提炼课题研究成果,用现代信息科技手段,整合文化服务资源以服务文化民生,推动公共文化服务发展,致力于满足人民群众不断增长的对公共文化服务的需要。

　　本书是集体智慧的结晶。由胡税根教授总体构思与统筹设计,并由浙江大学公共管理学院胡税根教授团队、浙江大学国际文化与传媒学院卢小雁教授团队、浙江大学计算机科学与技术学院工业设计系罗仕鉴教授团队、天津大学计算机科学与技术学院(现湖南师范大学信息科学与工程学院)代建华教授团队等共同协作完成。书稿的写作分工如下:第一章"绪论",浙江大学公共管理学院胡税根、武汉体育学院经济与管理学院徐靖芮;第二章"公共文化科技服务的国内外实践研究",浙江万里学院法学院吴沁晔、武汉体育学院经济与管理学院徐靖芮;第三章"面向社区的公共文化科技服务互动传播系统研发",湖南师范大学信息科学与工程学院代建华、天津大学计算机科学与技术学院高帅超、王颖瑶、翟燕升、范扬;第四章"文化资源信息收集与分析服务系统研发",浙大城市学院艺术与考古学院边泽;第五章"公共文化服务资源O2O互动传播应用系统研发",浙江大学国际文化与传媒学院卢小雁、许今茜、朱睿玲、顾梦洁;第六章"可穿戴式交互体验产品研发",浙江大学计算机科学与技术学院罗仕鉴、浙大城市学院艺术与考古学院边泽;第七章"公共文化科技服务需求挖掘能力建设应用研究",杭州市临安区人民政府王汇宇、湖州市德清县禹越镇人民政府沈星一;第八章"公共文化科技服务供需匹配能力建设应用研究",浙江大学公共管理学院齐胤植、汉海信息技术(上海)有限公司鲁界兵;第九章"公共文化科技服务资源挖掘能力建设应用研究",浙江工业大学公共管理学院翁列恩、杭州市人民政府办公厅李军良、重庆两江新区开发投资集团有限公司莫锦江;第十章"公共文化科技服务绩效评估能力建设应用研究",安徽省阜阳市颍州区政协办公室王金虎、腾讯科技(深圳)有限公司陶铸钧、金华市永康市芝英镇人民政府严卓可;第十一章"公共文化科技服务资源配置决策能力建设应用研究",浙江大学公共管理学院李倩、天津市东丽区人民政府孙学智；第十二章"公共文化科技服务能力的现状与体制机制建设的提升研究"，浙江省经济信息中心冯锐、云南省玉溪市财政局鲁芮希、浙江大学公共管理学院齐胤植。

浙江大学公共管理学院傅荣校教授、许法根副教授、潘有能副教授，浙江大学人文学院黄健教授，华东政法大学马克思主义学院傅守祥教授，浙江大学传媒与国际文化学院吴赟教授、吴丰军副教授，浙江大学人文学院沈华清副教授、清华大学经济管理学院陈劲教授，清华大学公共管理学院杨永恒教授，浙江大学计算机科学与技术学院罗仕鉴教授，浙江工业大学公共管理学院翁列恩教授，杭州电子科技大学管理学院刘广副教授等老师，时年在读的梅亮、李幼芸、陈雪梅、娄鹏、任欢、王孝竹、叶夏菁、李倩、单立栋、王敏、卓越、林雨轩、张笑宇、董烨楠、张宇飞、潘予、边泽、胡骏、黄德标、苏华仕、谌丽鹦等博士和硕士研究生积极参与了项目和课题的设计和申报工作；在项目研究过程中，清华大学经济管理学院陈劲教授、清华大学公共管理学院杨永恒教授、清华大学经济管理学院李纪珍副教授，天津大学计算机科学与技术学院代建华教授，尼尔森网联媒介数据服务有限公司董事长张余，北京尼尔森网联研究中心总监杨晓玲，北京尼尔森网联研发中心工程师朱攀，浙江大学计算机科学与技术学院罗仕鉴教授，浙江大学图书馆田稷副馆长，浙江大学公共管理学院许法根副教授，浙江大学传媒与国际文化学院卢小雁教授，浙江大学教育学院温煦教授，浙江大学信息技术中心工程师洪波，浙江大学图书馆助理馆员杨柳，浙江大学传媒与国际文化学院实验室沈斌工程师、许今茜助理研究员，清华大学博士后龚璞、博士生何文天等人在课题研究中做出了巨大的贡献。复旦大学国际关系与公共事务学院唐亚林教授，上海交通大学安泰经济与管理学院陈继祥教授，浙江大学公共管理学院郁建兴教授，浙江大学软件学院杨小虎教授，兰州大学管理学院李少惠教授，华中师范大学政治与国际关系学院吴理财教授，中国计量大学人文与外语学院邱高兴教授，东华大学旭日管理学院戴昌钧教授，上海社会科学院文学研究所巫志南研究员，浙江大学公共管理学院李超平副教授、浙江大学城市学院阮可副教授，浙江省文化厅公共文化处仲建忠处长，浙江省委党校陈立旭教授，江山市文广新局赵敏局长等在课题启动阶段给予认真指导；浙江大学软件学院杨小虎教授，浙江大学教育学院郑芳教授，中国计量大学经济与管理学院乐为教授，浙江工业大学余浩教授，浙江理工大学郭爱芳教授等在项目中期验收评审中提出了建设性的意见；中国工程院创新研究室主任李新男，中国科学院大学经济与管理学院官建成教授，北京师范大学艺术与传媒学院杨乘虎教授，中央民族大学良警宇教授，清华大学文化创意发展研究院李昶研究员在公共文化科技服务标准专家论证会上提出了宝贵的建议；浙江大学国际文化与传媒学院卢小雁、沈斌、许今茜，浙江大学公共服务与绩效评估研究中心助理研究员邵文韵、范天宁，时年在读的浙江大学博士生徐靖芮、王汇宇、吴道驰、齐胤植、边泽、冯锐、杨竞楠、仓依林、刘娟，浙江大学硕士生胡虎、郑国杰、沈彤辉、莫锦江、李格格、杨雨莲、陶铸钧、孙学智、严卓可、吴沁晔、鲁芮希、代文丽、宋庆、余颖、张惠强、结宇龙、李佳晓、吴志浩、朱子屹、郭错，杭州慧泰数据科技有限公司胡水英、郑伟强、应璐蔚等在应用示范过程中做出了积极的努力。

项目的研究与示范应用过程得到了时任上城区区长金承涛、宣传部部长范卫东、副区长叶榕、上城区人民政府办公室副主任吴国庆、宣传部副部长余向平、陈宏萍、薛晓渝、文广新局局长郑平、科技局副局长陈敏等领导高度重视，上城区委宣传部文明办思想道德建设科科长沈伟霞统筹推动相关部门的座谈会及调研工作，同时，湖滨街道党委委员王潞、湖滨街道青年路社区主任丁旻、小营街道小营巷社区主任徐一健、南星街道馒头山社区主任陈骏、湖滨街道文体站站长金海燕、小营巷文体站站长肖静、湖滨街道青年路社区文教委员王清芸、小营街道小营巷社区文教委员沈玲媛、南星街道馒头山社区文教委员何超等同志在课题项目的设备落地、示范应用及工作人员培训过程中都给予课题组以大力的支持。

　　此外，本书得以顺利出版，得到了浙江大学出版社原总编辑袁亚春、副编审傅百荣的诸多帮助支持。更为重要的是，在写作过程中参考了国内外众多学者的相关研究成果，在此对这些学者的智慧和贡献一并表示衷心的感谢！

　　最后，本书幸得浙江大学文科资深教授姚先国先生作序，特此对姚先国先生一直以来的支持致以崇高的敬意！

胡税根

于浙江大学紫金港校区成均苑

2024 年 6 月 18 日

图书在版编目（CIP）数据

公共文化科技服务能力建设与绩效评估技术应用示范
研究 / 胡税根主编. -- 杭州：浙江大学出版社，2024.12
ISBN 978-7-308-18404-5

Ⅰ.①公… Ⅱ.①胡… Ⅲ.①科技服务－公共服务－
研究 Ⅳ.①G315

中国版本图书馆 CIP 数据核字（2018）第 138980 号

公共文化科技服务能力建设与绩效评估技术应用示范研究

主　　编　胡税根

副主编　卢小雁　翁列恩　冯　锐

责任编辑　傅百荣
责任校对　徐素君
封面设计　刘依群
出版发行　浙江大学出版社
　　　　　（杭州市天目山路 148 号　邮政编码 310007）
　　　　　（网址：http://www.zjupress.com）
排　　版　浙江大千时代文化传媒有限公司
印　　刷　杭州钱江彩色印务有限公司
开　　本　787mm×1092mm　1/16
印　　张　19
字　　数　487 千
版 印 次　2024 年 12 月第 1 版　2024 年 12 月第 1 次印刷
书　　号　ISBN 978-7-308-18404-5
定　　价　78.00 元